올모스트 휴먼

올모스트 휴먼

호모 날레디와 인간의 역사를 바꾼 발견에 대한 놀라운 이야기

리 버거·존 호크스 지음 | 주명진·이병권 옮김

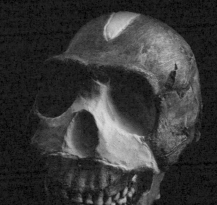

ALMOST HUMAN

뿌리와
이파리

이 놀라운 여정 내내 도움을 준 가족들과
이 여정을 가능하게 만든 팀원들 모두에게 바칩니다

인류의 기원 탐사와 관련된
주요한 유적지들

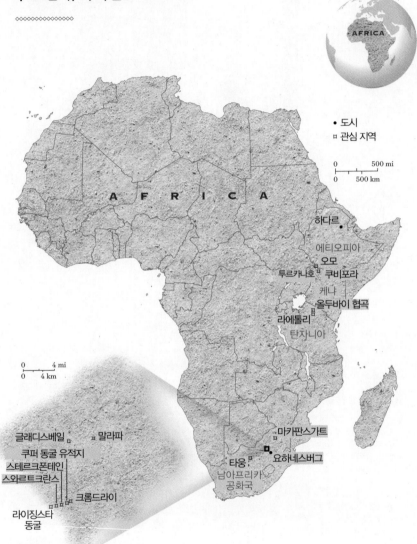

AFRICA

A F R I C A

• 도시
▫ 관심 지역

0   500 mi
0   500 km

하다르 •

에티오피아

오모
투르카나호 ▫ 쿠비포라

케냐

올두바이 협곡

라에톨리

탄자니아

0   4 mi
0   4 km

글래디스베일 ▫   ▫ 말라파

쿠퍼 동굴 유적지

스테르크폰테인

스와르트크란스

크롬드라이

라이징스타
동굴

마카판스가트

타웅 ▫   요하네스버그

남아프리카
공화국

:: 인류의 요람 유네스코 세계유산

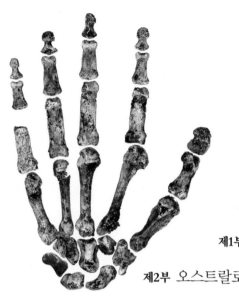

프롤로그 … **009**

제1부 남아프리카를 향하여 … **019**

제2부 오스트랄로피테쿠스 세디바 발견 … **075**

제3부 호모 날레디 발견 … **125**

제4부 호모 날레디의 이해 … **209**

에필로그 … **264**

프로젝트에 참여한 사람들(2008~2015) … **269**

참고문헌 … **271**

찾아보기 … **277**

도판 출처 … **286**

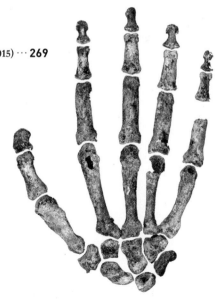

프롤로그

◇◇◇◇◇◇◇◇◇◇◇◇◇◇

녹이 슬어 느슨해진 수렵장 철망 울타리 사이를 빠져나오면서 나는 아들 매슈가 지나가도록 잠시 움직임을 멈추었다. 맨 아래 철망을 발로 눌러 매슈와 어린 로디지안 리지백 사냥개 타우가 통과할 수 있을 만큼 공간을 만들기가 무섭게, 둘이 휙 뛰쳐나갔다.

철망을 누르고 있던 나와, 옆에 있던 케냐 출신의 호리호리한 고인류학 박사후과정 학생 줍 키비는 이 어린 동료들의 기운 넘치는 모습에 미소를 지었다. 줍은 내가 더 넓게 벌린 철망 사이를 빠져나갔고, 우리는 야생 올리브와 녹나무의 작은 군락이 있는 곳으로 향했다. 매슈와 타우는 이미 몇십 미터를 더 달려 나뭇그늘에 도착해 있었다.

"바로 이거야!"

나무들이 반지 모양으로 둥그렇게 늘어서 있는 곳을 가리키며 내가 말했다.

"이제야 찾다니."

굽이치며 펼쳐지는 '인류의 요람'을 살펴보던 줍이 고개를 끄덕였다. 인류의 요람은 유네스코 세계유산으로 지정된 넓은 지역으로, 우리 집이 있는 남아프리카공화국 요하네스버그에서 멀지 않은 곳이다. 인구 500만이 넘는 대도시에서 겨우 수십 킬로미터 거리이지만, 이곳은 완전히 다른 세상이다. 원생자연환경보전지역인 이곳은 얼룩말과 영양, 기린의 서식지이자, 표범, 하이에나도 같이 살고 있는 곳이다. 또한, 지구상에서 가장 유명한 화석 발견지 중 하나이기도 한데, 이 명성은 고인류학의 황금시대인 1930년대 중반에서 1970년대 사이에 과학자들이 300만 년 된 뼈화석 퇴적물이 가득 찬 동굴들을 발견하면서 쌓인 것이다.

이 지역은 내가 18년 동안이나 다녀 잘 알고 있는 곳이고, 지난 몇 달 동안 이 지역의 화석 유적지들을 다시 조사해온 터였다. 때는 2008년 8월 15일, 춥지만 상쾌하고 구름 한 점 없는 전형적인 하이펠트 초원의 겨울 아침이었다. 나는 불과 몇 분 뒤 한 소년과 개가 찾아내는 것 때문에 내 인생이 영원히 바뀌게 될 줄은 꿈에도 모르고 있었다.

그 무렵 나는 몇 달째 어떤 예감을 현실에서 확증하는 작업을 해오고 있었다. 10년 된 낡은 컴퓨터에서 생긴 에러 때문에 들게 된 예감이었다. 그 전해 12월부터 나는 새로운 위성영상 소프트웨어인 '구글 어스'를 이용해 내게 익숙한 이 지역을 조사하고 있던 참이었다. 물론 맨 처음 찾아본 곳은 우리 집이었다(다행히 수영장 옆에 누워 있는 내 모습은 나오지 않았다). 그다음에는 내가 이미 알고 있는 곳들을 찾아보기 시작했다. 구글 어스는 나온 지 얼마 안 되는 소프트웨어였지만, 나는 이미 1998년부터 기존의 GPS 장비로 인류의 요람 지역을 조사해오고 있었기에 유적지들의 위도와 경도를 거의 다 외우고 있는 상태였다.

처음 조사한 곳은 글래디스베일 동굴이었다. 인류의 요람 지역의 거의 한가운데에 자리잡은 이 동굴은 내가 1991년에 처음 조사를 시작한 동굴이었고, 거기서 나는 사람족hominin 이빨 두 개를 발견했다. 인류 진화 계통도에 따르면, 사람과hominid라고도 불리는 사람족에는 오늘날의 대형 유인원류보다 사람과 더욱 밀접하게 연관되어 있지만 지금은 멸종한 모든 종이 포함되어 있다. 따라서 사람족 뼈는 우리의 기원을 밝히는 아주 소중한 증거들이라고 할 수 있다.

나는 이 발견 이후 15년 동안 글래디스베일 동굴을 탐사하면서 숨은 보석을 더 많이 찾아낼 수 있을 거라는 기대를 안고 엄청난 양의 암석과 퇴적물을 파냈다. 하지만 나와 동료들, 학생들이 발견한 것이라고는 수만 개의 영양 화석들, 그리고 겨우 한두 명의 것으로 보이는 사람족 화석 몇 조각뿐이었다. 그래도 나는 그곳이 좋았고, 덤불 속에서 느끼는 분위기가 좋았다. 사람족 화석은 아니었지만 영양뼈들을 그냥 하나하나 살펴보기만 해도 좋았다.

구글 어스를 컴퓨터 화면에 띄우고 글래디스베일 좌표를 입력했다. 위성 이미지가 우리 집에서 떠올라 하늘로 높이 날다가 북서쪽으로 가더니 빠르게 인류의 요람 지역으로 내려가면서 확대되었다. 낯익은 언덕, 개울, 계곡들이 점점 더 선명하게 보였다. 그런데 픽셀이 점점 커지면서 이미지가 희미해지자 뭔가 잘못되었다는 게 느껴졌다. 글래디스베일이 아니라 글래디스베일에서 거의 300미터 떨어진 계곡이었던 것이다. 전에 작업을 했었던 쿠퍼 동굴의 좌표를 입력해보았다. 다시 위성 화면은 공중으로 떠올라, 이번에는 남서쪽으로 움직였다. 역시 위치가 잘못 나타났다. 여러 지역을 입력해보았지만 전부 다른 곳이 나왔다. 등골이 오싹했다. 지금까지 GPS 좌표를 잘못 기록해왔다는 건가? 거의 10년 동안이나 잘못된 수치를 가지고 작업을 해왔다는 말인가?

하지만 나는 곧, GPS가 완벽하지 않던 시절인 1990년대에 가지고 다니던 GPS 장비가 허술하고 에러가 많이 나서 이런 현상이 벌어졌다는 것을 알게 되었다. 군사용으로 설계된 당시 장비는 잠재적인 적을 교란시키기 위해 일부러 오류가 나도록 만들었기 때문이기도 했다. 따라서 내가 아는 130곳이 넘는 장소를 구글 어스로 보려면 각각의 위치를 일일이 수동으로 조정해야 했다.

그러기 위해서는 컴퓨터 화면에서 전 지형을 샅샅이 훑어야 했다. 처음에는 좌절감을 느꼈다. 십수 년 동안 해온 작업을 수정해야 했기 때문이다. 하지만 서서히, 이 오류들로 인해 상황을 새롭게 보게 되었다는 생각이 들기 시작했다. 위에서 보았을 때 동굴과 화석 유적지들이 실제로 어떻게 보이는지를 알게 되었던 것이다. 나무들이 군락을 이루고 있는 곳도 있었고, 지면에 균열이 일어난 곳도 있었다. 선형으로 늘어선 동굴들도 있었다. 동굴들이 형성되기 쉬운 지질학적 단층선을 따라 분포하고 있음에 틀림없어 보였다. 인류의 요람 지역 지표면 밑 기반암층에는 그전에 생각했던 것보다 더욱 많은 동굴과 유적지가 있을 가능성이 서서히 대두되기 시작했다.

25만 헥타르 넓이의 인류의 요람 지역의 기반암층은 백운석질 석회암으로 이루어져 있다. 매우 단단하고 잘 침식되지 않는 기반암층은 노두(지층 또는 암석이 흙으로 덮이지 않고 지표에 노출된 부분-옮긴이), 절벽, 그리고 천천히 풍화되는 바위들이 현지 주민들이 '코끼리 가죽 바위'라고 부르는 무늬를 이루며 노출된 곳들로 이루어진 암석 지형을 형성한다. 백운암 내부에는 균열과 단층이 있어서 그 안으로 스며든 물이 아래로 흐르면서 수백만 년 동안 백운석을 녹이고 공동과 틈을 만든다. 수천 년 동안 동물들은 이렇게 형성된 동굴들을 이용하면서 자신들과 먹잇감의 뼈를 남겼으며, 이 뼈들은 물이 스며들면서 자갈, 먼지, 돌과 함께 뭉쳐져 화석 뼈와 각력암이라는 암석이 뒤섞인 덩어리가 되었다. 인류 진화와 관련된 세계에서 가장 중요한 발견들 대부분은 인류의 요람에 존재하는 이 각력암층에서 이루어진 것이다.

2008년 2월, 아직 발견되지 않은 유적지가 있으리라는 예감을 입증하기 위해 나는 구식이지만 훌륭한 방법, 걷기를 통한 지상조사를 시작했다. 그렇게 걸어다녀보니, 열 곳 중 한 곳 정도는 지도에 표시해둘 만한 가치가 있다는 걸 알 수 있었다. 화석을 발견할 가능성이 매우 높은 곳들이었다. 2008년 7월까지, 나는 알려지지 않은 동굴과 화석 유적지를 거의 600곳이나 발견했다. 그것도 이런 종류의 동굴과 유적지 탐사가 지구상에서 가장 많이 이루어진 지역에서 말이다.

2008년 8월 우리 부자와 좁은 그 2주 전에 결정한 지역을 조사하는 중이었다. 나를 이곳으로 이끈 것은 작은 숲이었다. 야생 올리브와 녹나무는 내가 인류의 요람 지역의 지질학적 특성을 새롭게 파악할 수 있도록 도움을 주었기 때문이었다. 나는 이 나무들이 주로 동굴 입구 근처에서 자란다는 것을 알게 되었는데, 그 이유는 백운암의 갈라진 틈으로 물이 깊숙하게 스며들어 물이 귀한 건기 동안 나무뿌리들이 물을 찾을 수 있는 길을 만들어주기 때문이었다.

전에 수백 번이나 오고갔던 도로 바로 옆에 있는 이 작은 숲은 다른 곳의 숲과 별로 달라 보이지 않았다. 하지만 이 숲에는 광부들이 지나다니던 오래된 길이 있었다. 무슨 까닭인지, 그전에는 그 길이 있다는 것을 몰랐는데, 길이 있다는 것 자체가 근처에 동굴이 있을 거라는 뜻이었다. 이

숲 근처에서 광부들은 금이 아니라 석회암이 많은 동굴을 찾아다니면서 방해석 퇴적층을 폭파해 방해석을 얻은 다음, 가마에 구워 콘크리트 제조에 필요한 생석회를 만들거나 남아프리카 어디서나 발견되는 광석들로부터 금을 추출하는 데에 사용했다. 광부들은 이 지역 전체에 걸쳐 광범위하게 작업을 했지만, 당시 나는 화석을 찾기 위해 이 지역을 끊임없이, 그리고 샅샅이 뒤졌다. 그때 나는 이 지역을 거의 몇 센티미터 단위로 훑었다. 내가 좋아하는 곳이자 내 연구의 많은 부분이 진행된 실험실이었기 때문이다. 그곳을 나보다 더 잘 아는 이는 없을 것이다.

우리는 사람족에 속하는 대단한 화석을 발견하려고 노력했지만 끝내 실패했던 글래디스베일 동굴에서 출발해 언덕 하나를 넘은 상태였다. 지난 십수 년 동안 나는 돌을 뒤집어보고 틈을 비집고 나온 부러진 화석 뼈의 작은 단면들을 자세히 살피면서 이런 작은 화석 유적지 수백 군데를 조사했다. 이제, 또 다른 가능성 있어 보이는 유적지 앞에 서서, 크게 기대를 하지는 않았지만 여느 때처럼 만반의 준비를 했다.

"자, 한번 살펴볼까요?"

모자챙을 뒤로 젖히면서 내가 말했다. 이 유적지에 있을지도 모르는 그 무엇인가가 우리가 여기 온 이유가 될 수 있을지 보자는 뜻이었다.

숲 쪽으로 걸어가면서 나는 줄곧 땅을 내려다보았다. 천연 그대로의 암석과는 다른 암석이 있는지 자세히 살피기 위해서였다. 작은 석회석 조각들이 여기저기 흩어져 있어서 마치 동화에 나오는 빵 부스러기로 표시된 길을 걷는 느낌이 들었다. 길가에는 폭파되고 내버려진 커다란 각력암 덩어리들도 보였다. 채굴작업 후 방치된 큰 구덩이에 가까이 갈수록 이런 조각들과 덩어리들이 더 많이 보였다. 나는 농구공만 한 돌 하나를 집어들고 좁에게 와서 한번 살펴보라는 신호를 보냈다. 매슈와 타우는 신기하다는 듯이 계속 쳐다보았다.

"첫 번째로 발견한 거야."

나는 돌을 뒤집어 좁과 매슈에게 보여주며 말했다. 나는 초콜릿 빛깔의 암석에 박혀 있는 주황색 뼈를 손가락으로 가리켰다.

"영양의 중족골 아닌가요?"

좁이 물었다. 나는 고개를 끄덕였다. 화석이 된 영양의 다리뼈였다. 동물상, 즉 동물과 동물화석 전문가인 좁은 이 퇴적층이 자신의 연구에 도움이 될지 알아보기 위해 그날 아침 나와 동행한 터였다.

"온통 영양뿐이군."

나는 웃으면서 고개를 저었다. 영양뼈는 너무 많았지만, 사람족 뼈는 거의 없었다.

나는 커다란 발견을 한 사람들에 대해 잘 알고 있다. 그 발견들은 그들의 분야에 번개 같은 충격을 준 발견이었다. 나는 그들 중 하나는 아니었지만, 스스로 운이 좋은 축에는 속한다고 생각했다. 마흔두 살 나이에 이미 나름 괄목할 만한 현장연구와 연구논문 발표 경력을 가진 성공적인 과학자가 되었기 때문이다. 19년이 넘게 탐사를 하면서 사람족 화석 조각 열댓 개를 포함해 수천 개의 다른 동물화석을 발견하기도 했다.

인류의 기원을 탐구하는 고인류학은 거칠고 경쟁이 심하며 냉혹한 분야다. 언젠가 어느 동료는 고인류학이 연구의 대상보다 연구자가 더 많은 유일한 분야일 거라는 농담을 한 적도 있다. 현실과 아주 동떨어진 얘기도 아니었다. 연구 대상이 이렇게 적은 이 분야에서는 턱뼈 하나, 다리뼈 하나만 발견해도 인생이 달라질 수 있었다.

하지만 막상 구덩이 가장자리에 서자, 여기서 설마 화석이 나올까 하는 의심이 들었다. 일단 장소 자체가 너무 좁았다. 중요한 사람족 화석이 나왔던 요람 지역의 다른 곳들과는 비교가 안 되었다. 가능성이 너무 희박했다. 전체 화석 수십만 개 속에 사람족 뼈는 하나가 있을까 말까 하니, 일단 화석 뼈라도 많아야 했다. 이렇게 작은 구덩이에서 화석이 수천, 수만 개가 나올 리는 없으니, 그리 기대해볼 만한 곳이 아니었다. 하지만 매슈는 열의를 보였고, 그래서 나도 한번 달려들어보자는 생각이 들었다.

광부들은 작업을 서둘렀던 것 같았다. 구덩이 벽에는 광부들이 갈색 각력암을 폭파하기 위해 다이너마이트를 설치했던 흔적들이 보였다. 그렇게 폭파된 각력암 덩어리들이 뾰족한 조각들로 부서져 나무 밑과 주변에 흩어져 있었다. 광부들이 이런 구덩이들을 파는 데에 그리 시간을 많이 들인 것 같지는 않아 보였다. 계곡 더 안쪽으로 들어가기 전에 이렇게 파인 구덩이들은 몇 개밖에 없었기 때문이다.

"좋아, 화석을 찾아보자. 뭐든지 발견하면 알려줘. 여기 뭐가 있는지, 함께 뒤져보자."

내가 줍과 매슈에게 말했다.

매슈와 타우가 구덩이에서 좀 떨어진 키 큰 풀들이 있는 곳으로 뛰어들어갔다. 나는 그들이 오늘은 화석을 찾지 않고 영양을 뒤쫓기로 했나 보다 생각했다. 타우를 따라 달려가는 매슈의 모습을 보니 웃음이 났다.

"내 생각에는 광부들이 길에 깔 석재를 모으려고 폭파를 한 것 같아."

내가 줍에게 말했다. 나는 길바닥 포장용으로 듬성듬성 박혀 있는 돌들 사이를 메우고 있던 작은 돌조각들을 가리켰다.

"여기는 광부들이 오래 머물 만큼 석회석이 많지는 않았던 거겠지."

매슈가 외쳤다.

"아빠, 화석을 찾았어요!"

20미터쯤 떨어진 키 큰 풀들이 우거진 곳에 매슈가 있었다. 화석이 있을 것 같아 보이지는 않는 곳이었다. 나는 줍에게 어깨를 한번 으쓱해 보이곤 말했다.

"내가 가서 볼게."

매슈는 부러진 나무 그루터기 옆에 무릎을 꿇고 있었다. 불에 까맣게 탄 구멍을 보니 번개를 맞은 나무였다. 매슈는 럭비공 크기의 돌을 들고 기쁨에 넘친 표정으로 나를 바라보았다. 그 옆에 누워 헐떡거리던 타우는 내가 다가가자 귀를 쫑긋 세웠다.

뭔가 중요한 것을 발견하기에는 매슈는 구덩이에서, 그리고 폭파지점에서 너무 멀리 떨어져 있었다. 설사 화석을 발견했다고 해도 영양 화석일 가능성이 높았다. 하지만 매슈는 아홉 살 먹은 내 아들이었다. 나는 늘 아들 매슈와 딸 메건에게 호기심과 화석을 찾아내겠다는 열망을 가져야 한다고 말하곤 했다.

5미터쯤 앞에서 매슈가 들고 있는 돌을 본 순간, 마치 시간이 멈춰버린 듯했다.

자동차사고를 당했던 사람들은 당시 사건의 기억을 마치 흑백 무성영화처럼 표현하기도 한다. 나도 똑같은 방식으로 그때를 기억한다. 돌 바깥으로 삐져나온 뼈가 보였다. 보는 순간, 나는 그게 무엇인지 알 수 있었다. 사람족의 쇄골, 즉 빗장뼈였다. 쇄골을 주제로 박사학위논문을 썼으므로, 나는 쇄골의 모양에 대해서는 너무나 잘 알고 있었다. 그래도, 내 눈을 믿을 수가 없었다. 하지만 매슈가 건넨 돌을 받아 S자 형태의 뼛조각을 뚫어지게 쳐다보면서 나는 생각했다.

'이게 사람족 뼈가 아니라면 뭐겠어?'

나는 더 좋은 각도에서 살펴보기 위해 돌을 뒤집어 보았다. 사람족의 송곳니와 턱 일부가 다른 뼈들과 함께 박혀 있었다. 이 뼈들은 단순한 사람족 뼈가 아니었다. 적어도 이 돌덩어리에는 사람족의 골격 여러 부분이 박혀 있었다.

매슈는 그때 내가 험한 말을 했다고 한다. 하지만 기억이 나지 않는다. 내가 확실히 아는 것은 내가 무슨 말을 하고 어떤 행동을 했든, 그 순간 매슈와 나의 삶이 영원히 바뀌었다는 사실이다.

제1부

남아프리카를 향하여

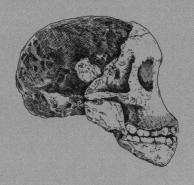

1

정확히 언제부터 내가 먼지 속을 샅샅이 뒤지면서 과거와의 연결점을 찾기 시작했는지는 기억이 가물가물하다.

아홉 살 때, 우리 가족은 미국 조지아주 실베이니아 근교의 작은 농장에서 살았다. 밖에서 노는 게 제일 좋았던 나는 숲을 돌아다니고 강과 연못에서 수영을 하면서, 쟁기질이 끝난 들판에서 유물을 찾으면서 오후 시간과 여름을 즐겁게 보냈다. 꿈같은 시골아이 생활이었다.

고고학과 관련된 내 첫 기억은 그 시절의 일이다. 들판을 가로지르다 우연히 화살촉 하나를 발견했던 것이다. 그날 저녁 나는 이 보물을 집으로 들고 가 아버지에게 내보였고, 아버지는 그 화살촉의 유래를 설명해주었다. 아버지는 아메리카 원주민에 관한 『타임 라이프Time Life』 책자를 꺼내어 내가 시리즈 전체를 마음껏 즐기도록 해주었다. 나는 오래전 이 땅에 사람들이 살았고 돌로 무기를 만들었다는 생각에 매료되었다. 또래 아이들처럼 나도 공룡을 좋아했고, 내 방 벽에는 공룡 포스터가 붙어 있었다. 그러나 이 화살촉은 뭔가 달랐다. 내가 늘 다니는 곳에서 발견한 것이었기 때문이다. 그 뒤로, 나는 거의 강박에 가깝게 오래된 것들을 찾아 나섰다.

아일랜드 출신 남부 사람이라는 사실을 자랑스럽게 생각했던 외할아버지는 아마추어 족보학자로서 아일랜드와 남부 혈통을 연구했다. 외할

아버지는 내게 우리 가족의 뿌리에 관한 이야기를 한 번에 몇 시간씩 들려주곤 했다. 친할아버지는 유전을 찾으러 땅을 여기저기 파면서 돌아다녔는데, 떼돈을 벌겠다며 서부 텍사스를 샅샅이 뒤졌지만 노다지는커녕 회전하는 드릴 쇠사슬에 손가락을 몇 개 잃어버린 게 다였다. 경비행기를 몰고 침팬지를 애완용으로 데리고 다니는 특이한 분이었다. 두 할아버지 모두 모험가였다. 아버지는 어릴 적에 최신형 캐딜락 자동차가 앞에서 끄는 트레일러에서 생활하던 얘기를 들려주곤 했다.

그런 식으로 돌아다니면서 살았으니, 아버지는 한 곳에 제대로 정착한 적이 없다. 아버지는 텍사스 A&M대학과 아칸소주립대학을 다녔는데, 아칸소주립대학에서 어머니를 만났다. 어머니는 외할아버지, 외할머니와 마찬가지로 교사가 되었고, 아버지는 보험회사에 들어갔다. 부모님은 형 러몬트를 낳은 후 캔자스주 쇼니미션으로 이사했고, 거기서 내가 태어났다. 그 후 우리는 아버지 직장을 따라 캔자스, 코네티컷, 조지아로 이사해 몇 년씩 살았다.

1970년대 방식대로, 부모님은 가족이 먹을 것은 가족이 스스로 키워 먹으려고 시도했다. 닭들과 소 몇 마리를 포함해 농장에서 키울 수 있는 가축들이었다. 우리 집은 실베이니아 근교의 오래된 농장 가옥이었다. 남부 조지아의 뜨거운 여름 열기를 피하기 위해 벽돌을 밑에 깔고 땅에서 띄어 소나무로 지은 집이었다. 지붕과 바닥은 양철이라 걸어다닐 때마다 삐걱거리며 신음소리를 냈다. 농장 한편을 따라 습지가 펼쳐져 있었고, 강에는 아버지가 둑을 쌓아 만든 연못에 수백 마리 물새들이 모여들곤 했다. 일반적인 기준에서는 우리 집이 원시적으로 보였을지 몰라도, 내게는 천국이었다. 나는 거의 모든 시간을 숲속에서 보내는 꼬마 박물학자였기 때문이다.

실베이니아는 3000명 정도가 사는 작은 마을로, 말 그대로 시골이었다. 나는 색소폰을 불고 성가대, 보이스카우트, 4H클럽 활동을 하면서 바쁜 시간을 보냈다. 고등학교 다닐 때 우리 가족은 다른 농장으로 이사했다. 조금 더 넓고(2제곱킬로미터를 살짝 넘었다) 곳곳에 연못과 작은 소나무숲이 있는 곳이었다. 나는 공부보다는 방과 후 집에 와 숲을 탐험하고 사냥과 낚시를 하는 게 훨씬 더 좋았다. 그냥 자연 속에 있기만 해도 좋았다. 학교 숙제는 야외활동과 내가 잘했던 수영, 크로스컨트리, 테니스를 못 하게 하는 장애물에 불과했다.

나는 나만의 사업도 시작했다. 순종 요크서 돼지를 키우는 일이다. 꽤 큰돈을 모았고, 그 돈은 대학교를 다니는 동안 아주 유용하게 썼다. 또한 그 일을 하면서 농부들이 얼마나 많은 일을 하는지도 알게 되었다. 부모님은 이따금 트레일러에 우리를 태우고 시합에 나가시곤 했다. 나는 돼지, 형은 소를 출품해 상을 타기도 했다. 이글스카우트 프로젝트(보이스카우트의 사회봉사 프로그램-옮긴이)에 참여하면서 나는 미국 최초의 땅거북 보호지역 설치를 도왔고, 그 결과 멸종위기종인 땅거북은 조지아주가 관리하는 공식 파충류 목록에 이름을 올릴 수 있게 되었다. 그러면서도 나는 계속, 틈이 날 때마다 쟁기질이 막 끝난 들판이나 침식으로 무너진 배수로를 포함해 땅이 뒤집어진 곳이면 어디나 샅샅이 훑으면서 아메리카 원주민들의 유물을 찾아다녔다.

작은 마을에 사는 아이들이 다 그렇듯이, 나도 학업외활동을 통해 더 큰 세상을 맛보게 되었고 그런 경험을 좋아했다. 조지아주 4H클럽 회장으로 선출되기도 했다. 키우던 돼지는 50마리가 넘게 불어나 나는 학교

가기 전에 돼지와 사냥개 밥을 주기 위해 새벽 5시면 일어나야 했다. 주말이면 AM 컨트리음악 방송국인 WSYL의 아침 라디오쇼에서 디제이를 했다. 청취자가 몇백 명밖에 안 되는 작은 방송국이었다. 그렇게 지내다 나는 가까스로 해군 ROTC 장학금을 받고 밴더빌트대학에 갈 수 있게 되었다. 아마 내가 쉴 새 없이 말을 했기 때문이었을 테지만, 선생님과 우리 가족은 내가 법률가가 되기를 바랐다. 나는 짐을 챙겨 실베이니아를 떠나 테네시주 내슈빌로 향했다.

대학은 완전히 새로운 세상이었다. 해군 ROTC 장학금을 받았으니 아침에는 날마다 체력훈련을 받아야 했지만, 저녁은 클럽활동과 사교생활을 하면서 새로 사귀게 된 친구들로 꽉 차 있었다. 수업은 또 다른 문제였다. 경제학과 정치학이 특히 싫었다. 실은 법과대학원 준비를 위한 필수과목은 다 싫어했고, 성적은 나빠질 수밖에 없었다.

하지만 선택과목은 재미가 있었다. 비디오카메라 촬영, 종교, 과학, 그리고 지질학을 수강했다. 지질학 강의를 들으면서, 난생처음으로 암석과 화석을 직업으로 삼은 사람들을 만났다. 오랫동안 공룡에 관한 책을 읽고 아메리카 원주민 유적을 찾아 농장을 누볐지만, 나는 그게 직업이 될 수 있으리라는 생각은 하지 못했다. 그런데 이 과목을 들으면서 만난 대학원생들과 과학자들은 내가 사랑하는 것들을 연구하면서 즐거운 나날을 보내는 것 같았다. 도로공사를 위해 땅을 판 곳으로 몇 차례 주말 화석탐사를 다녀온 뒤, '나도 할 수 있을까?' 하는 생각이 들기 시작했다.

하지만 문제가 하나 있었다. 해군은 많은 돈을 들여가며 나를 해군 장교이자 변호사로 키우려고 해왔는데, 나는 성적이 엉망이었던 것이다.

지도교수는 해군 조종사이자 성공한 해군 장교의 표본인 론 스타이츠 대위였다. 나는 그 앞에서 차렷 자세를 한 채 두려움에 떨고 있었다. 내 미래가 그의 손에 달려 있었다. 하얀 장교후보생 제복을 입고, 아마도 겁에 질려 몸을 부들부들 떨면서 나는 그 앞에 서 있었고, 책상 위에는 내 성적표가 놓여 있었다.

"버거 군, 이게 뭔가?"

교수가 책상 위의 성적표를 내 쪽으로 밀면서 물었다. 성적표를 굳이 보지 않고도, 나는 거의 모든 필수과목에서 D와 F 학점을 받았을 거라는 걸 이미 알고 있었다. 선택과목의 A와 B 학점들은 평점에 그리 도움이 되지 못했다. 해군이 이 대학으로 나를 부른 이유도 분명 암석이나 비디오카메라와 시간을 보내라는 건 아니었을 것이다. 이런 성적이 한 학기 더 나온다면 나는 장학금 혜택을 박탈당하고 장학금을 받은 기간만큼 해군에서 사병으로 복무해야 하는 상황이었다.

이러한 상황을 염두에 두고 나는 조그맣게 대답했다.

"제가 실패했다는 겁니다."

고개를 가볍게 가로젓는 교수의 얼굴에 살짝 미소가 스쳤다.

"아닐세, 나는 그렇게 생각하지 않네. 동료 생도들 모두가 자네를 좋아해. 자네는 타고난 리더야. 그게 바로 자네의 평점이지."

교수는 손가락으로 성적표를 가볍게 톡톡 건드리면서 말했다.

"자네는 아직 적성을 제대로 찾지 못한 것 같네."

교수는 내 지질학 학점을 손가락으로 가리켰다. 나는 놀라고 당황해 그 손가락에서 눈을 들어 교수의 얼굴을 바라보았다. 해군 장교이자 지도교수인 사람이 내가 전혀 예상하지 못한 말을 하고 있었다.

교수는 잠시 나를 바라보다 물었다.

"이제 어떻게 할 생각인가?"

나는 고개를 살짝 저으면서 어깨를 들썩해 보였다. 솔직히 어떻게 해야 할지 몰랐다. 그때까지 내 삶에는 선택의 여지가 별로 없었다. 조지아주 시골 출신 영재였던 나는 서너 가지 진로 중 하나를 선택해야 했다. 의사, 변호사, 공학자 아니면 회계사 정도였다.

"입대를 해서 저 자신에 대해 생각할 시간을 가져야 할지도 모르겠습니다."

교수는 고개를 저으면서 말했다.

"아닐세, 자네에게 해군 사병은 어울리지 않아."

교수가 나를 바라보았다. 영겁의 시간처럼 길게 느껴진 순간이었다.

"이렇게 한번 해보는 건 어떤가?"

마침내 교수가 입을 열었다.

"학점이 더 나빠지기 전에 학부과정의 등록을 취소하게. 잠시 학교를 휴학한 다음 무엇인가 건설적인 일을 하면서 뭘 하고 싶은지 찾아낸 다음 돌아오게. 그렇게 한다고 약속해준다면, 지금 당장 해군 복무 의무를 면제해주겠네."

너무 놀라서 넋이 나갈 정도였다. 교수의 말 한마디로 나는 감옥에서 해방된 것이었다. 그리고 최소한 그 말은 내게 충분한 자극이 되었다.

"그렇게 하겠습니다, 교수님! 감사합니다, 교수님!"

나는 고개를 끄덕이며 말했고, 약속을 지켰다.

가족의 반응은 좋게 말해서 그저 그랬다. 성공사례가 되어야 했던 내가, 이글스카우트, 4H클럽 조지아주 회장, 해군 장학금 수혜자였던 내가 대학에서 낙제하고 조지아의 고향으로 돌아왔으니, 왜 안 그렇겠는가. 부모님은 실망했다. 그나마 다행이었던 것은 내가 문제를 해결할 동안 돼지를 키워 돈을 벌 수 있었다는 것이었다.

2

나는 서배너에 아파트를 구하고 서배너예술디자인대학에서 비디오촬영 강의를 듣기 시작했다. 처음에는 무보수로 지역 TV방송국 WSAV에서 일을 했다. 그러다 곧 거대한 카메라들을 운반하는 일을 맡았고, 프롬프터 작동 훈련을 받게 되었다. 그리고 두 달 만에 나는 감독 옆에서 일하면서 생방송 뉴스를 연출하는 법을 배우게 되었다. 그러면서 사건의 최전선에서 뛰는 20대 현장기자의 삶을 선망하게 되었다. 또 다른 계획도 있었다. 그리고 그 계획대로 곧 나는 정규직 촬영기자로 일하게 되었다.

한 가지 일은 자연스럽게 그다음 일로 이어졌다. 지금 생각해도 촬영기자 시절은 가장 재미있는 시간이었다. 뉴스편집실에 앉아 경찰 무전을 모니터하고, 혼자 또는 취재기자와 함께 현장으로 달려가거나 기획취재를 했다. 스무 살짜리 청년에게 그 일은 마치 롤러코스터를 타는 것 같았다. 밤 11시뉴스가 1시간밖에 안 남은 밤 10시에도 전화가 왔다. 피디가 "가서 머리기사로 쓸 장면을 따와!"라고 외치면 바로 출동했다. 나는 상황을 잘 알고 있었다. 어떤 것이 머리기사가 될지 알고 있었고, 어느 방송국이든 영상을 확보한 곳이 그날 밤의 승자가 된다는 사실도 너무나 잘 알고 있었다.

그렇게 심야 범죄뉴스 촬영기자로서의 여정이 시작되었다. 젊은 피디 베스 해먹과 나는 짝을 이루어 어떤 기사라도 자유롭게 다룰 수 있는 2인뉴스룸이 되었다. 우리는 밤 11시 30분에 시작해 아침 6시 30분 뉴스가 끝난 다음에 일을 마쳤다. 보통 나는 이른 새벽에 우범지역을 돌아다니며 사건이 걸리길 기다렸다. 경찰을 따라다니면서 경찰 무전을 듣는 것이 매일 밤 하는 일이었다. 그러면서 경찰들과 친구가 되기도 했다. 신나고 보람 있는 일이었다. 베스와 나는 스스로를 개척자라고 여겼다.

정말 좋은 시절이었다. 하지만 결국에는 나와는 맞지 않는 일이라는 사실을 받아들여야 했다. 동료들은 모두 전문적인 훈련을 받은 사람들이었기 때문이다. 대학을 마쳐야 할 때가 되었고, 촬영기자 일을 직업으로 삼을 수는 없었던 나는 2년제 대학인 이스트조지아칼리지에 들어갔다. 거기서 나는 지질학과 역사에 열정을 가진 훌륭한 교수 몇 분을 만나게 되었다. 조지아 남부의 고대 해양생물 퇴적층에 공룡 화석이 묻혀 있다는 것도 알게 되었다. 연휴를 이용해 나는 공기주입식 매트, 침낭과 지질학 교수에게서 빌린 장비들이 가득 찬 지붕 달린 포드 레인저 트럭을 타고 화석사냥에 나섰다.

조지아주는 콜럼버스와 오거스타 사이로 대략 주 전체를 남서부와 북동부로 나누는 폭포선(fall line: 미국 동부 대서양 해안지역 평야와 애팔래치아 산맥 산록의 경계선으로, 여러 개의 하천이 경계선상에서 폭포를 이루고 있다–옮긴이)에 의해 지질학적 특성이 달라진다. 대서양의 고대 해안선인 폭포선은 오래된 암석층과 새로 생긴 암석층 사이의 지질학적 경계를 나타낸다. 폭포선 지역 자체는 더 고대의 암석이 기저를 이루고 있으며, 경사진 아름다운 계곡들이 활엽수와 소나무로 덮여 있다. 폭포선 아래 지역은 상대적으로 평평한 지형으로, 백악기 후기(6500만~8000만 년 전)에서 불과 수천 년 전의 생성 연대를 갖는 퇴적층으로 이루어진 해안가 평원이다.

나는 화석이 있을 만한 강의 굴곡 부분을 발견해 체로 강바닥 흙을 거르기 시작했다. 곧 잘 보존된 해양 무척추생물들이 줄줄이 걸려들었다. 커다란 조개 화석, 상어 이빨, 상어 배설물(보존된 상어똥), 물고기와 가오리 유해들이었다. 짝이 안 맞는 공룡 뼛조각들도 있었다. 이건 진짜 보물찾기였다. 그다음 사흘 동안은 새벽에 강물 속으로 걸어 들어가 공룡시대의 화석 수백 개를 수집했다. 지질학 교수님은 내가 발견한 것들을 열정적으로 반겨주셨다. 그렇게 나는 화석사냥에 빠져들어갔다.

역사 과제물 연구를 하던 어느 날 오후, 나는 도서목록 카드에서『루시: 인류의 시작Lucy: The beginnings of Humankind』이라는 책제목을 보게되었다. 책꽂이에서 그 책을 찾아 도널드 조핸슨과 메이틀랜드 에디가 에티오피아 아파르에서 인류의 기원을 찾는 내용을 읽었다. 나는 이 책에 매료되었다. 그날 밤 나는 이 책뿐만 아니라 초기 인간 화석을 주제로 한, 내가 찾을 수 있는 모든 책을 빌렸다. 그때까지 나는 조지아주의 화석 퇴적층을 떠올리면서 공룡을 연구해야겠다고 생각했었다. 하지만 인류의 기원에 관한 연구는 나를 단번에 사로잡았다. 아프리카에서만 연구를할 수 있는 주제라고 해도 그랬다.

이 책들을 통해 나는 인간의 화석 기록이 실제로 얼마나 드문지 알게되었다. 깜짝 놀랄 정도였다. 우리의 먼 조상들은 유해가 수도 없이 많은 공룡과는 다르다. 당시까지 발견된 사람족의 뼛조각은 한 손으로 셀 수있을 정도에 불과했다. 나는 새로운 탐험과 발견이 과학을 바꿀 수 있는이 분야야말로 내가 뭔가를 기여할 수 있는 곳이라고 생각했다.

나는 좀 더 큰 학교로 갈 필요가 있었고, 조지아서던대학을 선택했다. 실베이니아에서 가까운 이 학교는 스테이트보로라는 소도시에 있는 중간 규모의 대학이다. 그 너머로는 내가 자란 드넓은 조지아의 시골이 펼쳐져 있다.

이 학교에서 나는 주로 고생물학과 고고학 현장연구를 하면서 시간을 보냈다. 그러면서 시간이 날 때마다 실험실에 들러 해양퇴적층의 미세 포유류 유해를 정리하고, 드릴로 고래뼈 화석을 분리해내고, 모사사우루스 갈비뼈를 서로 붙이고, 유물을 씻어 이름표를 붙이거나 도자기 파편을 확인했다. 우리 과 교수들은 연구에 열정적이었고, 내 인생에도 엄청난 영향을 미쳤다. 세계적으로 유명한 무척추동물고생물학자이자 전 세계 게화석 분야의 권위자인 게일 비숍 교수는 내게 화석 찾는 방법을 가르쳐주었다. 포유동물화석학자인 리처드 페케위치 교수는 실험실에서 쓰이는 여러 기법과 서배나 주변의 진흙투성이 하구에서 현장연구를 하는 법을 가르쳐주었고, 나는 페케위치 교수가 서배너 강가의 원자력발전소 근처에서 발견된 다리 달린 고대 고래의 뼈 화석의 추출작업을 하는 것을 돕기도 했다. 인류학과의 수 무어 교수, 리처드 퍼시코 교수와는 내가 새롭게 관심을 가지게 된 고인류학의 역사에 대해 몇 시간씩 토론을 하기도 했다.

그러면서 나는 공룡고생물학자가 될 것인지, 고인류학자가 될 것인지 고민했다. 고인류학자가 된다고 해도 인류 화석이 있는 아프리카로 갈 수나 있을지도 확실하지 않았다.

다시 한번, 뜻밖의 행운이 내 미래에 한몫을 했다. 루시의 발견자이자 내 영웅인 현대 고인류학자 도널드 조핸슨이 조지아주 과학교사협회 강연에 초빙된 것이다. 진짜 현장 고인류학자를 만날 기회였다. 우리 둘은 서로 잘 맞았고, 조핸슨은 탄자니아 올두바이 협곡에서 일하는 자기 팀의 지질학 조수로 일하도록 나를 초청해주었다. 아프리카에서 현장연구를 할 기회였다! 하지만 탄자니아행은 무산되었다. 탄자니아에서 노동허가증을 발급받는 데에 문제가 생겨서 그렇게 되었다는 것을 나중에 알았다. 탄자니아에는 못 갔지만, 그 후 조핸슨의 도움으로 나는 케냐의 쿠비포라 현장학교의 하계 프로그램에 참여할 수 있었다. 투르카나호 동쪽의 이 현장은 저명한 고인류학자 리처드 리키의 그 유명한 '호미니드 갱단 hominid gang'이 새로운 화석 유적지를 발굴하고 있던 곳이었다.

1989년, 스물네 살 때 일이다. 아프리카는 내가 꿈꿔왔던 모든 것 이상이었다. 고대에 호수였던 환경에서 화석을 발견하는 방법을 막 배우기 시작한 첫 번째 현장조사에서 나는 이 고대 호수의 메마른 바닥에 무엇인가 놓여 있는 것을 발견하고 집어들었다. 사람족의 대퇴골, 즉 넙다리뼈 조각이었다. 중독의 시작이었다.

3

1990년 새해 첫날, 나는 사람족 화석을 발견하겠다는 희망을 안고 남아프리카공화국에 도착했다. 미국 학생과는 어울리지 않는 곳이었다. 그 나라는 여전히 아파르트헤이트(인종차별) 정책을 쓰는 정부와 국민당이 지배하고 있었다. 1960년대 조지아주에서 성장한 나는 인종차별의 해악을 어느 정도 알고 있었고, 인종화합이 가져오는 변화도 직접 경험한 상태였다. 하지만 남아공에서도 변화의 바람은 불고 있었다. 정부는 1990년 2월 넬슨 만델라를 오랜 투옥 끝에 석방했고, 아파르트헤이트가 끝날 조짐이 보이기 시작했다.

나는 비트바테르스란트대학 박사과정에 합격한 상태였다. 교직원과 학생들은 '비츠'라고 줄여 부르는 이 대학은 요하네스버그 시내 한가운데에 자리 잡고 있었다. 이 대학은 일정 부분 독립성을 확보하고 있었지만, 대부분의 연구개발 돈줄은 정부가 쥐고 있었다. 인간 진화 연구는 우선순위에서 제외되어 있었는데, 이는 이 연구가 인류 전체가 하나의 뿌리에서 비롯된다는 것을 보여줌으로써 아파르트헤이트의 전제를 위협했기 때문이다. 인류의 진화적 기원이 아프리카에 있다는 것은 이미 1980년대 후반에 과학적으로 입증된 상태였다. 남아공을 비롯해 다양한 지역에서 이루어진 연구의 대부분은 인종주의적인 국민당 정부의 논리와 배치되고 있었다. 이 연구 결과들에 따르면 '자연적인' 인종 구분은 존재하지 않지만, 아파르트헤이트 정부는 그 사실을 받아들이지 않았다.

남아공의 고인류학 분야가 고전을 면치 못했던 이유가 여기에 있었다. 70년 동안 이 나라의 강점이었던 인간 기원에 관한 과학은 눈에 띄게 쇠퇴하고 있었다. 비트바테르스란트대학은 아프리카에서 인간 진화 연구가 처음 시작된 곳으로, 나를 포함한 우리 세대 대부분의 인류학자들에게 영향을 미친 필립 토비어스의 모교이기도 하다. 아프리카 고인류학의 아버지로 불리는 레이먼드 다트의 제자인 토비어스는 70년 동안 발굴과 연구를 병행한 사람이다. 이런 고인류학의 초기 역사를 공부하는 것도 내게는 고인류학 연구의 일부분이었다.

1922년 레이먼드 다트는 당시 대영제국의 오지였던 오스트레일리아에서 역시 오지 중 하나였던 남아공의 비트바테르스란트대학으로 건너와 해부학 교수가 되었다. 여기서 다트는 아직 해결되지 않은 수많은 문제를 안고 있는 인류의 역사와 다양성이라는 광활한 분야를 발견했다. 당시 고고학자들은 남부 아프리카의 고대 부족들에 대해 조금씩 알아가고 있는 상황이었다. 다트는 고고학자들이 해부학과로 보내주는 고대인의 뼛조각 유물을 조사하면서 이 분야에 본격적으로 빠져들었다. 세계적인 과학학술지『네이처』에 발표한 논문들에서 다트는 유럽의 네안데르탈인과 크로마뇽인만큼 오래되고 흥미로운 고대 인류들이 남아공에도 상당수 묻혀 있다고 주장했다.

1924년 다트의 제자 조지핀 새먼스가 오늘날 남아공 북서지방의 타웅 마을 근처 벅스턴 석회석광산에서 발견한 개코원숭이 두개골 화석을 다트에게 보여주었다. 흥미를 느낀 다트는 광업회사에 뼈를 함유한 암석들을 더 많이 보내달라고 부탁했다. 그중 하나가 엔도캐스트endocast라고 부르는, 뇌가 있는 두개골 안쪽 부분이 그대로 화석이 된 대형 영장류 화석이었다. 이 두개골 화석의 오른쪽 면은 내부 표면 대부분을 그대로 유지하고 있었으며, 왼쪽 면은 반짝거리는 결정을 가진 정동석 같은 것으로 덮여 있었다.

하지만 다트는 이 화석이 원숭이 화석이 아니라는 것을 바로 알아차렸다. 이 화석의 뇌는 개코원숭이 뇌보다는 훨씬 컸지만, 그때까지 알려진 인류의 조상들의 뇌보다는 훨씬 작았다. 다른 유인원의 뇌였을까? 그럴 가능성은 적어 보였다. 침팬지나 고릴라 같은 유인원들은 아무리 가까워도 1500킬로미터 이상 떨어진 곳에서 살고 있었기 때문이다.

다트는 다른 암석도 살펴보았다. 턱뼈 일부가 들어 있었는데, 퍼즐 조각처럼 뇌의 엔도캐스트와 연결되어 있었다. 암석 내부에는 얼굴뼈 조각이 있었다. 몇 주에 걸쳐 돌조각들을 제거하자 작은 아이의 얼굴이 드러나기 시작했다. 젖니 전체가 그대로 보존된 상태에서 첫 번째 영구 어금니가 막 나오기 시작한 상태의 화석이었다. 자세한 조사를 통해 다트는 이 표본이 지금까지 보아왔던 어떤 유인원과도 다르다는 것을 확신하게 되었다.

1925년 2월 다트는 이 관찰 결과를 『네이처』에 발표했다. 이 두개골은 현존하는 어떤 유인원보다 더 인간을 닮았지만, 인간은 아니었다. 그는 이 화석을 인간-유인원man-ape이라고 부르고, '아프리카 남방 유인원'을 뜻하는 오스트랄로피테쿠스 아프리카누스*Australopithecus africanus*

라고 이름지었다.

　찰스 다윈은 인류의 기원이 아프리카일 것이라고 예측했다. 현존하는 어느 유인원보다 인간에게 더 가까운 이 아프리카 화석으로 다트는 다윈의 예측이 옳았다는 것을 보여줄 수 있었다. 불과 몇 달 만에 레이먼드 다트는 타웅 아이Taung Child로 알려진 이 화석으로 인류의 기원에 관한 이야기를 새로 써낸 것이다.

　하지만 이 특이한 두개골 하나는 많은 논란의 여지를 남기기도 했다. 일단 이 화석은 아이의 화석이었다. 인간은 다 자란 유인원보다는 어린 유인원과 더 비슷하다는 사실에 주의를 기울어야 했다. 타웅 아이의 자세도 문제였다. 다트는 깨진 두개저(뇌를 떠받치는 두개골의 바닥 뼈-옮긴이)를 증거로 들어 타웅 아이가 곧은 자세로 섰다고 주장했지만, 다른 전문가들은 그렇다면 하지골(다리뼈)을 봐야 한다고 말했다. 하지만 다트에게는 하지골이 없었다. 이 전문가들은 치아도 보아야 한다고 했지만, 치아는 아직 부착물이 다 제거되지 않은 상태였다.

　오늘날에도 전문가들은 기본적으로 세 가지 의문을 가지고 이런 화석을 살펴본다. 뇌는 얼마나 컸을까? 똑바로 섰을까? 이빨은 인간을 닮았을까? 인간과 유인원을 구별하기 위해서는 이런 핵심적인 특성을 살펴보아야 한다. 구인류의 화석이라고는 유럽에서 발견된 네안데르탈인의 것이 유일했던 1871년의 찰스 다윈도 이런 특성들이 있어야 인간일 수 있다고 분명하게 인식했다.

　다윈은 이 세 가지 주요 특성을 한데 묶어 인간의 기원에 관한 시나리오를 썼다. 커다란 뇌는 우리 조상을 더욱 영리하게 만들어 도구와 무기를 개발하도록 이끌었다. 우리 조상은 자유로운 손이 필요했는데, 따라

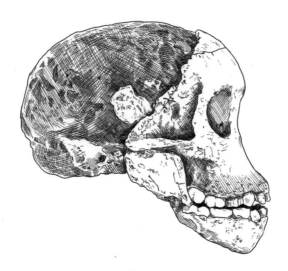

:: 타웅 아이의 두개골, 턱뼈, 엔도캐스트

서 자연선택은 직립보행을 선호하게 되었다. 무기를 지니게 되자, 이 고대의 조상들은 더는 커다란 송곳니가 필요 없었다. 다른 진화적 발달은 단순히 이 세 가지 기본적인 변화의 결과들일 뿐이다.

이 시나리오는 시간이 흐름에 따라 우리 조상의 뇌, 자세 그리고 이빨이 순서대로 서로 협력해 진화했음을 시사한다. 이러한 발달선상에서 화석의 위치는 그 화석의 지질학적 연대를 나타내야 한다. 즉, 화석이 오래된 것일수록 유인원과 더 많이 닮아 있어야 하는 것이다. 타웅 아이의 자리는 어디여야 했을까?

레이먼드 다트는 이 화석이 얼마나 오래된 것인지 확실하게 알지 못했다. 비슷한 조건의 암석 틈에서 발견된 개코원숭이 화석들은 현대의 개코원숭이와 매우 비슷했다. 이는 타웅 아이가 그렇게 오래되지 않았을 수도 있음을 암시하는 것이었다. 하지만 그렇다고 해도 타웅 아이가 인간과 다른 유인원 사이 어딘가에 위치한다는 생각과 충돌을 일으키지는 않았다. 타웅 아이가 인류의 진화에서 '잃어버린 고리'가 될 가능성은 여전히 존재한다는 뜻이다.

진화가 진행됨에 따라, 종들은 한 나무에서 갈라지는 나뭇가지처럼 세분화되었다. 고인류학자들은 이 나뭇가지들이 갈라지는 과정과 나뭇가지들 사이의 관계를 연구하는 사람들이다. 다트에게 오스트랄로피테쿠스는 인간이라는 줄기에서 나온 알려지지 않은 가지였고, 인간 진화의 가장 이른 시기에 관한 증거이기도 했다. 다른 고인류학자들도 이 분야에 뛰어들었다. 이들 중에는 파충류에서 개코원숭이에 이르기까지 남아공의 화석을 수십 년 동안 연구해온 스코틀랜드 출신의 의사 로버트 브룸도 있었다. 자신의 발견에 대한 동료들의 회의적인 시각에 상처를 받고 다트가 무대에서 물러나자, 이 난국에 대처하여 타웅 아이에 대응하는 성인 화석을 찾겠다고 결심한 사람이 바로 브룸이다.

당시 다트의 제자들은 요하네스버그에서 북서쪽으로 50킬로미터쯤 떨어진 스테르크폰테인이라는 커다란 동굴을 조사하고 있었다. 동굴은 가느다란 블루방크강에서 솟아오른 비탈 바로 아래에 있었다. 요즘 관광객들은 동굴의 원래 입구를 통해 돌부스러기가 널려 있는 급경사 길을 내려가 동굴 안으로 들어간다. 거대한 종유석과 돌기둥밖에 없는 것 같지만, 그 옆으로 난 길에는 커다란 비밀이 숨겨져 있다. 그 길을 따라 화석이 묻힌 공간들과 지하호수가 있기 때문이다. 현재는 동굴 바로 위로 파인 야구장 내야 크기의 구덩이를 가로질러 좁은 다리가 놓여 있다. 폭파된 각력암으로 가득 찬 뒤죽박죽 복잡한 구덩이다. 그곳에서 과학자들은 여전히 사람족과 다른 생물체의 화석을 찾기 위해 일하고 있다.

1930년대에 스테르크폰테인 동굴은 석회석 채석장이었다. 레이먼드 다트의 학생들은 그곳에서 원숭이 화석을 수집했고, 브룸도 그들을 따라 그곳을 찾은 적이 있었다. 버려진 채 쌓여 있는 각력암 더미를 뒤지다가, 브룸은 얼굴뼈와 턱, 그리고 닳은 이빨의 부서진 조각들을 발견했다. 으깨진 상태였지만, 이 화석들이야말로 브룸이 찾고 있던 성인의 화석이었다. 현재 이 화석들은 타웅 아이와 함께 오스트랄로피테쿠스 아프리카누스로 인정되고 있다.

시간이 지나면서 스테르크폰테인 동굴에서는 골격의 다른 부분을 포함한 사람족 화석들이 계속 발굴되었다. 가장 극적인 발견은 'Sts 14'로 알려진 성인 여성의 골격으로, 척추, 갈비뼈, 골반, 그리고 다리 일부분을 갖추고 있었다. 이 화석의 후두개 골격은 스테르크폰테인 종이 똑바로 섰으며 인간처럼 걸었다는 것을 밝혀주었다.

더 놀라운 것은 스테르크폰테인 동굴이 아닌 다른 곳에서도 사람족 화석이 발견되었다는 사실이었다. 계곡 여기저기에 있는 동굴과 각력암 층에서도 사람족 화석이 발견되기 시작했다. 1938년에는 어느 남자아이가 스테르크폰테인 동굴 동쪽 1킬로미터 지점의 농장에서 화석 하나를 발견해 브룸에게 가져다주기도 했다. 이 지역에서 각력암들을 뒤지면서, 브룸과 탐사팀은 사람족 두개골 일부와 커다란 어금니가 박힌 큰 턱뼈를 찾아냈다. 어금니와 턱뼈 모두 스테르크폰테인 동굴 화석보다 훨씬 컸다. 브룸은 이 화석이 다른 종의 화석이라는 걸 밝혀냈고, 현재 이 종은 파란트로푸스 로부스투스*Paranthropus robustus*로 불린다.

나중에 브룸은 스테르크폰테인 동굴 서쪽에 있는 스와르트크란스 동

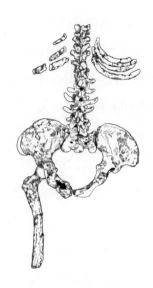

::스테르크폰테인 동굴에서 발견된 'Sts 14'의 골격

굴에서 작업을 하면서 더 큰 로부스투스의 턱과 어금니를 발견했다. 한편, 레이먼드 다트와 그의 제자 필립 토비어스는 북부 지방의 마카판스가트 지역에서 현장연구를 시작해 스테르크폰테인에서처럼 오스트랄로피테쿠스 아프리카누스의 화석을 대량 발견했다.

남아공 고인류학의 황금시대였다. 1936년에서 1951년 사이에 추가로 다섯 곳이 넘는 대형 발굴지에서 발견된 사람족 화석은 수십 개에 이르렀다. 브룸은 자신이 발견한 새로운 화석들을 과학적으로 설명하는 책을 여러 권 발간했다. 다트는 이 초기 인간 조상들이 도구와 불을 어떻게 사용했을지를 설명하는 도발적인 이론들을 연달아 내놓았다.

그러다가, 어느 순간부터 초기 사람족 유적지는 더 이상 발견되지 않았다.

그렇다고 모든 연구가 중단된 것은 아니었다. 알려진 유적지는 그 후로도 오랫동안 연구가 집중되었고, 지금까지도 계속되고 있다. 또한, 남아공의 다른 지역에서 연구하는 고고학자들은 구인류의 화석과 함께 그들이 사냥을 할 때 도구와 동물을 이용했다는 것을 보여주는 증거 화석들을 찾아내기도 했다. 하지만 아무도 새로운 화석 유적지를 발견하지는 못했다. 최소한 남아공에서는 그랬다. 한동안 동아프리카 지역이 모든 흥분의 근원지가 되었다.

4

동아프리카의 인류학은 루이스 리키가 케냐와 탄자니아에서 고대 인류의 증거를 찾기 시작하던 1920년대로 거슬러 올라간다. 리키는 처음에는 다른 동료와, 나중에는 아내 매리와 함께 수십 곳이 넘는 유적지를 조사해 구인류의 뼈 잔해, 가장 초창기의 도구 몇 가지와 자신은 오스트랄로피테쿠스의 선조일 것으로 생각했던 유인원 화석을 발견했다.

이 유적지들 중에서 화석 발견 가능성이 가장 높은 곳은 올두바이 협곡이었다. 리키 부부가 수년에 걸쳐 작업을 한 곳이다. 올두바이 협곡은 헤아릴 수 없는 오랜 시간에 걸쳐 퇴적물들이 사방에 흩어진 동물뼈와 석기 도구들과 함께 층 위에 층을 이루면서 마치 케이크층처럼 강바닥과 호숫가에 쌓이다 마침내 침식 때문에 마치 칼로 자른 것처럼 잘라져 형성된 협곡이다. 이 협곡의 가장 깊은 곳은 가장 오래된 곳으로 '지층Bed I'이라고 한다. 그 깊은 퇴적층에서 리키 부부는 자신들이 '올도완Oldowan'이라고 명명하게 되는 원시 석기를 발견했다.

1959년, 매리는 그곳에서 사람족 이빨을 발견했다. 이 부부는 몇 주에 걸쳐 두개골 조각들을 찾아내어 거의 완벽하게 모양을 맞추는 데에 성공했다. 루이스는 이 두개골에 매리의 '디어 보이Dear Boy'라는 이름을 붙였으며, 자기들이 올도완 도구를 만든 주인공을 발견했다고 생각했다. 같은 유적지에서 발견된 멸종동물 화석을 기준으로 한 이들 부부의 계산에 따르면, 도구와 두개골은 50만 년을 조금 넘는 것이었다. 이들은 이 화석을 기술하는 짧은 논문을 발표하고, 진잔트로푸스 보이세이 *Zinjanthropus boisei*라고 명명했다. 사람들은 매리의 '디어 보이'를 '진지 *Zinji*'라고 불렀다.

매리가 첫 번째 이빨을 발견하고 한 달이 지난 뒤, 리키 부부는 그 두개골을 요하네스버그로 가져가 레이먼드 다트와 필립 토비어스에게 보여주고 남아프리카 화석들과 비교할 기회를 얻었다. 진지는 아프리카누스보다 상당히 큰 어금니를 가졌지만, 로부스투스와는 많은 점에서 닮았다. 진지 두개골에 대해 알게 된 과학자들 대부분은 진지가 남아프리카의 로부스투스와 너무 비슷해 진지가 새로운 종이라는 리키 부부의 생각에 동의하지 않았다. 현재는 보이세이가 별개의 종이기는 하지만 로부스투스와 가까운 친척이라는 생각이 지배적이다.

올두바이 협곡에서 벌인 다음 현장연구 시기에 리키 부부는 두개골 두 조각, 턱 한 개, 그리고 손 일부분을 발견했다. 진지보다 뇌는 크지만 턱은 작은 종의 화석임이 분명했다. 그 후 이들은 더 많은 두개골과 턱 조각을 발굴했는데, 전부 비슷한 종류의 사람족 화석이었다. 여기서 얻을 수 있는 결론은 명백했다. 진지가 살던 시기와 동일한 시기에 현재의 인간과 더 가까운 종이 살았다. 진지가 아니라 바로 이 종이 도구를 만들었을 것이다.

리키 부부는 이 새로운 화석들을 새로운 종으로 분류하고, 호모 하빌리스*Homo habilis*라고 이름지었다. '능력 있는 사람'이라는 뜻을 지닌 그 이름은 이 종이 올두바이 '지층 I'에서 발견된 석기를 만들었다는 자신들의 가설을 반영한 것이다. 이 가설에 따르면, 우리는 석기의 발명으로 현재의 인류 형태가 되기 시작했으며, 뇌가 커지고 손이 도구를 사용할 수 있는 방향으로 진화하게 되었다. 손가락 끝이 넓고 엄지가 긴 이 새로운 화석의 손은 도구 제작에 매우 적합해보였다. 하지만 두개골 크기로 추정하면, 이 하빌리스의 뇌 크기는 현생인류 뇌의 절반에 불과했다.

가장 뜻밖의 발견은 1961년에 이루어졌다. 미국 버클리대학 물리학자들이 고대 화산암의 연대를 측정하는 새로운 방법을 개발한 것이다. 남아프리카의 동굴에는 화산암이 없지만, 올두바이 협곡 같은 동아프리카 지역에는 고대 화산재층이 포함되어 있었다. 루이스 리키는 올두바이 화석 표본을 버클리대학에 보냈고, 곧 결과가 나왔다. 진지와 하빌리스가 나온 지층 I은 60만 년 전이 아니라 175만 년 전의 것이었다.

연대가 새로 측정되자, 고인류학자들의 시야는 완전히 달라지기 시작했다. 올두바이 협곡의 도구와 화석은 그동안 전 세계에서 발견된 그 어떤 인간 유물이나 화석보다도 훨씬 오래된 것이었다. 하지만 이것은 시작에 지나지 않았다. 리키 부부는 올두바이 협곡보다 더욱 오래된 지역에서 멸종한 유인원의 화석을 발견했다. 동아프리카 어딘가에 현생인류의 뿌리이자 모든 사람족의 조상이 되는 기원집단의 화석이 묻힌 층이 있을지도 몰랐다.

1970년대와 1980년대 초에 걸쳐 인류의 기원 연구분야에서 가장 중요한 일은 이 가장 오래된 사람족 화석을 발견하는 것이었다. 미국 팀들과 프랑스 팀들은 리키와 함께 남부 에티오피아의 오모 계곡을 탐험할 계획을 세웠다. 루이스의 건강이 나빠지자 아들인 리처드가 케냐 팀을 이끌었다. 오모 계곡에서는 중요한 화석이 많이 발견되었다. 거의 20만 년 된 최초의 현생인류 유골, 200만년도 넘은 초기 사람족 유해가 오모

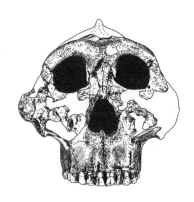

:: '진지'의 두개골

계곡에서 발굴되었다. 하지만 올두바이 협곡에서 발견된 화석만큼 중요한 화석은 발견되지 않았다.

리처드 리키는 연구 현장을 케냐 북부의 지구대에 있는 투르카나 호숫가로 옮겼다. 1970년대와 1980년대에 걸쳐 이곳에서 리키와 그의 아내 미브는 나중에 '호미니드 갱'으로 알려지는 숙련된 화석발굴팀을 이끌었다. 내 첫 번째 아프리카 여름 실습을 이 그룹과 함께한 것은 큰 행운이었다.

투르카나 호숫가에서는 처음부터 놀라운 화석들이 발견되었다. 당시 세계에서 가장 오래된 호모(사람속) 표본으로 생각되던 두개골 하나가 대표적이다. 오늘날 과학자들은 이 화석을 하빌리스와 동시대에 살았던 호모 루돌펜시스*Homo rudolfensis*의 가장 훌륭한 표본으로 인정하고 있다. 1984년에는 호미니드 갱에서 가장 뛰어난 화석사냥꾼인 카모야 키메우가 유골 조각 하나를 발견했다. 이 조각은 그때까지 발견된 호모 에렉투스*Homo Erectus* 화석 중에서 가장 완전한 형태를 보여주는 화석의 일부가 된다. '투르카나 소년'으로 알려진 이 화석은 약 150만 년 전의 젊은 남자의 것이다. 인간을 많이 닮은 신체구조를 지녔지만, 뇌, 두개골, 그리고 이빨에는 큰 차이가 있었다.

한편, 1970년대 초 도널드 조핸슨이라는 자신만만한 젊은 미국 과학자가 에티오피아의 하다르 지역에서 진행되고 있는 현장발굴에 합류했다. 이 팀은 머지않아 '루시Lucy'라는 애칭으로 세계에서 가장 유명해진 유골 일부를 포함한 사람족 화석을 발견했다. 지질학적 연대 측정 결과, 루시와 관련 화석들은 300만 년이 넘은 것으로 밝혀졌다.

같은 시기에 매리 리키는 탄자니아 북부에서 작업을 하고 있었다. 매리는 360만 년 된 사람족의 턱뼈와 이빨을 발견해냈다. 또한 매리가 이끄는 팀은 두 발로 걷는 종들이 남긴 발자국 화석도 수없이 많이 찾아냈다. 매리는 젊은 미국 고인류학자 팀 화이트를 초청해 이 화석들의 전체 모양을 구성해달라고 부탁했다. 화이트는 조핸슨과 서로 기록을 비교한 후 탄자니아와 에티오피아 화석들이 같은 종, 즉 당시까지 알려진 최초의 사람족의 화석이라는 의견을 제시했다. 이들은 이 화석을 오스트랄로피테쿠스 아파렌시스Australopithecus afarensis라고 명명했다.

리키 부부, 도널드 조핸슨 등의 발견으로 고인류학은 두 번째 황금기를 맞았다. 이들은 그 뒤 몇십 년 동안 이루어질 연구의 방향을 제시했다. 나는 이들의 연구에서 짜릿함을 느꼈고 그들의 연구분야에 기꺼이 동참하고 싶었다. 이들은 내가 학생이었을 때 그리고 졸업한 직후에도 여전히 활발한 연구활동을 하고 있었으며, 나는 이들로부터 인류의 진화에 대한 지식을 상당 부분 흡수했다. 지난 25년 동안 이들과 다른 과학자들의 발견으로 인류의 기원을 보여주는 화석 기록은 계속 늘어났고, 인류

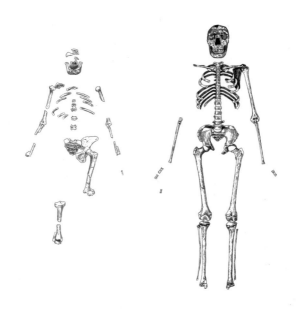

:: 루시(오스트랄로피테쿠스 아파렌시스, 왼쪽)와 호모 에렉투스(오른쪽)의 골격 비교

의 계통수에도 많은 종들이 편입되었다. 그중 일부는 대부분 이 분야 과학자들에 의해 바로 받아들여졌지만, 일부는 논의의 여지를 남기기도 했다. 고인류학을 직업으로 삼기 위해 내가 비트바테르스란트대학에 입학했을 당시, 이들은 이 분야를 주도하고 있었고, 인류 기원을 밝히기 위한 무대로 남아프리카가 아닌 동아프리카에 기대를 걸고 있었다.

사람족의 계통수 그림

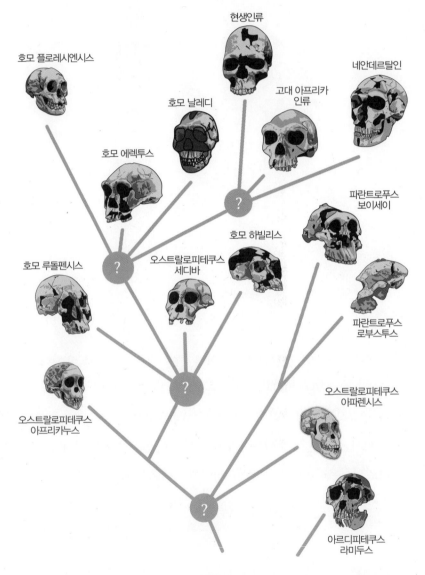

현생인류

호모 플로레시엔시스

네안데르탈인

호모 날레디

고대 아프리카
인류

호모 에렉투스

파란트로푸스
보이세이

호모 하빌리스

호모 루돌펜시스

오스트랄로피테쿠스
세디바

파란트로푸스
로부스투스

오스트랄로피테쿠스
아파렌시스

오스트랄로피테쿠스
아프리카누스

아르디피테쿠스
라미두스

:: 이 계통수는 새로운 화석의 계속적인 발견과 유전자 분석의 결과물이다. 물음표는 가지를 어디에 두어야 할지 그 순서가 아직 확실하지 않음을 표시한다. 특히 아랫부분 가지들에서 모든 종이 다 표시되지 않았음에 주의하길 바란다.

5

현재 인간의 진화를 보여주는 화석 기록은 크게 세 부분으로 나눌 수 있다. 나름의 주요 등장인물들을 가지고 있는 각 부분의 종들은 고인류학자에 의해 발견되기도 하고 DNA 연구로 밝혀지기도 했다. 이중 가장 많이 베일에 가려진 부분이 첫 번째이자 가장 오래된 부분이다.

인간과 우리 사람족 친척들의 계통은 약 700만 년 전에 침팬지의 조상으로부터 갈라졌다. 이 연대는 인간과 다른 영장류의 전체 DNA를 비교해 추정한 것이다. 인류 진화에서 가장 초기인 700만 년 전에서 약 430만 년 전까지의 시기를 대표하는 몇 안 되는 중요한 화석은 1990년대에 팀 화이트의 발굴팀에 의해 발견되었다. 화이트는 바로 20여 년 전 탄자니아에서 매리 리키와 함께 일했던 바로 그 젊은 연구원이다.

이 화석들 중 가장 상태가 좋은 것이 에티오피아 중부 아와시 지역에서 발견된 아르디피테쿠스 라미두스*Ardipithecus ramidus*라는 유골이다. 해부학적으로 이 뼈들은 뇌 크기가 침팬지와 비슷하고 전체적인 크기도 수컷 침팬지만 한 유인원의 것이었다. 엄지발가락이 다른 발가락들과 마주보고 있고, 엄지손가락은 짧고 다른 손가락들은 아주 긴 이 아르디피테쿠스는 인간 계통도에서 오늘날의 대형 유인원류(사람과)의 자리에 딱 어울려 보였다. 하지만 아르디피테쿠스에게는 인간 계통의 후기 구성원들과 더 비슷한 특징들이 있었다. 송곳니와 골반이 더 작고, 두개골이 수직으로 뻗은 척추 위에 얹혀 있었던 것이다. 아르티피테쿠스는 인간처럼 두 발로 걷지는 않았지만 오늘날의 유인원보다는 더욱 곧게 섰을 가능성이 있었다.

이 중요한 발견 이후 더 오래된 지역에서 화석 파편들이 발견되었다. 사헬란트로푸스 차덴시스*Sahelanthropus tchadensis*와 오로린 투게넨시스 *Orrorin Tugenensis* 같은 종들이 대표적이다. 하지만 이 종들은 전체적인 해부학적인 구조를 알 수 없어 더 이상의 정보를 얻기가 힘들다. 이들은 아프리카 중부와 동부에서 발견되었으며, 아프리카 남부에서는 이처럼 이른 시기의 사람족 화석은 현재까지도 발견되지 않고 있다.

인간의 진화에서 두 번째로 중요한 기간은 420만 년 전에서 150만 년 전 사이로, 오스트랄로피츠australopiths(오스트랄로피테신australopithecine)로 알려진 다양한 종에 의해 대표된다. 레이먼드 다트의 오스트랄로피테쿠스 아프리카누스와 로버트 브룸의 파란트로푸스 로부스투스가 여기에 포함된다. 이 종들은 모두 직립보행을 했다. 골반, 다리, 발, 그리고 척추가 현생인류의 특징을 나타내고 있다는 것이 그 증거다. 이 종들은 현생인류가 그렇듯이 네 발로는 잘 걷지 못했겠지만, 나무에 오르는 능력은 여전히 유지하고 있었던 것으로 보인다. 오스트랄로피츠의 몸은 현생인류보다 작았고, 뇌의 평균 크기는 우리의 3분의 1 정도였다. 앞어금니와 어금니가 컸고, 일부는 다양한 먹이를 먹을 수 있을 정도로 거대한 어금니와 강인한 턱근육을 가지기도 했다. 이들은 사하라 이남의 아프리카 지역 전체에 걸쳐 분포했지만, 다른 대륙에서는 흔적을 찾을 수 없다.

우리 진화 역사의 세 번째 부분은 약 180만 년 전 호모 에렉투스로 알려진 종과 함께 시작된다. 이 종은 아프리카에 등장한 첫 번째 사람족으

로, 다른 대륙들로 퍼져나갔다. 사람 크기의 몸을 가졌고, 뇌는 오스트랄
피츠보다 50퍼센트쯤 더 컸다. 인류학자들은 이 큰 몸체와 뇌를 가진 호
모 에렉투스가 더욱 넓은 영역을 섭렵하고, 석기 도구를 사용했으며, 사
냥으로 얻은 고기를 포함한 질 좋은 음식을 먹었을 것으로 믿고 있다. 인
류학자들 대부분은 이 초기 에렉투스 집단이 진정한 최초의 인간 집단이
라고 생각한다.

에렉투스와 그 후손들은 그 후 수십만 년이 넘는 기간 동안 세계 곳곳
으로 퍼지면서 다양한 형태로 변화하고 새로운 종으로 가지를 쳤다. 네
안데르탈인도 그중 하나다. 고인류학자들은 이 모두를 한데 묶어 '구인
류archaic humans'라는 범주에 넣는다. 아프리카는 여전히 우리 진화의 중
심이다. 아프리카는 이 구인류가 놀라울 정도의 다양성을 가지고 변주된
곳이며, 궁극적으로 현생인류가 출현한 곳이기 때문이다.

지난 10년 동안 유전학 분야에서 이루어진 위대한 발견으로 우리는
인류 진화 과정의 후반부가 매우 복잡하다는 것을 알게 되었다. 오늘날
의 인간은 우리 유산 거의 대부분을 불과 20만 년 전 아프리카에서 살았
던 그 첫 번째 인간 집단에 빚지고 있다.

그 이유는 모르지만, 아프리카 집단은 점점 수가 늘어나 다른 대륙으
로 다시 한번 확산하기 시작했다. 그 과정에서 이들은 네안데르탈인과,
그리고 다른 집단들과 접촉했다. 이들 인간 변종의 일부 구성원들은 늘
어가는 현대 인간의 유전자풀에 자신들의 DNA를 혼합시켰다. 결국, 대
부분 아프리카 혈통을 지닌 이 현생인류들은 전 세계로 흩어져서 그전에
는 사람이 산 적이 없었던 아메리카와 오스트레일리아까지 이주했다. 약
1만 전 근동지역을 시작으로 인간들은 세계의 다른 지역에서도 농경을

시작했다. 현생인류가 최근 들어 비약적으로 늘어난 것은 바로 이 농경이라는 혁신 덕분이었다.

과학은 우리 진화의 이 세 번째 주요 부분에 대한 연구에서 급속한 진전을 이루어냈고, 이야기는 눈 깜짝할 사이에 한층 더 복잡하고 흥미로워졌다. 하지만 이 최초의 인간들의 조상은 누구였을까? 또한 무엇이 이 최초의 인간들을 오스트랄로피츠와는 다른 경로를 걷게 만들었을까? 오스트랄로피츠도 번성했고, 다양한 종들이 있었다. 이들은 우리가 최초의 인간이라고 생각하는 첫 번째 종이 나타나기 전에 200만 년 이상 살았다. 경이로운 수준에 이른 현대 유전학도 인간 계통에서 멸종한 가지들에 대해서는 아무것도 말해주지 않는다. 정보를 얻기 위해서는 여전히 화석을 찾아야 하는 것이다.

화석의 발견이란 좌절감을 느낄 정도로 단편적일 수밖에 없다. 하빌리스가 에렉투스로, 그다음 사피엔스로 이어졌다고 거의 모든 사람이 생각하던 때가 있었다. 교과서에서도 인간의 진화 과정을 그렇게 기술했다. 독자들도 이 직계후손 이론에 익숙할 것이다. 하지만 새로운 조각들이 화석과 고고학 기록에 더해지면서 전체 그림은 더욱 복잡해져갔다. 과학자들은 처음 발견된 하빌리스 화석들을 오랫동안 다시 연구한 결과, 우리가 그들의 신체(몸통 부분)에 대해 아는 바가 거의 없다는 사실을 지적하고 있다. 우리가 그나마 알게 된 것은 하빌리스가 오스트랄로피츠와 매우 비슷하며 현생인류와는 거의 닮지 않았다는 사실뿐이다.

루이스 리키가 연구를 하던 시절, 석기는 하빌리스와 에렉투스의 진화와 밀접하게 연관되어 있는 것으로 여겨졌다. 하빌리스가 최초의 도구 제작자라고 생각할 정도였다. 하지만 1990년대와 2000년대에 들어 석기의 기록은 점점 이른 시기로 옮겨갔다. 2015년에는 아주 이른 석기의 증거가 투르카나 호수 부근의 320만 년이 넘는 퇴적층에서 발견되었다. 올두바이 협곡에서 발견된 석기의 연대보다 무려 두 배나 더 늘어난 것이다. 이때 발견된 도구들은 큰 뇌, 심지어는 하빌리스의 뇌보다 큰 뇌를 가진 사람족 화석보다 훨씬 더 이전의 것이었다. 300만 년 전에서 200만 년 전 사이의 화석 표본 중 몇 개는 사람속의 것으로 여겨지고 있는데, 그중 에티오피아에서 나온 턱뼈의 일부분이 가장 오래되었다. 하지만 이들 화석은 뇌 크기에 관해서는 아무것도 알려주지 않는다.

다시 말해서, 오스트랄로피츠에서 호모로의 전환은 여전히 우리 진화에서 가장 흥미로운 질문을 제기하고 있는 셈이다. 더 좋은 화석들이 없다면 우리는 그 질문에 대답할 수 없다. 아마 남아프리카에 무엇인가 더 발견할 것이 있을지도 모른다.

6

1996년, 나는 서른한 살의 젊은 학자로 대학에서 안정된 위치에 있었다. 나는 수년 동안 의대생들에게 인간해부학을 강의하고 있었다. 현장에서 사람족 화석을 발견한 적이 있고, 실험실에서 그 화석을 가지고 제법 괜찮은 연구를 했다. 아주 좋은 논문들을 많이 발표했으며, 연구비를 받아 연구를 지속할 수 있었다. 선임 연구담당관이자 고인류학과장으로 승진하면서, 소중한 사람족 화석을 수집해놓은 비트바테르스란트대학 화석 보관실을 책임지게 되었다. 필립 토비어스가 수십 년 동안 맡았던 역할과 책임을 물려받게 된 것이다.

세대교체가 일어나고 있었다. 젊은 과학자들이 우리 분야에 새로운 기술과 사고방식을 도입하고 있었다. 컴퓨터와 인터넷을 잘 알고 있어서인지는 모르겠지만 우리 세대는 윗세대보다는 협력을 더 많이 했고, 나는 다른 연구자들이 학교 보관실에 있는 화석들을 더 폭넓게 연구하고 자료에 더 쉽게 접근할 수 있도록 하는 방법을 찾아보기 시작했다.

선임 교수들과 대학 당국은 이런 내게 주의를 주었다. 내가 임명되던 날 연구담당 부총장은 나를 사무실로 불러 충고했다.

"논문 발표를 많이 한 건 좋은데, 공동연구자들이 너무 많아요. 혼자 발표하는 논문이 더 필요해요. 교수 평가에 도움에 되는 건 그런 논문들입니다."

부총장 세대에서 위대한 과학은 혼자서 오랫동안 노력해서 나오거나, 기껏해야 몇 사람으로 이루어진 공동연구에서 나왔기 때문이다.

나는 생각이 달랐다. 실제로 우리 세대는 과학에 접근하는 방식이 달랐다. 우리는 새로운 연구를 할 때 전문화된 기술에 의존했고, 혼자 힘만으로는 어떤 과학자도 가장 흥미로운 질문에 답하는 데에 필요한 방법을 전부 배울 수 없었다. 정보를 공유하고 논문에 이름을 같이 올리면서 우리는 함께 연구를 진행했고, 그렇게 함으로써 더 훌륭한 결과를 얻을 수 있었다. 때로는 멀리 떨어져 있는 사람들과 직접 만나지도 않은 채 협력할 수도 있었다. 인터넷 덕분에 논문들이 더 빨리 공유되면서 과학의 속성도 바뀌고 있었다. 동시에 대학과 행정부서는 더욱더 많은 연구성과를 기대하게 되었다. 우리는 '논문을 내거나, 나가거나publish or perish'의 낭떠러지에 서 있었고, 여전히 개인의 성과로 평가를 받았다. 생산성은 공동연구가 더 높았는데도.

공동연구는 특히 젊은 고인류학자들에게 문제가 되었다. 구세대 화석 발견자들은 흔히 화석보관실을 상류층의 회원제 클럽 같은 곳으로 여겼으므로, 내가 화석 유물을 관리하는 책임자가 되었다는 것은 그 클럽 회관에 입장할 수 있는 열쇠를 손에 넣은 셈이었다. 하지만 나는 클럽 열쇠 따위는 원하지 않는 세대를 대표했다. 우리는 그 문을 모두에게 열어주고 싶었다. 우리는 발견과 과학이 더 빠르게 진전되길 원했고, 대학이 전통적으로 생각하는 범위를 넘어서 더욱더 큰 전문가집단들과의 공동연구 기회를 찾아나섰다. 이렇게 공동연구를 선호하는 성향 때문에 나는 스승세대와 갈등을 빚을 수밖에 없었다.

그 와중에도 나는 바쁜 시간을 보내고 있었다. 그때 나는 케이프타운 근처 랑게반 석호에서 발견된 12만 년 된 발자국들을 분석하고 있었다. 나는 그 발자국들이 현생인류가 남긴 가장 오래된 발자국이라는 가설을 세워놓고 있었다. 나는 또한 케이프타운 북쪽 끝 해안가인 살단하만에서 1993년에 내가 발굴한 사람족 화석 몇 개도 분석하고 있었다. 게다가 표범과 하이에나 같은 동물들의 습성이 동굴 안에 뼈가 쌓이는 데에 어떤 영향을 주는지를 이해하기 위한 연구를 시작한 참이었다. 이 모든 일을 하면서 글래디스베일 동굴 발굴과 현장학교 운영도 계속했다. 이 작업에는 스위스 취리히대학에서 온 페터 슈미트가 참여했으며, 나중에는 오랜 친구인 듀크대학의 스티브 처칠이 합류했다.

1997년 나는 미국지리학회가 수여하는 제1회 연구탐험상을 받았다. "고인류학 분야에서의 업적을 통해 지질학 지식의 증가에 훌륭한 기여"를 한 대가였다. 이 상으로 받은 상금은 상의 의도대로 '연구와 탐험'에 썼다. 이 상금으로 나는 남부 아프리카에서 새로운 화석 유적지를 찾기 위한 3년 기한의 탐험대를 조직했다. 아틀라스 프로젝트라고 이름을 붙였다. 1998년에서 2000년까지 이 소규모 탐험대는 위성사진을 조사해 화석이 있을 만한 곳을 찾아낸 다음 랜드로버 몇 대에 휴대용 GPS 장치를 싣고 돌아다녔다. 당시에는 구글 어스가 없었다. 나중에는 인터넷에서 고해상도 위성사진을 얼마든지 볼 수 있게 되었지만, 1990년대 당시에 고해상도 위성사진을 구하려면 엄청난 돈과 컴퓨터 처리용량이 필요했다.

탐사는 상당한 성과가 있었다. 탐사 시작 전에는, 우리는 프리토리아에서 요하네스버그 도시권의 북쪽 경계까지 펼쳐진 백운석질의 석회암 지역을 통틀어 불과 10여 군데의 화석 발견 지역을 알고 있을 뿐이었다. 유명한 스테르크폰테인과 스와르트크란스 유적지를 포함해 모두 열네 군데로, 그때까지 약 60년에 걸친 탐사의 결과였다. 우리는 아틀라스 프로젝트를 통해 수백 킬로미터가 넘는 거친 영역을 걸으면서 샅샅이 뒤졌으며, 화석이나 동굴이 있을 법한 노출 지역과 나무 군집을 조사했다. 프로젝트가 끝날 무렵, 우리는 그전에는 알려지지 않았던 30개 이상의 동굴로 들어가는 입구와 지표면의 새로운 화석 유적지 네 곳을 발견했다.

우리는 남아공과 보츠와나의 다른 지역들로도 탐사 영역을 넓혔다. 페스투스 모가에 보츠와나 대통령은 우리가 보츠와나를 탐사할 수 있도록 허가를 내주었다. 그 3년 동안 우리는 수십 곳의 화석 지역을 발견했는데, 그 대부분은 고대에 흘렀던 강의 퇴적층이었다. 우리는 발견한 장소와 동물상을 기록해 결과를 발표했고, 그중 글래디스베일에 인접한 모체체라는 곳에서 발굴을 시작했다. 모체체는 검치호랑이 화석이 풍부한 곳이었다. 하지만 그때도 사람족 화석은 여전히 나를 피해다녔다.

탐사를 진행하는 동안 나는 과학을 대중에게 생중계하는 실험을 시작했다. 내셔널지오그래픽 채널과 함께 '최전선: 인간의 기원Human Origins@nationalgeographic.com'이라는 온라인 칼럼을 시작해 화석사냥을 하는 우리 팀을 소개했다. 대중을 위한 과학의 실시간 온라인연대기라는 새로운 시도를 한 것이다. 하지만 당시 기술에는 한계가 있었다. 동영상을 전송하려면 위성전화를 이용해야 했다. 동영상 전송이 간편해지고 인터넷을 어디서나 사용할 수 있기까지는 아직도 몇 년을 더 기다려야 했던 것이다. '최전선' 실험은 곧 끝났다. 하지만 이 실험을 계기로 내게는 열정이 생겼다. 인터넷을 통해 탐사의 흥분을 전달할 가능성을 본 것이다. 나중에 나는 현장연구 상황을 있는 그대로 보여준다는 생각으로 돌아오게 될 터였다.

내 생애 최고의 시절이었다. 아내와 두 아이가 있었고, 과학계에서 성공적인 경력을 쌓고 있었다. 탐사를 하고 있었고, 세계 최대의 사람족 화석 보관실 중 하나의 책임자였다. 하지만 한편에서는 내게 상처를 입히고 남아프리카의 고인류학을 만신창이로 만들 악의에 찬 싸움이 서서히 시작되고 있었다. 그 후 몇 년에 걸쳐 발생한 사건들 탓에 나는 강력한 탐사프로그램을 만들어 중요한 발견을 해보겠다는 꿈을 거의 잃어버릴 뻔했다.

7

도전은 두 갈래로 몰려왔다. 하나는 고인류학 연구를 어떤 방식으로 수행해야 하는지를 선언하는 매우 영향력 있는 논문 하나에서 제기된 학계의 압력이었고, 또 하나는 비트바테르스란트대학 동료들과의 갈등으로 인한 도전이었다.

2000년 당시 팀 화이트는 세계 최고의 명성을 가진 고인류학자 가운데 한 명이었다. 미 캘리포니아주립대 버클리캠퍼스 출신의 강단 있는 젊은 과학자였던 팀은 1970년대와 1980년대에 경쟁자들로 가득 찬 동아프리카 고인류학계에서 모두의 기대 이상으로 큰 성공을 거두었다. 초기에 화이트는 매리 리키와 함께 탄자니아 라에톨리에서 나온 화석들의 전체 모양을 맞추는 작업을 했다. 그 후에는 도널드 조핸슨과 함께 조핸슨이 에티오피아 하다르에서 새로 발견한 화석과 라에톨리 화석을 한데 묶어 새로운 종으로 규정하는 작업을 돕기도 했다. 1989년 화이트는 외국인 과학자에게 연구의 문호를 다시 개방한 에티오피아에 돌아와 발굴 작업 몇 건을 주도했다.

2000년이 다가오자, 우리 분야의 최고 과학저널 중 하나인 『미국자연인류학저널』은 저명한 과학자들에게 새로운 천년을 맞이해 이 분야를 회고해달라고 부탁했다. 팀 화이트는 「과학에 대한 관점」이라는 글에서 과학자와 "출세주의자"를 비교하면서, 발견의 흥분을 일반 대중에게 중계하는 사람들은 "고인류학의 과장보도"에 더 관심을 가진 존경받지 못하는 구성원이라고 말했다. 화이트는 "이 분야에서 벌어지는 공유지의 비극"에 대해 호소했다. 너무 적은 화석을 가지고 너무 많은 과학자들이 연구를 한다며 법석을 떨고 있다는 것이다. 화석 발견이 점점 줄어들고 있는 상황에서 화이트는 "아프리카에서 가장 좋은 화석 유적지는 이미 다 발견되고 탐사되었을 것"이라고 주장했다. 그는 "유적지 표면에 있는 화석들을 채취하면서 우리는 급속도로 화석을 고갈시키고 있다. 화석 산출량은 가파르게 떨어지고 있다"고 썼다. 화이트는 학생과 젊은 학자들에게 고인류학의 미래를 회의적으로 묘사했고, 문제에 대한 해답으로 마치 그 옛날의 회원 전용 접근법을 제안하는 것처럼 보였다.

화이트의 비판은 내가 겪고 있는 현실과는 많은 부분에서 달랐다. 2000년 당시 내가 그 내용을 읽었을 때는 아틀라스 프로젝트가 아직 끝나지 않은 상태였다. 우리는 수십 개의 새로운 화석 유적지를 찾았다. 동부 아프리카처럼 노출된 광대한 퇴적층에서 빗물이 부드러운 암석을 녹여 화석의 한 부분을 드러나게 만드는 곳이 아니라, 지상에서 거의 보이지 않는 석회석 동굴에서 마치 타임캡슐이 그 안에 화석을 품고 있는 것 같은 곳에서 말이다. 화이트의 비판에서 남아프리카는 아예 언급되지도 않았다. 그 당시에는 세계적인 고인류학자 대부분이 남아프리카는 언급할 가치가 없다고 생각했기 때문일 것이다. 나는 그렇지 않았다. 우리가 이미 발견한 것만 생각해도, 새로 찾은 지역 중 한 곳 정도는 중요한 발견을 낳을 것이라고 확신했다. 하지만 나조차도 그때까지의 우리 탐험 성과가 상당히 실망스러웠다는 사실 자체는 인정해야 했다. 10년 동안의 조사에도 사람족 이빨 몇 개밖에는 찾지 못했기 때문이다. 결과가 이렇게 빈약한 데다, 화이트처럼 탁월한 과학자가 아프리카의 화석 발견의 시대는 갔다고 공식적으로 표명하는 것을 보면서, 나는 아프리카에서 새로운 탐사를 위한 연구비를 받는 것이 더욱더 어려워질 거라는 확신이 들기 시작했다.

⁂

그 시절에 비트바테르스란트대학은 힘겨운 전환의 시기를 아주 느리게 통과하고 있었다. 1998년, 나는 학과의 미래에 중요하고도 어려운 결정을 내리면서 고인류학과 책임자로서 자리를 잡아가고 있는 상태였다. 빠듯한 자금으로 지출과 연구 결과의 균형을 잡는 것이 내 임무였다. 제일 돈이 많이 들어간 곳은 스테르크폰테인 발굴이었다. 남아공에서 가장 성과가 많이 나온 곳이었지만, 보관실에는 여전히 모양을 맞춰야 하는 스테르크폰테인 화석들이 수백 개나 남아 있었다. 스테르크폰테인의 책임 연구자는 론 클라크였다. 나는 클라크의 연구를 존중했고 그와 함께 논문을 쓰기도 했지만, 내가 보기에는 이 동굴의 연구 성과는 점점 떨어지고 있었다. 이 발굴지 운영에 들어가는 엄청난 경비를 계속 대려면 그만한 성과가 있어야 했다. 할 수 없이 나는 스테르크폰테인 연구비용을 줄이고 론 클라크를 내보기로 결정했다.

클라크는 1991년 스테르크폰테인 동굴의 발굴 책임을 인계받으면서 분류와 확인을 해야 할 화석들도 대량으로 같이 인계받았다. 이 화석 중에는 실베르베르크 동굴이라는, 스테르크폰테인 동굴 안의 작은 지하동굴에서 나온 것도 있었다. 이곳은 스테르크폰테인 동굴에서 가장 오래된 화석들이 상당량 나온 동굴이다. 이 화석 가운데에서 클라크는 사람족 발뼈 여섯 개를 확인했는데, 그중 다섯 개는 하나의 발에 속한 것이었다. 이 이례적인 화석에는 곧바로 '작은 발'이라는 이름이 붙여졌다. 론 클라크와 필립 토비어스는 1995년에 그 발 화석을 기술한 논문을 발표했다. 이들은 이 화석의 엄지발가락이 다른 발가락들보다 상당히 길고 튀어나왔으며, 이는 현존하는 인간보다 나무에 오르는 능력이 훨씬 뛰어났음을 가리킨다고 주장했다.

그 뒤로도 클라크는 그 발이 발견된 곳을 계속 조사했다. 이때 발견된 화석에는 부러진 경골脛骨, 즉 정강이뼈가 있었다. 클라크와 현장조사원 스티븐 모추미와 은크와네 몰레페는 이 뼈와 잘 맞춰지는 뼈를 찾기 위해 실베르베르크 동굴 안의 각력암들을 세세히 살펴보았다. 마침내 이들은 이 동굴 안의 암석에 박힌 뼛조각 하나의 횡단면이 부러진 경골과 딱 들어맞는 것을 발견했다. 클라크, 모추미, 그리고 몰레페는 경골을 빼내기 위해 몇 달 동안을 끌로 조심스럽게 작업한 끝에 이 작은 발의 골격에 대해 더욱 많은 것을 알아냈다. 이들은 두 다리의 일부분, 팔 하나, 그리고 두개골을 발견했다. 게다가 그 암석 안에는 훨씬 더 많은 것이 들어 있었다.

문제는 내가 스테르크폰테인을 폐쇄하기로 결정했을 때 이런 발견에 대해 전혀 모르고 있었다는 사실이었다. 1년이 넘도록 클라크는 그 지역에서 이루어낸 가장 극적인 발견, 즉 사람족 유골을 연구하면서도 그 사실을 숨기고 있었던 것이다. 내가 그 유골을 본 것은 1998년 9월 말이 처음이자 마지막이었다. 클라크는 내게 보여줄 것이 있다며 동굴에서 만나자고 했다. 필립 토비어스와 나는 비트바테르스란트대학 해부학과장

베벌리 크레이머와 함께 클라크를 만났다. 우리가 그 작은 동굴 속 동굴로 들어갔을 때, 나는 다큐멘터리영화 제작자가 촬영기사, 녹음기술자와 함께 있는 것을 보고 놀랐다. 론 클라크는 자신의 발견을 공개하기로 마음먹었던 것이다. 그곳에는 암석에서 부분적으로 드러난 유골이 있었다. 어떠한 기준에서도 경이로운 발견이었다. 나는 충격을 받았다. 왜 클라크는 이 사실을 비밀로 했을까?

상황이 악화되기 시작한 것은 그때부터였다.

클라크와 나의 대립은 내가 학과장이 되던 1996년에 시작된 것이었다. 당시는 필립 토비어스와 나 사이에도 의견 차이가 점점 커지고 있을 때였다. 나는 우리의 화석 수집품을 같이 연구하고 싶어하는 객원연구원들에게 더 문호를 개방하려고 했다. 그렇게 해야 우리 수집품의 과학적 가치와 대학 전체의 성과가 최대로 커질 수 있다고 생각했기 때문이다. 하지만 토비어스는 이런 방식을 점점 더 불편해했다. 클라크는 다른 과학자들도 '작은 발' 화석에 접근할 수 있어야 한다는 내 주장 때문에 이 화석 발견에 대한 자신의 독점적인 권리가 부정당할 수 있다고 생각했을 수도 있다. 클라크와 토비어스, 그리고 나 사이의 긴장은 '작은 발'이 아니었다면 별일이 아니었을지도 모른다. 그 유골이 긴장의 기폭제가 된 것이다.

작은 발은 역사적인 발견이었다. 하지만 진행되는 상황은 나를 망연자실하게 만들었다. 나는 코앞에서 중요한 발견이 이루어지는 것을 알지도 못한 채 행정적 결정을 내리고 있었다. '작은 발'은 대중에게 공개되자마자 선정적으로 보도되기 시작했다. 우리 사이의 갈등은 연쇄작용을 일으켰다. 다른 기관의 주요 과학자들이 관여하기 시작했고, 그들 대부분은 비트바테르스란트대학의 사람족 화석 수집물을 더 폭넓게 개방하려는 내 시도를 불만스러워했다. 여론은 나를 남아공 역사상 가장 중요한 화석 발견을 부당하게 취급한 대책 없는 관리자로 몰았다. 꽤 지독한 언쟁이 오고간 지 여섯 달 뒤, 확실한 해결책이 없는 상태에서 대학 측은 고인류학과를 둘로 나누기로 했다. 내 탐사그룹, 그리고 론 클라크와 필립 토비어스가 이끄는 스테르크폰테인 연구그룹이었다. 나는 학계에서의 내 명성은 말할 것도 없고 내 연구프로그램 전체를 다시 세워야 했다.

당시에는 몰랐지만, 이런 큰 사태는 내게 도움을 주기도 했다. 나를 과거에서 벗어나게 해주었던 것이다. 다트와 토비어스가 남긴 것은 내가 아닌 다른 사람들이 발견한 화석으로 가득한 전시실이었다. 긴 안목으로 보면, 이 유산으로부터 독립한다는 것은 곧 해방을 뜻했다. 현장으로 떠나 나만의 발견을 해야겠다는 강한 동기가 나를 가득 채웠다. 아틀라스 프로젝트가 진행 중이었고, 나는 이미 화석이 발견된 옛 장소가 아닌 곳에서 새로운 발견을 위해 집중할 수 있었다.

하지만 내 독립적인 행보와 끈기가 보상을 받은 것은 8년이 넘는 가장 힘든 상황을 보낸 후였다.

:: 남아프리카공화국 요하네스버그 외곽에 있는 유네스코 지정 세계유산 인류의 요람은 오스트랄로피테쿠스 세디바 화석이 발견된 말라파(위)를 비롯해 수많은 초기 사람족 유적지를 포함하고 있다.

:: 리 버거의 아들 매슈. 아홉 살 나이에 말라파 유적지에서 각력암 덩어리에 박혀 있던 화석을 최초로 찾아냈다. 매슈는 "아빠, 화석을 찾았어요!"라고 소리쳤다. 놀라운 발견의 시작이었다.

:: 매슈 버거가 말라파에서 발견한 화석. 각력암에 박혀 있는 작은 흰색 뼈는 고대 사람족의 쇄골로 판명되었다.

::리 버거와 아들 매슈, 그리고 로디지안 리지백 사냥개 타우. 2008년 오스트랄로피테쿠스 세디바 화석을 발견한 지형을 살펴보고 있다.

:: 말라파 유적지의 구덩이: 수 미터 깊이의 이 구덩이가 화석들이 형성되었던 고대 동굴의 흔적을 보여주고 있다. 두 개체의 유골에서 나온 조각들을 포함하고 있는 각력암 덩어리들은 폭발에 의해 떨어져 나온 것이며, 나머지 유골은 위에 표시된 원래 위치에서 발견되었다.

:: 매슈 버거의 첫 발견을 함께했던 좁 키비(왼쪽, 비트바터스란트대학 고인류학 박사후연구원)와 매슈의 아버지 리 버거가 말라파 유적지에서 자랑스럽게 미소를 짓고 있다.

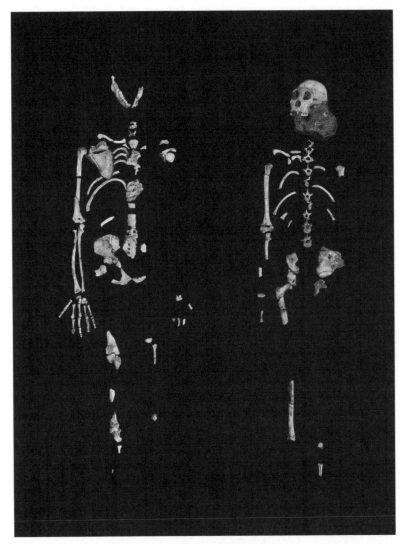

:: 말라파에서 발견된 조각들이 맞춰지자 버거와 그의 팀원들은 자신들이 완벽한 오스트랄로피테쿠스 세디바 개체 골격 두 개를 발견했다는 사실을 알게 되었다. 사진 왼쪽은 오른쪽보다 상태가 좋은 성인 여성 MH2(말라파 호미니드2), 오른쪽은 MH1으로 이름 붙여진 어린아이.

:: 말라파에서 발견된 화석 중에서 특히 놀라운 것은 MH1의 두개골이다. 사람족 두개골이 온전하게 발견된 극히 드문 경우로, 이것은 새로운 종 오스트랄로피테쿠스 세디바를 이해하는 데에 핵심적인 열쇠가 되었다.

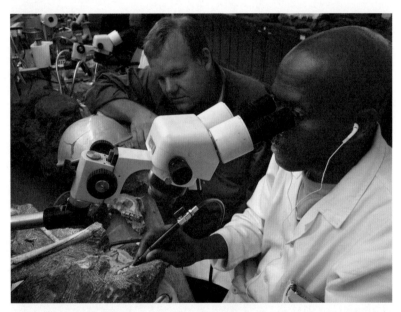

:: 처음에 CT 스캔을 통해 관찰한 후에는 MH1 화석 두개골의 주변 암석을 섬세하게 제거하는 작업이 이루어져야 한다. 펩슨 마카넬라가 압축공기를 이용하는 정밀한 공기파쇄기로 이빨 주위를 다듬는 모습을 리 버거가 지켜보고 있다.

:: 첨단기술이 선사시대를 만나다. 말라파에서 발견된 척추골 내부를 조사하기 위한 스캔 준비 과정. 말라파의 척추골 하나에서 사람족 화석 기록 중 가장 오래된 양성 종양의 증거가 발견되었다.

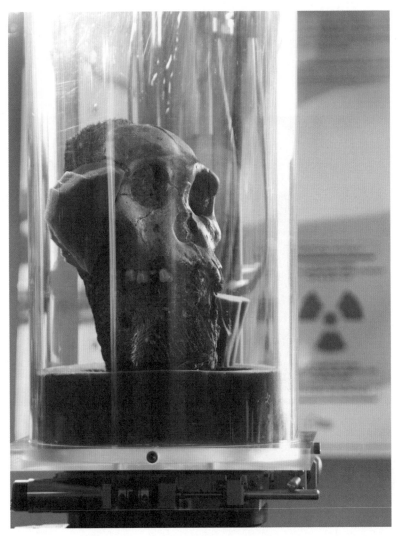

:: 첨단 X선 분석 장치인 싱크로트론 복사를 이용해 표본에 아무런 손상도 주지 않고 MH1 두개골의 특성을 조사할 수 있게 되었다.

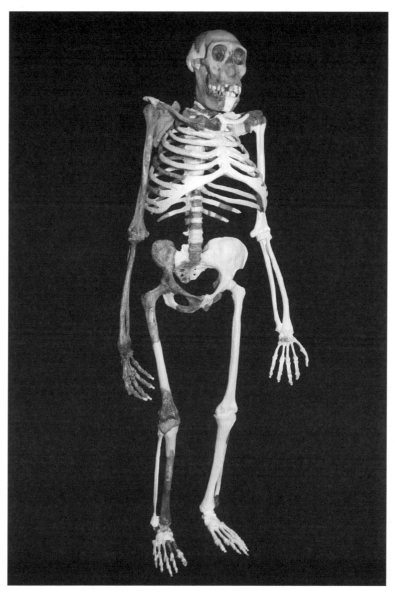

:: 말라파에서 발견된 화석을 기초로 취리히대학의 페터 슈미트는 오스트랄로피테쿠스 세디바의 골격을 재구성했다. 갈색 부분의 뼈들이 실제로 발견된 부분이다.

:: 그림으로 나타낸 중요한 세 사람족의 상대적인 크기와 비율. 왼쪽부터 루시(오스트랄로피테쿠스 아파렌시스), 말라파의 오스트랄로피테쿠스 세디바, 투르카나 소년(호모 에렉투스).

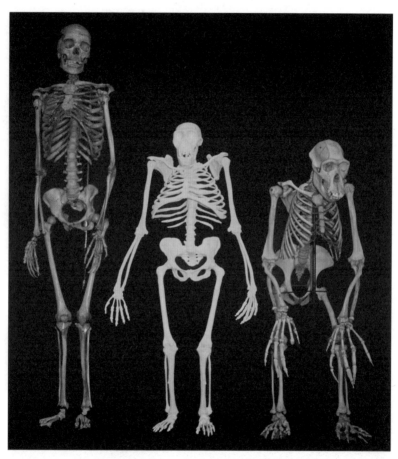

::골격 비교. 왼쪽부터 현생인류, 오스트랄로피테쿠스 세디바, 현대 침팬지. 세디바는 현생인류처럼 직립보행을 했지만, 고대의 유인원과 여러 가지 특징을 공유한다.

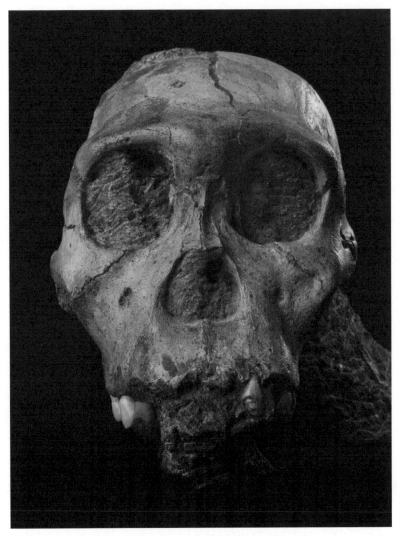

:: 암석에서 완벽하게 추출한 MH1의 두개골. 이 두개골 덕분에 오스트랄로피테쿠스 세디바의 얼굴을
직접 들여다볼 수 있게 되었다.

::화가 존 거치가 추출된 두개골에서 시작해 근육조직과 주변에 연조직을 붙여나가면서 재구성한 세디바의 얼굴 모형.

:: 어떻게 말라파 지하에 뼈들이 묻히게 되었을까? 한 가지 설명은 위 그림에서 보듯이 이곳이 선사시대의 함정 같은 곳이어서 사람족이 한번 떨어지면 밖으로 빠져나오지 못했다는 것이다.

8

2003년, 인도네시아 플로레스섬에서 인도네시아·오스트레일리아팀이 작은 유골을 하나 발견했다. 피터 브라운, 마이클 모어우드와 동료들은 이 사람족 유골이 새로운 종인 호모 플로레시엔시스*Homo floresiensis*라고 발표하여 전 세계를 깜짝 놀라게 했다. 작은 골격은 간신히 루시 정도의 크기였으며, 뇌 용량도 약 420세제곱센티미터에 불과했다. 오스트랄로피테쿠스 종, 심지어는 유인원과 여러 가지 면에서 닮았지만, 두개골, 턱, 이빨을 보면 호모 에렉투스를 축소해놓은 것처럼 보였다. 아주 원시적인 사람족의 한 종류로 보였지만, 유골이 출토된 곳은 당시에는 1만 8000년 정도밖에는 안 된다고 생각되었던 커다란 리앙부아 동굴 안의 고고학 유물 매장층이었다. 현생인류가 이 지역에서 살기 시작한 것은 그보다 훨씬 더 오래전의 일이다. 현생인류가 오스트레일리아 대륙에 정착한 것은 약 4만 년 전 일이었다. 이 종은 사람족이 처음 나타났을 때부터 생존해오다 우리 종과 마주치게 된 키 작은 섬 주민이었을까?

언론에서는 이들을 '호빗hobbit'이라 불렀고, 곧 선풍적인 관심의 대상이 되어 머리기사를 장식했다. 그리고 나는 인기 위주의 고인류학 기사가 머리기사로 뜨면 언제나 큰 싸움이 벌어진다는 것을 씁쓸한 경험을 통해 배우게 되었다.

이 발견은 즉각 논쟁을 불러일으켰다. 발견을 한 탐사팀은 호모 플로레시엔시스가 난쟁이 사람족 집단이라고 주장했다. 플로레스섬은 섬 자체가 아시아 본토로부터 계속 격리되어 있었고, 스테고돈이라는 피그미 코끼리의 친척과, 오늘날의 코모도왕도마뱀보다 훨씬 큰 거대한 도마뱀들을 포함해 그 섬만의 고유하고 이상한 화석 생명체들을 가지고 있다. 리앙부아 동굴에는 작은 사람족 개체들의 유골 조각들과 함께 석기, 심지어는 불을 사용한 증거도 있었다. 탐사팀은 발견된 석기들을 이 뇌가 작은 사람족이 만들었으며, 이 석기들은 놀랄 만큼 "발달한" 형태라고 주장했다. 탐사팀은 어쩌면 인류 진화에서 뇌의 크기가 우리가 생각했던 것만큼 중요하지는 않을지도 모른다는 의견을 내놓았다.

하지만 이 주장은 일부 과학자들이 생각하기에는 너무 앞서나간 것이었고, 곧바로 공격을 받기 시작했다. 일부는 현생인류가 그 지역에서 오래전부터 산 것이 분명하기 때문에 실제로 플로레스 유골은 현생인류의 한 종류가 틀림없다고 주장했다. 발달 과정에서 뇌를 포함한 몸의 크기에 영향을 미친 이상요인이 존재했을 거라는 설명이다. 다른 이들은 사람족 집단 하나가 그토록 오랫동안 격리된다는 것은 불가능하다고 반박했다. 특히 애초에 이 집단이 배나 뗏목을 이용해 처음 이 섬에 도착했다면 더더욱 이렇게 오랫동안의 격리는 불가능하다는 주장이다. 이렇게 작은 뇌를 가진 사람족이 석기를 사용하고, 사냥을 하고, 불을 자유자재로 이용했을 리가 없다는 주장을 펼친 사람들도 있었다.

논쟁에 불이 붙자, 이 화석 유물의 통제권을 놓고 격렬한 다툼이 벌어졌다. 잘 알려진 일부 고인류학자들을 포함한 외부 과학자들은 이 유골을 연구하고 싶어서 아우성을 쳤고, 자신들과 자신의 제자들을 이 새로운 발견에 관한 연구에 참여시키려고 경쟁을 벌였다. 이렇게 놀라운 과

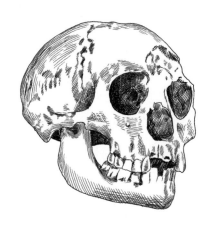

:: 플로레스 유골의 두개골

학적 연구 결과는 독립적인 검토의 대상이 되어야 한다고 주장한 사람들도 있었다. 인도네시아의 저명한 과학자 테우쿠 자콥은 이 사람족 유물에 대한 권리를 주장하면서 유골을 욕야카르타에 있는 자신의 실험실로 옮겨 다른 과학자들이 조사하게 했다. 최초 발견 팀 중 한 명은 이를 '납치'라고 표현했고, 유골이 되돌아오자 자신들의 손을 떠나 있는 동안 뼈에 손상이 생겼다고 비난했다.

나는 화석 표본 이용을 둘러싼 갈등이 어떻게 이 분야를 분열시키는지 알게 되었다. 미국, 유럽, 오스트레일리아 같은 부강한 나라 과학자들은 가난한 나라에서 발견된 화석을 배타적으로 독점하려고 서로 경쟁했다. 내 생각에, 이 나라들은 자국의 재원과 명성을 이용해 연구를 독점하고 그 과정에서 과학공동체를 분열시켰다. 남아프리카 화석에 대한 문호 개방을 시도했던 때부터 나는 이런 문제를 잘 알고 있었다. 플로레스 발견이 있기 불과 얼마 전인 2002년의 미국형질인류학회 모임에서는 화석에 대한 과학계의 접근권을 놓고 공개적인 논쟁이 벌어졌다. 나중에 『사이언스』에 보도된 것처럼, 일부 과학자들은 화석 표본을 스캔한 데이터베이스를 설립해 과학자들이 자유롭게 이용할 수 있게 하자고 제안했다. 많은 고인류학자들은 그 생각에 반대했다. 그 어떤 스캔도 실제 화석을 대체할 수 없으며, 수십 년이 걸리더라도 화석의 해부학적 특징을 완전하게 밝혀낼 동안 실제 화석에 접근할 수 있는 권리는 발견자들만 가져야 한다는 주장이었다. 나는 접근 기회를 더 확대하고 공동연구를 해야 한다는 편에서 발표를 했고, 후에 관련 소식지에 내 견해를 밝히기도 했다. 확실한 것은 이 문제가 과학적 발견에 국한된 것이 아니라는 사실이었다. 연구자들은 화석 발견을 놓고 전적인 '권리'를 얻기 원했으며, 잠재적인 경쟁자들의 참여를 확실하게 막기 위해 있는 힘을 다해 싸우려 했다. 이런 상황에서 열린 공동연구는 꿈같은 이야기였다.

그러고 난 뒤에 어쩌다 보니, 나 자신도 플로레스 논쟁의 덫에 걸려들게 되었다.

사태는 아내 재키가 가족여행을 가야 한다고 주장하면서 시작되었다. 오랜 세월을 나와 같이 산 아내는 내가 휴가 때 뭘 할지 잘 알고 있었다. 나는 어떤 식으로든 아내와 두 아이를 화석사냥에 끌어들였고, 호텔 주인과 다른 손님들을 대상으로 강의를 하는 것으로 휴가를 마무리하곤 했던 것이다. 그래서 이번에는 모든 일을 아내가 결정했고, 화석 유적지와는 전혀 무관한 장소를 휴가지로 선택했다.

팔라우제도는 태평양 서부에 위치한 멋진 섬들의 사슬이다. 필리핀의 동쪽, 미크로네시아연방의 서쪽에 있는 공화국으로, 수정처럼 맑은 물로 둘러싸인 수백 개의 작은 섬과 크고 작은 환호초들로 이루어져 있다. 그리고 무엇보다도, 팔라우제도의 고리 모양 산호섬들은 최근에 형성된 것이어서 화석이 있을 가능성이 전혀 없다.

우리는 섬과 해변을 탐험하고, 수영과 스노클을 하며 시간을 보냈다. 돌아오기 이틀 전, 아내는 나를 위해 깜짝선물을 준비했다. 카약투어 전단을 발견했는데, '오래된 뼈'가 있는 동굴에 들어가는 것도 여정에 들어 있다는 것이었다. 여행사는 아내에게 그 '오래된 뼈'가 제2차 세계대전 당시의 것이 틀림없다고 대답했다. 아내는 그것 때문에 투어를 예약한 것이었다. 다음날 아침 우리는 지역 주민의 안내로 아이들과 함께 카약을 타고 섬 주위를 돌아보았다. 우리는 떠난 지 몇 시간이 지나 작은 섬에 도착했고, 그 '오래된 뼈'를 보기 위해 석회암 동굴 안으로 안내받았다. 정말 오래된 뼈였다. 게다가 사람뼈였다. 곧바로 알 수 있었다. 희미한 안내원의 손전등 불빛 아래로 나는 유물 옆에 쭈그려앉았다. 머리덮개뼈, 팔뼈, 다리뼈, 그리고 부러진 갈비뼈도 있었다. 분명 인간의 것이었지만, 내가 보자마자 깜짝 놀란 이유는 그 유골들이 너무 작았기 때문이었다.

그 작은 유골들은 플로레스 논쟁을 새삼스럽게 떠올리게 하면서 흥미로운 문제를 던져주었다. 팔라우인은 약 3000년 전에 이 외딴 섬에 도착한 현생인류다. 만일 호모 에렉투스 같은 고대 사람족이 섬 같은 곳에서 작고 특이한 집단으로 진화했다면, 다른 섬에서 사는 현대의 인간 집단에서도 이와 유사한 진화 과정이 일어났어야 한다. '섬 왜소화island dwarfing'는 섬에 사는 포유동물에게 실제로 적용된다고 믿어지지만, 일부 인류학자들은 인간은 문화의 도움으로 다른 동물 집단처럼 적응을 강요받지 않으면서 제한된 자원에 대처했다고 주장했다. 나는 이 뼈들이 그 주장을 시험해볼 기회이며, 궁극적으로는 호모 플로레시엔시스에 관해서도 실마리를 던져줄 거라고 생각했다.

몇 주 뒤, 나는 내셔널지오그래픽 관계자 몇 명 앞에서 그 뼈의 사진을 보여주면서 특별히 이 시점에서 '섬 왜소화'가 과학적 관심을 끄는 이유를 설명했다. 나는 몇 점의 유물을 수집할 수 있도록 허가를 받기 위해 팔라우 당국과도 이미 접촉을 끝낸 상태였다. 우리는 과학자 몇 명을 팔라우로 데리고 가는 데에 드는 예산을 논의했는데, 거기에는 탐사 지원 촬영팀도 동행해야 했다. 팔루아에서 가족휴가를 보내고 몇 달이 지나지 않아, 나는 과학자팀을 꾸려 탐사를 떠날 2006년 6월의 비행기표를 예약하고 있었다. 아내는 그저 믿을 수 없다는 표정으로 고개를 저을 뿐이었다.

팔라우 탐사 초기에 나는 개인적으로 힘든 일을 당했다. 요하네스버그에서 팔라우로 가는 중간기착지인 필리핀에서 하룻밤을 보내던 중 아버지가 입원했다는 소식을 들었다. 지구 반대편에서, 내 생애의 가장 어려운 결정을 내려야 했다. 아버지는 사고로 목이 부러졌고, 상태는 악화되고 있었다. 아버지는 평생 사지를 쓸 수 없게 된 상태로 산소호흡기에 의존해야 했다. 아버지와 나는 아주 가까웠고, 바로 이런 상황에 대해 의견을 나눈 적이 있었다. 아버지는 자신에게 이런 상황이 닥치더라도 탐사를 중지하지 말라고 아주 분명하게 말했다. 그리고 아버지는 산소호흡기가 필요하게 되는 상황에 대해서도 자신이 바라는 바를 밝혀두었다. 아버지에 이어 담당 의사와 통화를 하고, 나는 필리핀의 호텔방에서 혼자 울었다. 지금도 그 순간을 생각하면 괴롭다. 아버지는 호스피스로 이송되고, 나는 서태평양의 외딴 섬에서 탐사를 계속했다. 며칠 후, 1만

5000킬로미터 떨어진 곳에서 아버지는 세상을 떠났다.

나는 눈앞에 놓여 있는 일에 집중했다. 도착하자마자 우리는 부족 원로들과 만나 우리 목적을 설명하고 그들의 축복을 받았다. 정부 고고학 조사단과 함께 우리는 동굴 두 곳에서 탐사를 시작했다. 한 곳은 내가 이전에 본 곳이고, 또 한 곳은 처음 보는 동굴이었다. 우리는 이 뼈로 가득한 동굴들이 실제로 무덤이었다는 사실을 알게 되었다. 3000여 년 전에 바다를 건너 이 섬에 도착한 폴리네시아인들, 즉 최초로 팔라우에 정착한 주민들 일부는 섬의 큰 동굴 몇 개를 시신 안치용으로 썼다. 세월이 흘러 수천에 달하는 유해들이 쌓이자, 뼛조각들이 동굴의 바닥을 이루었다. 폭풍우 또는 가끔 쓰나미가 동굴 안으로 밀려오면 유골은 흐트러지고 뒤섞였다. 뼈의 원래 무기질 중 일부가 기반암에서 침출된 석회로 대체되면서 뼈의 대부분에 얇은 하얀 막을 입혔다. 이 뼈들 중에는 놀랍도록 잘 보존된 두개골들이 일부 포함되어 있었다.

탐사는 계획대로 잘 진행되었고, 우리는 아주 작은 몸을 가진 개체들의 유해를 회수했다. 오랜 친구이자 동료인 스티브 처칠이 듀크대학에서 날아와 탐사에 합류했다. 비트바테르스란트대학 연구원과 학생들, 그리고 팔라우인 동료들과 함께 우리는 유물을 조사할 임시실험실을 꾸렸다. 일단 특이해 보이는 것을 세세하게 살피는 일부터 시작했다. 예를 들어, 우리는 이 고대 팔라우인들의 이가 비정상적이라는 사실을 발견했다. 섬에 사는 작은 집단에서는 놀라운 현상이라고 할 수 없었다. 플로레스 유골에서도 앞어금니가 치열에서 많이 벗어나 있는 등의 비슷한 현상이 발견된 바 있다. 팔라우인의 두개골은 하관에서 뚜렷하게 드러나지 않는 아주 작은 턱을 갖고 있었다. 이 또한 플로레스 유골과 똑같지는 않지만 유사한 현상이었다. 우리는 팔라우의 뼈에서 우리가 발견한 것과 비슷하게, 호모 플로레시엔시스의 일부 특징들이 실제로 근친교배와 작은 신체 때문에 나타난 게 아닐까 생각하기 시작했다. 이런 특징들이 존재한다고 해도 플로레스 집단이 별개의 구별되는 종이라는 생각과 충돌을 일으키지는 않았다. 우리는 그 점에 관해 어떤 의견도 가지고 있지 않다. 하지만 우리의 발견은 진화 과정에 대한 증거가 될 가능성이 있으며, 그로 인해 플로레스 종에 대한 새로운 정의를 내려야 할 가능성도 있다고 본다.

결과를 발표할 준비를 하면서, 우리는 비교적 최근에 간행되기 시작한 저널인 『플로스 원PLOS One』을 염두에 두었다. 『플로스 원』은 학술논문에 대한 공개접근이라는 새로운 흐름의 선구자 역할을 하고 있는 저널이다. 나와 내 공동저자들은 당연히 이 새로운 경향을 좋아했다. 전통적인 과학간행물은 도서관 구독으로 유지되었으나, 인터넷이 등장하자 도서관에 높은 구독료를 부과했을 뿐 아니라 개인들에게도 접근할 때마다 사용료를 요구하기에 이르렀다. 엄청난 액수의 돈이 오갔지만, 대중은 연구 결과에 접근할 수 없었다. 논문이 심사되고 최종 발표된 2008년, 나는 젊은 고인류학자이자 여러분이 읽고 있는 이 책을 같이 쓰게 된 존 호크스를 처음 만났다.

하지만 한편에서는 문제가 기다리고 있었다. 우리가 팔라우에서 일하고 있는 동안 다큐멘터리 제작팀이 우리의 일거수일투족을 지켜보고 있었던 것이다. 그들은 자신들만의 편집권을 갖고 있었다. 과학자들이 돕기는 하지만, 촬영하고 글을 쓰고 이야기를 편집하는 것은 그들이었다. 때로 그것 때문에 갈등이 발생하기도 했는데, 사실 제작자들이 과학자들의 연구를 다루는 방식에 대해 과학자들이 불만을 표시하는 일이 드물지는 않다. 우리의 경우, 다큐멘터리 제작진은 전체 이야기를 플로레스 관점에서 끌어가길 원했다. 내 관점에서 그것은 연구의 작은 측면일 뿐이었고, 더 광범위한 진화적 질문 가운데 아주 사소한 것이었다. 반면, 제작진에게 플로레스는 달콤한 것이었고, 논쟁을 벌일 수많은 과학자들이 대기하고 있는 완벽한 주제였다. 그들이 전문가들과의 회견을 시작하면서, 우리 팀이 플로레스 논쟁에 끼어들 태세라는 소문이 퍼져갔다.

우리를 사방에서 총탄이 날아다니는 전쟁터에 발을 담그게 된 것이었다. 플로레스와 관련된 논문 대부분을 실었던 명망 있는 과학저널 『네이처』는 담당 기자를 지정해 팔라우까지 보냈다. 오는 동안 그 기자는 우리를 공격할 준비가 되어 있는 수많은 비판자들을 발견했다. 비판의 거의 대부분은 우리 논문이 이야기하지 않은 주장들을 대상으로 한 것이었다.

같은 분야 동료들에게 우리가 실제 쓴 내용을 읽게 하는 것은 힘든 일이었다. 모두가 대중매체에서 읽은 것이나 다큐멘터리영화에서 본 것이 정확한 과학적 사실이라고 너무 쉽게 믿어버렸다. 나는 중요한 교훈을 얻었다. 장기적으로 과학적 논쟁은 철저한 과학적 연구에 의해 최종 결론이 날 수도 있지만, 단기적으로 보면 대부분의 과학자들은 대중매체나 소문의 출처에 더 많은 관심을 쏟는다. 과학자들은 똑똑한 사람들이지만, 자신과 생각을 달리하는 사람들을 괴짜나 미치광이로 취급하는 일이 많다. 왜 사람들이 자기와 의견을 달리하는지, 자신의 가정이나 증거를 조심스럽게 되돌아보는 일은 과학에서 가장 힘든 일일지도 모른다.

호빗을 둘러싼 과학논쟁은 서서히 잠잠해졌다. 그 이후, 플로레스 화석에 관한 더 많은 정보들이, 처음 발견했던 팀뿐만 아니라 그 연구에 관여한 광범위한 고인류학자팀에 의해 발표되었다. 100만 년이 넘은 유물을 포함한 초기 고고학 유물들이 섬의 다른 지역에서 발견되었다. 그리고 2016년에, 이 초기 지역에서 나온 약 70만 년 전의 작은 턱뼈 조각 하나가 최초로 분석되었다. 작은 뇌는 다시는 발견되지 않았지만, 현재까지의 연구 결과에 따르면 실제로 그 유골의 특성 대부분이 현생인류의 특성과 매우 다르고 그 특성들 거의 모두가 원시인류의 특징이라는 것이 밝혀졌다. 가장 중요한 것은 뒤를 이은 고고학 연구를 통해 처음에 추정했던 연대가 틀렸음이 밝혀졌다는 사실일 것이다. 그 사람족 유물은 현생인류가 나타나기 전의 것이었다. 하지만 모두가 이를 인정하지는 않고 있으며, 여전히 많은 의문들이 남아 있다. 다른 경우도 마찬가지지만, 이 경우에서도 과학의 발전은 결국 과거의 가정을 다시 조사하고, 새로운 자료를 수집하고, 소중한 아이디어를 시험하려는 의지에 달려 있다.

팔라우 사건은 아픈 기억이었다. 하지만 이 사건은 몇 년 후 내가 다른 중요한 발견을 하게 되는 새로운 연구에서 내게 도움이 되었다. 대중매체가 과학연구 분야에서 일으킬 수 있는 문제들을 예측할 수 있게 되었고, 다큐멘터리 제작자들과 건설적으로 협력하는 방법도 배우게 되었기 때문이다. 나중에 문제가 될 소지를 없애기 위해서는 연구에 직접 참여하지 않는 과학자들에게도 아예 연구 초기 단계부터 손을 뻗쳐 접촉하는 것이 중요하다는 것도 알게 되었다. 또한 만약 내가 이후 어떤 발견을 하게 된다면 그런 해프닝에서 생기는 오해가 다시는 발생하지 않도록 모든 대비를 해야겠다고 다짐하기도 했다.

하지만 2008년 초 당시에는 내가 불과 몇 달 후에 그런 발견을 하게 되리라는 걸 알 도리가 없었다.

제2부

오스트랄로피테쿠스
세디바 발견

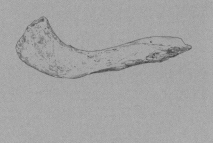

9

"아빠, 화석을 찾았어요!"

매슈의 발견 때문에 나는 잠시 충격에 빠져 있었다.

핸드폰 수신 상태는 아주 나빴지만, 우리가 인류의 요람 한가운데라는 외진 곳에 있다는 사실을 생각하면 그 정도도 놀라운 일이었다. 나는 남아프리카유산자원협회 대표에게 전화를 걸었다. 남아공의 화석 유적지를 보호하고 발굴 허가를 관장하는 곳이다. 수신 상태는 좋지 않았지만 나는 우리의 발견을 보고할 수 있었고, 그는 현장에서 그 화석을 빼가도록 허가해주었다. 고인류학자가 화석을 현장에 놔두었다가 악천후로 잃어버린 경우가 있었기 때문에 우리는 그 화석의 안전을 확보해둘 필요가 있었다.

내 차로 돌아온 매슈는 옆자리에 앉아 나를 보며 물었다.

"아빠, 내가 화석을 발견해서 화났어요?"

나는 웃었다.

"물론, 아니지. 살면서 이보다 흥분되는 일은 없었어! 그런데 왜 내가 화났다고 생각하니?"

"내가 화석을 보여주었을 때 아빠가 욕을 했어요."

매슈가 아주 심각하게 말했다.

나는 앞으로는 설사 사람족 화석을 발견한다고 해도 말조심해야겠다고 다짐했다.

비트바테르스란트대학으로 돌아온 나는 탐사지원서를 작성한 다음 화석이 발견된 땅의 주인들한테 전화해 화석을 보여줄 일정을 잡았다. 주인들은 화석 발견에 열광하면서 탐사에 동의해주었다.

나는 차분하게 앉아서 암석을 들여다보았다. 주황빛이 감도는 갈색으로, 하악골, 즉 아래턱뼈의 윤곽이 선명했고 송곳니는 두드러지게 튀어나와 있었다. 이는 진주처럼 하얀색으로, 상태도 좋았다. 이 끝은 거의 닳지 않아 화석의 주인공이 거친 음식을 부서뜨리는 데에 오랜 시간을 보내지 않은 어린 개체라는 것을 보여주고 있었다. 암석 표면에서는 다른 뼈들도 볼 수 있었는데, 무슨 뼈인지 쉽게 알 수 있었다. 쇄골, 즉 빗장뼈는 10센티미터 정도 길이로, 주황색을 띠며 수평으로 자리잡고 있었다. 척골尺骨, 즉 자뼈(팔의 아랫마디에 있는 두 뼈 가운데 안쪽에 있는 뼈-옮긴이)와 그 부근의 뼈, 갈비뼈 조각 모두가 사람족의 것이었다. 팔이음뼈(어깨, 위팔, 아래팔, 손 등의 상지를 지지하는 뼈대로서 빗장뼈, 어깨뼈 등으로 이루어진다-옮긴이) 전체가 이 암석 안에 있을 가능성도 있었다.

그런데 이 뼈들은 어떤 종의 것일까? 나는 다시 송곳니에 주목했다. 내가 볼 수 있는 것 중에 송곳니가 이 질문에 답하는 데에 가장 도움이 되었기 때문이다. 송곳니는 작고 치관은 단순했다. 스테르크폰테인에서 나온, 돛처럼 생긴 오스트랄로피테쿠스 아프리카누스의 큰 송곳니와는 달랐다. 또한 로부스투스 계열의 오스트랄로피테신과도 전혀 닮아 보이지 않았다. 이 송곳니는 더 작고 쪼그라든 모양이었다.

나는 고개를 저었다. 모든 의문은 오랜 시간의 작업을 통해 화석들을 암석에서 추출하는 준비과정이 끝나야 풀릴 수 있는 것이었다. 준비과정

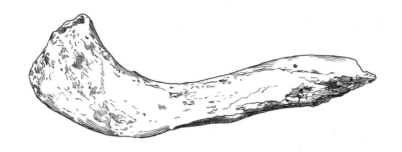

::매슈가 암석에서 처음 찾아낸 쇄골 조각

을 거치면 판단에 도움이 되는 더 많은 부분들인 앞어금니, 어금니, 그리고 아마 두개골의 일부가 드러날 가능성이 있었다. 두개골은 뇌가 들어 있던 부분을 선명하게 보여준다.

단단한 각력암 속에 묻힌 화석을 추출하는 데에는 엄청난 기술과 주의가 필요하다. 그 과정을 '준비과정'이라고 하는데, 연구를 위해 화석을 준비하는 것이 목적이기 때문이다. 때로는 화석을 모두 추출하지 않은 채 일부를 암석 안에 놔두는 것이 화석을 보존하는 가장 좋은 방법이 되기도 한다. 표본 담당자는 추출작업을 하는 데에 커다란 만년필 크기의 금속장치인 '공기파쇄기'를 쓰는데, 이 장치에는 압축공기 호스가 연결되어 있다. 가장 중요한 일을 하는 공기파쇄기의 끝부분(촉)은 날카로운 연필심 끝 모양을 한 텅스텐으로 되어 있다. 압축공기가 파쇄기로 주입되면 이 촉이 위아래로 (한 번 진동에 몇 마이크론 정도의 속도로) 빠르게 진동한다. 개미가 압축공기 드릴을 사용하는 것을 상상하면 된다. 작은 충격파를 각력암의 잘 부서지는 부분으로 쏘아 화석 뼈로부터 작은 돌조각을 떼어내는 것이다. 기술자들은 현미경을 보면서 이 작업을 진행한다.

이들은 철저한 훈련을 받았기 때문에 진동 속도를 정교하게 조정해서 화석에서 몇 마이크론밖에 떨어지지 않은 곳까지 촉을 움직여, 하지만 화석은 건드리지 않도록 주의해가며 작업을 한다. 기술자가 사람족 화석을 다루려면 덜 중요한 화석을 가지고 대체로 2년 이상은 훈련해야 한다.

화석 준비작업은 겁이 많으면 할 수 없다. 화석을 암석에서 꺼내려면 수천 시간 동안의 작업이 필요하기도 하므로 대단한 인내심이 필요하다. 파쇄기의 윙윙거리는 소음도 참아야 한다. 여러 기술자들이 같이 일을 하기 때문에 그 소리는 마치 거대한 벌떼 한가운데에 있는 것처럼 들린다. 대부분 귀에 거슬려하지만, 나는 그 소음이 좋다. 발견의 소리이기 때문이다.

나는 버너드 프라이스 고생물학연구소(현 진화학연구소)에서 화석 표본 담당자로 일하는 찰턴 두브를 만나 이야기를 나누었다. 두브는 우리가 발견한 사람족 화석을 준비하는 데에 참여하고 싶다는 의사를 밝혔지만, 그러려면 일과시간이 지나서도 일을 해야 했다. 예산은 변변치 않았지만, 여기저기서 긁어모아 초과근무수당을 지급할 수 있을 것 같았다. 우리는 턱뼈 조각부터 시작해 주변으로 진행하는 전략에 동의했고, 나는 두브에게 암석을 맡겼다. 이제 천천히 화석이 드러나길 기다리는 일과 발굴허가증을 받는 일만 남은 것이었다.

며칠 후, 두브의 작업실에 찾아가 그동안의 결과를 확인했다. 작업 결과를 보고 숨이 멎을 뻔했다. 아름다운 턱뼈와 여러 개의 어금니가 새로 모습을 드러내고 있었다. 턱뼈가 드러남에 따라 나는 처음에 예상한 대로 일이 진행되고 있다는 것을 확인할 수 있었고, 암석 안에 다른 화석들도 들어 있을 거라고 추측할 수 있었다.

2주 뒤, 나는 발굴허가증을 손에 들고 옛 석회석 광부들이 걸었던 길을 따라 다시 유적지로 향했다. 당시 이 유적지는 비트바테르스란트대학이 정한 체계에 따라 'U.W. 88'로 불렀다. 비트바테르스란트대학의 88번째 화석 유적지라는 뜻이다. 박사후연구원 좁과 즉석에서 내린 결정에 따른 탐사였다. 열댓 명이 뒤따라 언덕을 오르고 있었다.

이 탐사에 이렇게 많은 사람들이 동행한 이유를 알고 있는 나는 속으로 웃음을 지었다. 간단히 말하자면, 야생에서 화석을 발견할 기회를 잡을 수 있는 고인류학자는 거의 없기 때문이었다. 그때 우리는 아홉 살 먹은 소년이 딱 1분 30초 만에 사람족 화석을 발견한 곳을 향하고 있었다. 그러니 얼마나 쉬운 일로 느껴졌겠는가? 모두 자신감이 넘치는 분위기였다.

늦겨울에 걷는 옛 광부의 길은 웃자란 채 말라버린 풀로 앞이 잘 보이지 않았다. 걷고 있는 우리를 향해 아침 햇빛이 강하게 비쳤지만, 그 길이 굽어지는 곳에 이르자 야생 올리브와 녹나무의 작은 군락이 만드는 그늘이 있었다. 바로 그 길 오른편에 깊이 약 3미터, 너비 약 4.5미터의 흙구덩이가 하나 있었다. 이 작은 구덩이는 거의 수직으로 파여 있고, 바위로 된 벽면들은 대부분 흙과 각력암들로 덮여 갈색을 띠고 있었다. 구덩이 주위에는 나무들이 무리지어 있었다. 구덩이에서 위쪽으로 걸어 올라가거나 아래쪽으로 걸어 내려오면 단단한 암석들이 울퉁불퉁하게 깔린 지역인데, 너비 30센티미터 정도의 기반암 덩어리들이 무릎 깊이로 갈라진 틈 사이로 풀과 잡목이 가득 자라고 있다. 이 지역에는 작은 동물들이 지나다니던 길들도 꼬불꼬불 나 있지만, 걸어서 가기에는 옛 광부들의 길이 제일 좋다. 옛 광부들의 길을 가로질러 구덩이에서 20미터쯤 내려가면 벼락을 맞은 나무가 있다. 매슈가 사람족 화석을 발견한 곳이다.

우리는 흩어져서 돌을 들추어보고 구덩이 아래를 기어 내려가기도 하면서 그 지역을 철저하게 조사했다. 하지만 결정적인 것은 아무것도 찾지 못했다. 화석을 발견하기는 했지만, 무슨 화석인지 알 수 있는 것은 없었다. 이빨만 발견되면 결정적인데, 우리는 단 하나도 찾지 못했다. 사람족의 후두개 골격도 없었다. 머리 아랫부분의 몸에 속하는 뼈도 전혀 없었다는 뜻이다. U.W. 88도 이 지역의 다른 화석 유적지처럼 그저 영양 화석들로 가득 차 있는 것처럼 보였다. 아홉 살 소년의 발견은 단순한 운이 아니라 기적이라고 느껴질 정도였다.

아침 10시쯤, 모두 화석 찾기를 멈추고 커다란 녹나무 아래 둘러앉아 차를 마셨다. 화석을 못 찾아 좌절한 나는 그들과 함께하지 않았다. 매슈가 발견한 돌덩어리가 이 구덩이에서 나온 것이 아니라면? 나는 생각했다. 매슈가 화석을 찾은 곳은 여기서 20미터 떨어진 곳이었다. 가까운 거리는 아니다. 그 화석은 언덕 위의 어딘가 다른 동굴에서 나온 것이 마침 지나가던 광부의 마차 위로 굴러떨어져 여기까지 왔을지도 모르는 일이었다.

나는 구덩이로 걸어가 매슈가 처음 화석을 발견한 곳의 반대쪽에 섰다. 그 돌덩어리는 어떻게 멀리 벼락 맞은 나무 옆까지 가게 되었을까? 내 앞에 있는 구덩이에서 100여 년 전에 엄청난 양의 다이너마이트가 터져서 돌과 자갈들이 공중으로 날아가는 장면을 상상해보았다. 광부들이 돌무더기로 가득 찬 구덩이로 내려가 돌들을 밖으로 내던져서 작은 돌더미가 쌓였을 것이다. 광부들이 집어던졌던 그 돌들은 구덩이 주위에 지금도 그대로 널려 있다. 그날 아침 처음으로 햇빛이 나뭇가지 사이로 비쳐들 때, 내 눈은 부드러운 겨울 햇살에 반짝이는 구덩이 뒤쪽 벽을 훑고 있었다. 그리고 나는 깨달았다. 내가 지금 사람족 상완골, 그러니까 오래된 조상의 위팔뼈를, 그 머리 부분을 정면으로 바라보고 있다는 것을.

믿을 수가 없어서 눈을 깜박거렸다. 눈을 가늘게 뜨고 다시 자세히 살펴보았다. 내가 사람족 상완골의 둥그런 머리를 잘못 볼 수는 없었다. 나는 사람족 어깨뼈로 박사학위를 받은 사람이다. 저 모양을 정확하게 안다. 그날 아침에도 우리는 이 뒷벽면을 여러 차례 조사했다. 그러나 내 눈은 거짓말을 하고 있지 않았다.

말이 나오지 않았다.

그 지점에서 눈을 떼지 않은 채 조심스럽게 구덩이 아래로 내려갔다. 바닥에 이르자 머리 위에서 사람들의 대화 소리가 들렸지만, 나는 그 뼈에만 주목했다. 가까이 다가가자, 전체 그림이 더욱 분명해졌다. 사람족 상완골의 머리가 돌 밖으로 완벽하게 나와 있었다. 지의류와 이끼가 상완골을 얇게 감싸고 있었다. 그리고 바로 그 아래로 횡단면으로 잘린 견갑골(어깨뼈)의 머리와 얇고 긴 횡단면이 명백하게 드러나 있었다. 매슈가 발견한 유골의 팔이 틀림없었다. 팔이음뼈 전체가 발견된 것이다.

몸의 균형을 잡기 위해 벽으로 손을 뻗었다. 상완골과 견갑골에서 불과 몇 센티미터 떨어진 곳이었다. 뼈가 있는 벽이 부드럽게 느껴졌다. 그냥 흙이었다. 지의류와 이끼가 각력암에서 칼슘을 빨아들였을 것이다. 손에 힘을 주자 작은 돌 두 개가 벽에서 빠져나와 내 손으로 떨어졌다. 하지만 손바닥을 힐끗 보니, 돌이 아니라는 것을 알 수 있었다. 이빨이었다. 사람족 이빨 두 개가 내 손에 떨어진 것이었다.

더 이상 가만히 있을 수는 없었다.

사람들이 모여들었다.

"조심하세요!"

내가 소리쳤다.

"벽에서 떨어져나오기도 해요. 어쩌면 화석을 밟고 있을 수도 있어요!"

모두가 믿을 수 없다는 표정으로 상완골 머리, 견갑골, 그리고 내가 손에 쥐고 있는 이빨 두 개를 응시했다.

내가 말을 마치자, 비트바테르스란트대학에서 온 이탈리아 고고학자 루카 폴라롤로가 내 발 옆에 있던 돌 하나를 주우려고 몸을 숙였다.

"잠깐!"

나는 소리쳤고, 그가는 깜짝 놀랐다.

폴라롤로가 돌을 위로 들어올리자 그 뒤에 무엇인가 있는 게 보였다. 사람족의 대퇴골이었다. 아직 넓적다리를 이루는 두 부분이 하나로 완전히 융합되지 않은 어린이의 넓적다리뼈가 분명했다. 뼈가 성장하고 있는 동안에 개체가 사망했다는 뜻이었다.

이 얼마나 대단한 행운의 반전이란 말인가. 2주 전 매슈가 발견한 턱의 주인공인 어린이의 유골이 틀림없었다. 사람족 화석이 원래 위치에 놓여 있다고 나는 생각했다. 헤아릴 수 없는 오랜 시간 동안 누워 있었던 바로 그 자리에 말이다.

4주라는 시간이 흐르고 나서야 내가 틀렸다는 걸 알았다.

10

2008년 10월 초까지 나는 매슈의 어린이(라고 생각했던) 화석을 계속해서 발굴해냈다. 연구자들보다 화석 수가 너무 많아져서, 더 이상 실험실로 쓸 수 있는 공간도 없어졌다. 내 사무실도 반을 쪼개어 임시 연구실로 사용했다. 나는 무거운 참나무 원탁에 벨벳을 씌워 부서지기 쉬운 화석이 충격을 받지 않도록 했고, 그것을 내 작업대로 삼았다. 화석을 보호하고 밤에는 안전하게 지키기 위해 작은 금고를 방구석으로 옮겨놓았다.

나는 U.W. 88 유적지에 말라파라는 이름을 붙였다. 남부 아프리카 세소토어로 '우리 집'이라는 뜻이다. 세소토어는 이 지역에서 널리 사용될 뿐 아니라 비트바테르스란트대학에서도 영어 다음으로 많이 쓰이는 언어였기 때문에 적절한 이름이라고 생각했다. 나는 이 유적지의 지도를 만들고 발견된 화석들의 맥락을 파악할 수 있게 해줄 조사 표지들을 어디에 세울지 결정해가면서 발굴계획을 세웠다. 말라파 화석을 발굴할 준비가 곧 완료되었다.

우선, 바닥에 광부들이 옮겨놓은 돌덩어리들이 있었다. 돌덩어리들은 원래 위치를 기록한 후에 연구실로 옮겨야 했다. 상완골과 견갑골이 있던 커다란 암석은 위치를 기록하고 벽에서 떼어낸 다음, 순전히 사람 힘만으로 구덩이에서 들어올린 후 표본 준비를 위해 실험실로 이송했다.

매일 아침 나는 그 전날 밤 어떤 결과가 나왔는지 확인하기 위해 화석 표본 준비실을 찾았다. 버너드 프라이스 고생물학연구소 표본기술자 다섯 명을 근무시간이 지난 다음 일할 수 있도록 채용했다. 늘어가는 사람족 유골 때문에 두 기관 직원들은 활기에 넘쳤다. 날마다 새로운 화석을 본다는 건 흥분되는 일이었다. 작은 유골은 새로운 뼛조각이 더해지면서 모양을 갖추어갔다.

제일 먼저 하악골 표본이 완벽하게 준비되었다. 뒤를 이어 작은 턱뼈 조각과 송곳니가 추출되었다. 상지골(팔뼈) 조각들과 척추뼈 몇 개가 발견되었다. 마침내 화석 준비 기술자가 골반의 절반을 찾아냈다. 낮고 넓은 모양은 다른 사람족과 마찬가지로 이 화석의 주인공이 직립보행자임을 나타냈다. 9월의 그날 발견된 대퇴골로는 아랫다리를 만들어가기 시작했다. 발가락뼈와 갈비뼈 조각이 뒤를 이어 연달아 발견되었다. 얼마 후 그 작은 유골은 턱뼈를 제외한 두개골의 다른 부분이 없다는 점만 제외한다면, 유명한 루시 유골만큼 완벽해졌다. 머리 부분은 없었지만, 보기에 아름다웠다.

그다음에는 찰턴이 상완골과 견갑골이 있는 커다란 돌덩어리를 처리하기 시작했다. 하루 동안 준비작업을 한 결과, 이 부분들이 매슈의 유골에 속할 거라는 내 생각이 틀렸다는 사실을 알게 되었다. 작은 어린이의 뼈들은 원래 여러 부분으로 구성되고, 얇은 연골판으로 서로 연결되어 있다. 성장판이 융합되는 것은 뼈가 성인 크기에 다다랐을 때다. 따라서 내가 각력암에서 보았던 상완골처럼 완벽하게 융합된 뼈는 성인의 것임이 틀림없다. 나는 그곳에 다른 개체가 있었다는 걸 이미 알고 있는 상태였다. 내 손에 떨어진 두 개의 이빨이 성인의 것이었기 때문이다. 드디어 우리는 같은 곳에서 성인의 뼈를 발견하고 있었다.

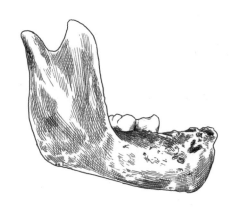

:: 말라파에서 최초로 발견된 턱뼈. 표본 준비과정이 끝난 후 모습이다.

이 작은 지역에서 두 번째 화석을 기대한다는 것은 사실 터무니없는 생각이었다. 아프리카 인류학 역사를 통틀어도 서로 다른 두 화석 유골이 바로 옆에서 발견된 적은 없었기 때문이다. 동아프리카지구대 지역과 남부 아프리카에서 여러 개체의 뼈가 무더기로 발견된 적은 몇 번 있었다. 가장 유명한 곳은 루시 종인 오스트랄로피테쿠스 아파렌시스의 많은 개체들의 뼛조각이 발굴된 하다르의 AL 333, '최초의 가족' 지역일 것이다. 하지만 이처럼 작은 지역에서 두 개의 거의 완벽한 유골이 바로 옆에서 함께 발견된 적은 없었다.

하지만 이곳 말라파에서 명백히, 우리는 눈앞에서 모양을 갖추어가고 있는 두 개의 유골을 마주하고 있었다. 찰턴이 암석을 처리해감에 따라 그 두 번째 화석 유골이 매우 훌륭한 상태임이 분명해졌다. 전체 관절을 가진 팔이 서서히 드러났다. 그 팔의 끝에 손이 달려 있을까? 그저 기다리는 수밖에 없었다.

바로 다음날, 나는 사무실에 앉아 책상에 펼쳐진 유골을 바라보면서 앞으로의 일을 깊이 생각해보았다. 어떻게 여기까지 올 수 있었을까? 분명 혼자 힘으로 된 일은 아니다. 과학은 너무나 전문화되었고, 해야 할 일은 너무 많았다. 우리가 발견한 유골과 발견한 장소를 정확하게 파악하기 위해서는 전문가들로 이루어진 팀이 필요했다.

나는 화석 발견의 역사를 돌이켜보았다. 1970년대와 1980년대에 화석 발견 팀은 첫 번째 연구 결과를 몇 달 만에 발표했다. 유명한 루시 유골은 1974년 11월에 발견되었는데, 16개월 후 도널드 조핸슨과 모리스 타이에브는 화석의 특성에 관한 짧은 논문을 발표했다. 리처드 리키 팀의 가장 완벽한 발견인 유명한 '투르카나 소년' 유골은 1984년에 발견되었고, 그다음해에 이 유골에 관한 첫 번째 논문이 나왔다. 이 화석들은 훨씬 더 자세한 연구가 필요했고, 그 후 수년 동안 관련 연구가 진행되었다. 당시에는 이런 발견에 관한 기본적인 과학적 기재記載를 빨리 해야 한다는 전통이 있었다는 점을 감안하면 이례적인 일이었다. 무엇보다도, 아프리카 고인류학의 초창기에 레이먼드 다트는 자신이 암석에서 추출한 타웅 아이의 얼굴에 관한 논문을 불과 몇 달 만에 발표하기도 했다.

하지만 2000년대 초반에 이르러 과학 연구의 새로운 흐름이 대세를 장악했다. 자신들의 발견을 빨리 발표하는 대신, 고인류학의 일부 대가들은 그것을 수년 동안 비밀로 간직했다. 1990년대 중반 팀 화이트와 그의 작은 연구팀이 초기 종인 아르디피테쿠스 라미두스의 화석 일부를 발견한 것을 이 분야에 있는 사람은 다 알고 있었다. 하지만 화이트는 그 유골의 해부학적 구조에 관한 몇 마디 암호 같은 언급을 빼고는 아무것도 공개하지 않았다. (화이트는 2009년이 되어서야 유골의 해부학적 구조에 관한 결과를 발표했다.) '작은 발' 연구도 '아르디'의 선례를 따랐다. 1997년 스테르크폰테인에서 발견된 작은 발은 거의 12년이 지난 2008년에도 어떤 진전이 이루어졌는지 그 그룹 밖 사람들은 아무것도 모르는 상태였다. 이런 발견을 한 팀들이 표본을 보존하고 준비하는 데에 어려움을 많이 겪는 것은 사실이다. 각 팀이 최선을 다해 표본을 다루기를 원하는 것도 분명하다. 어쩌면 자신들이 발견한 것을 이해하고 주의 깊게 기재하는 데에 수년 동안의 비밀스러운 연구가 필요할 수도 있을 것이다. 그렇지만 나는 정말 그런지 알 수가 없었다. 명백한 것은 이러한 최근의 실례들이 특별한 경우가 아니라는 점이다. 다른 연구팀들도 그런 행위를 따라하고 있기 때문이다.

말라파 화석 역시 표본 준비는 어려운 일이었다. 조각 하나하나에 수십 시간의 작업이 필요했다. 유적지를 완벽하게 조사하고, 남아 있을지도 모르는 사람족 화석을 회수하려면 몇 년의 시간이 걸릴 것이 틀림없었다. 그러니 우리도 발표하지 말고 적어도 유골 하나가 완벽한 골격을 갖출 때까지 기다려야 했을까? 거의 날마다 암석에서 새로운 화석이 나오고 있는 데다 앞으로도 계속 나올 것 같았으니 말이다.

지난 2003년에 남아프리카 사람족 화석에 대한 공개 접근을 강력하게 옹호하는 글을 쓴 뒤로, 나는 그 때문에 꽤나 시달려야 했다. 가장 강력한 비판자는 내가 다른 사람들이 힘들게 해낸 발견을 "거저 준다"고 말했다. 그것은 말라파의 발견에는 들어맞지 않는 비판이었다. 화석들을 지켜보고 각각의 화석을 준비하는 데에 들어갈 연구시간을 따져보면서, 나는 내 직감을 따를 수밖에 없다고 생각했다. 다른 과학자들에게 화석을 수년 동안 숨겨놓을 수는 없었다.

그리고 혼자서 할 수도 없었다. 나는 팀이 필요했다.

폴 더크스와 나는 인류의 요람을 탐사하는 몇 년 동안 공동작업을 잘 해왔으므로, 나는 더크스가 지질학 쪽 연구를 맡아주기를 바랐다. 스티브 처칠은 우리가 박사학위 연구를 끝마칠 무렵에 만나서 다양한 연구를 함께 했다. 최근에는 팔라우 탐사에서 함께 일했고, 그 유골에 관한 기재논문을 공동으로 발표하기도 했다. 후두개 유골, 즉 두개골 아래의 모든 뼈 분야에서 세계적인 전문가인 스티브는 마땅히 그쪽 분야를 이끌어주어야 할 사람이었다. 나는 또한 대릴 드 루터가 함께하기를 원했다. 대릴은 1990년대 중반 캐나다에서 학부 자원봉사자로 남아프리카로 왔고, 후에 내 밑에서 박사과정을 밟았다. 최근 수년 동안 그는 남아프리카 사람족의 두개골과 이빨을 광범위하게 연구했다. 나는 그를 믿었고, 발견된 하악골과 두 개의 성인 이빨을 기재하는 과제를 책임질 능력이 있다는 걸 알고 있었다.

2008년 10월 11일, 스티브와 대릴에게 사진이 첨부된 '호미니드'(사람과-옮긴이)라는 제목의 이메일을 보냈다.

몇 시간도 지나지 않아 흥분에 찬 답장을 받았다. 하악골 사진을 보면서 그들은 똑같은 첫인상을 받았다. 사진은 오스트랄로피트처럼 보였고, 심지어는 로부스투스로 보이기도 했다. 하지만 첫인상과 사진은 오해를 부를 수 있는 데다 나는 비교 기준도 보내지 않았다. 그런데도 그들은 곧바로 일을 시작할 마음의 준비가 되어 있었고, 이미 이 문제와 어떻게 씨름을 해야 할지 생각을 가다듬고 있었다. 그리 나쁘지 않은 추측이었다. 그때까지, 요람 지역에서 발견된 오스트랄로피츠는 딱 발견될 것이라고 예상되던 바로 그런 것이었기 때문이다. 하지만 그들의 견해는 그 후 내가 보낸 사진을 분석하면서 몇 주에 걸쳐 바뀌어, 그 작은 하악골이 뭔가 특별하다는 것을 점점 더 확신하게 되었다.

비슷한 시기에, 오랜 공동연구자이자 친구인 페터 슈미트가 취리히에서 전화를 걸어왔다. 페터와 나는 현장학교를 같이 운영했었는데, 그는 내가 지금은 뭐에 흥미를 느끼고 있는지 궁금해했다. 남아프리카에서 연구하는 걸 좋아했던 그의 학생들은 글래디스베일로 돌아오는 데에 관심을 보이고 있었다.

그의 말을 끊으면서 말했다.

"당신이 봐야 할 것이 있어요."

2주 뒤, 내 사무실에서, 페터는 유골을 모아놓고 천으로 덮어둔 내 책상을 뭔가 회의적인 표정으로 바라보고 있었다.

페터는 '구세대'라 부를 수 있는 비교해부학자다. 농담을 좋아하는 쾌활한 친구였지만, 과학에 대해서는 아주 진지했다. 표정을 보니 내가 보여주려고 하는 것에 대해 그리 큰 기대를 하지 않고 있음이 확실했다. 나중에, 그는 작은 쇄골(빗장뼈) 부스러기와 이빨 몇 개 정도를 예상했다고 말했다.

짓궂지만 그 순간을 최대한 즐기면서, 나는 덮은 천을 젖히지 않은 채 아래로 손을 넣어 매슈가 발견한 그 쇄골을 꺼냈다. 페터는 그 작은 화석을 만지작거리며 눈썹을 치켜올렸다.

"와아, 놀랍군!"

페터가 감탄했다.

앞에서도 말했지만, 고인류학은 기대치가 매우 낮은 분야다.

내가 두 번째로 꺼낸 화석은 하악골이었다. 페터의 표정은 올빼미 같았다.

"이런 세상에!"

그가 말했다. 그가 조심스럽게 표본을 살펴보는 동안 나는 살짝 웃음만 띠고 있었다.

손 안의 화석을 뒤집어보더니 페터가 말했다.

"이빨이 너무 작군요."

나는 고개만 끄덕이고는 아무 말도 하지 않았다. 나는 그의 생각이 내가 지난 몇 주, 몇 달 동안 내가 가져왔던 생각과 같기를 간절히 바라고 있었다.

"호모(사람속)처럼 보이는군요."

나는 다시 고개를 끄덕이면서 말했다.

"이빨 부분만 빼고요. 이빨은 원시적입니다."

내 말은 이빨의 크기 패턴이 현생인류와 다르다는 뜻이었다. 오늘날 대부분의 사람들은 첫 번째 어금니(입의 정면에서 가장 가까운 어금니)가 가장 크다. 입 안쪽으로 갈수록 크기가 작아진다. 말라파 하악골은 그 반대다. 입 안으로 들어갈수록 더 커진다.

"오스트랄로피츠를 닮았군."

페터가 동의했다.

"그게 다가 아니에요."

내가 말했다. 나는 상완골 조각 하나를, 그다음에는 척추뼈를 꺼냈다.

그 뼈들을 들고, 그는 놀라서 말을 잇지 못했다. 그를 항복시키려고, 나는 남은 화석들을 덮고 있는 천을 조심스럽게 걷었다.

당시에는 그런 화석을 마주하게 되면 욕이 터져나오는 게 보통이었다.

"두 번째 유골을 보기 전까지는 참으시죠."

페터가 충격에서 회복되자, 내가 말했다.

"또 있단 말이요?!"

페터는 미친 사람이라도 보는 표정으로 나를 쳐다보았다.

얼마 안 되지만 팀의 핵심 구성원들이 정해지자, 나는 나아갈 방향을 설정했다. 표본기술자들이 필요했다. 돈이 필요하다는 뜻이었다. 말라파는 의심할 나위 없이 풀타임 근무가 필요한 프로젝트였다.

11월에 중앙정부의 과학연구기금 담당 기관인 남아프리카 국립연구재단의 당시 부회장이자 경영책임자였던 알베르트 판 야스펠트가 방문했다. 내 책상에 펼쳐진 유골을 본 후 그는 곧바로 프로젝트를 6개월 정도 유지할 수 있는 비상연구비 책정을 약속했다. 나는 연구원을 채용하고 표본기술자들을 훈련시키기 시작했다. 그의 방문에 뒤이어 남아공의 고인류학 지원 재단인 패스트PAST 이사들이 나를 찾아왔다. 그들 역시 이 프로젝트에 상당액의 비상연구비를 내놓았다.

나는 아주 뛰어난 표본기술자가 필요했고, 전문가들로 이루어진 우리만의 팀을 구성해야 했다. 활기 넘치는 남아프리카 사람으로 끈기와 재주로 유명한 셀레스트 예이츠가 마침 일할 여유가 있었고, 나는 곧바로 그녀를 채용해 일부 화석의 준비작업을 시작하게 했다.

내가 말라파의 화석에 온통 정신을 빼앗기고 있었던 2008년 말과 2009년 초의 몇 달 동안, 대학은 과들을 통합해 일종의 초대형 고인류학 센터로 만들었다. 1월에는 지난 30년 동안 스테르크폰테인에서 수집된 후두개 뼈들을 기재하기 위해 초빙된 과학자들과 함께하는 대형 워크숍이 열렸다. 워크숍의 결과는 그 뼈들에 관한 설명을 담은 책으로 나올 것이었다. 나는 좋은 생각이 아니라고 생각했고, 그렇게 말했다. 논문집을 낸다는 생각은 구식이었고, 그 작업에 관여하는 과학 분야도 그리 시기 적절해 보이지 않았다. '작은 발' 유골은 스테르크폰테인 뼈들을 이해하는 데에 분명히 중요한 것이었지만, 그때까지는 연구를 위한 접근이 허락되지 않았다. 인간 진화는 비교를 통한 과학이며, 말라파에서 나온 새로운 화석 또한 스테르크폰테인 화석을 이해하는 데에 중요하다는 것이 점차 명백해졌다. 우리 대학과 거의 관련이 없는 참가자들과 함께하는 워크숍은 남아프리카 과학에 거의 도움을 주지 않는 데이터 마이닝(방대한 양의 자료에서 유용한 정보를 찾아내는 것-옮긴이)과 같아 보였다. 내 우려는 받아들여지지 않았다.

그래서 나는 워크숍에 참여하지 않았다. 이미 나는 끊임없는 새로운 발견과 그로 인한 작업으로 몹시 바빴다. 머리를 식히기 위해 말라파로 향했다. 구덩이 위에 서면, 다른 모든 일이 사라졌다. 할 일이 많았다.

11

크리스마스 휴가가 막 끝난 2009년 1월 중순, 아름다운 여름날 아침이었다. 연구실에 전문 기술자들이 출근해 화석 표본 준비를 다시 시작하는 순간이었다. 그때 나는 유적지의 첫 고해상도 디지털 지도를 완성했고, 우리는 더 많은 자료들을 수집하기 위한 발굴 준비를 마쳤다. 광부들이 유적지에서 폭파작업을 하기 전에 우리는 유골을 함유한 암석들이 어떻게 서로 연결되어 있는지를 알아내야 했다.

페터, 스티브, 그리고 대릴이 화석을 연구하기 위해 머지않아 남아프리카에 도착할 예정이었다. 우리는 말라파 뼈를 다른 화석 발굴지에서 나온 것들과 체계적으로 비교하기 위해 화석보관실을 몇 주 동안 예약했다. 그리고 우리는 좁과 함께 논문 발표 방법, 다른 과학자들과 협력할 수 있는 방법, 자료에 접근하게 해줄 방법을 찾고 있었다. 나는 또한 그 과학자들이 비트바테르스란트대학과의 협력을 강화해 남아프리카에서의 연구를 지탱하는 데에 장기적으로 이바지할 수 있기를 바랐다.

이 연구가 과학계에 어떤 영향을 미칠지 생각할수록 흥분이 더해, 다시 발굴지를 찾았다. 구덩이 아래로 내려가 상완골과 견갑골을 찾았던 지점을 다시 살펴보았다. 폴 더크스의 지질학팀은 2008년 11월부터 발굴지에 나가 지층을 조사하고, 흰 유석(流石, flowstone)층의 연대를 측정하기 위해 작은 표본들을 추출했다. 이 작업은 화석의 연대를 알아내는 열쇠가 될 수도 있었다. 유골이 들어 있는 큰 암석덩어리를 꺼냈던 빈자리를 보니 지질학팀의 결론이 궁금해졌다. 나는 빈자리 위에 있는, 암석의 경계선처럼 보이는 선을 손가락으로 만지면서 나아갔다.

흔들거리는 돌덩어리 하나가 눈에 들어왔다. 돌은 구덩이 가장자리 부분에 얹혀 있었다. 성인 팔 유골이 발견된 곳에서 20센티미터쯤 위였다. 무슨 까닭인지, 그 돌은 우리가 큰 덩어리를 수집할 때는 눈에 띄지 않았다. 나는 돌을 집어 손바닥에 올려놓고 화석이라도 있는지 뒤집어보았다. 길이는 30센티미터가 채 안 되고 너비는 그 절반인 그 돌이 딱히 무슨 대단한 걸 담고 있으리라고는 생각하지 않았다.

작고 노란 뼛조각이 내 눈을 사로잡았다. 횡단면이 볼링 핀 모양이었다. 분명 작년에 표본 처리한, 매슈가 발견한 어린이 화석 오른쪽 상완골의 팔꿈치 끝부분과 똑같은 횡단면이었다. 이 부서진 뼈는 그 팔꿈치 끝부분과 딱 맞붙을 것이었다. 상완골의 두 부분이 하나로 들어맞게 되는 것이다. 전체 상완골이 한 덩어리에 들어 있었을 수도 있었다. 그렇다면 그건 정말 엄청난 일이었다.

나는 그 각력암 덩어리를 실험실로 가져왔다. 그 조그만 돌덩어리가 숨기고 있는 비밀을 발견한 것은 몇 달이 지나서였다.

비트바테르스란트대학 사람족 연구실에서 나는 대릴, 스티브, 페터, 그리고 좁이 화석을 다루는 것을 지켜보았다. 이들은 새로 우리 팀에 합류한 크리스 칼슨과 함께 있었다. 크리스가 온 것은 말라파 화석 연구에 새로운 기술을 적용하는 데에 핵심적인 역할을 맡기 위해서였다.

녹색 벨벳으로 덮인 탁자에는 말라파 화석들이 늘어놓여 있었고, 한편에는 아프리카 전역에서 나온 열 개가 넘는 화석들의 주조모형이 놓여 있었다. 2주 동안의 작업은 하나의 핵심 질문으로 모아졌다. 화석 주인공의 정체는 무엇인가?

"자, 모두 이것이 호모(사람속)라는 편에 서겠나?"

내가 물었다. 모두 하던 일을 멈추고 나를 쳐다보았다.

대릴이 말했다.

"토비어스는 그렇게 보는 것 같던데요. 만약 토비어스가 그렇게 확신한다면, 다른 사람들을 설득하는 일은 어렵지 않을 거예요."

필립 토비어스는 며칠 전 연구실에 들렀다. 화석을 살피는 그의 얼굴에 감정이 드러났다. 그는 화석의 이빨과 하악골이 오스트랄로피테쿠스보다 아주 작다는 데에 주목했다. 그는 "호모 하빌리스를 닮았다"고 분명히 말했다. 어쨌든 토비어스는 1964년 루이스 리키, 존 네이피어와 함께 하빌리스를 최초로 기재한 저자들 중 한 사람이기 때문에, 우리 모두 그가 잘 알 것으로 생각했다. 그의 의견을 가볍게 취급할 수는 없었다.

우리는 화석이 로부스투스일 가능성은 쉽게 배제할 수 있었다. 그 종은 이빨로 손쉽게 확인할 수 있다. 어금니가 매우 크기 때문이다. 반면, 앞니와 송곳니는 아주 작다. 현대 인간에서는 작고 두 개의 뾰족한 끝을 가진 앞어금니가 로부스투스에서는 어금니와 거의 같은 크기다. 우리 앞에 놓인 이빨을 보고 잘못 판단할 수는 없었다. 그 이빨들은 로부스투스 계열의 오스트랄로피츠에서 온 것이 아니었다.

진짜 질문은 이것이다. 이 유물들은 사람속에 속하는가, 오스트랄로피테쿠스속에 속하는가?

　이 질문은 시대를 초월한 것이었다. 1964년 루이스 리키와 함께 호모 하빌리스를 정의할 때 토비어스도 같은 질문을 했다. 하빌리스 화석을 발견한 후 몇 달 동안, 토비어스는 그 화석을 사람속이라고 부르길 주저했다. 남아프리카의 오스트랄로피테쿠스 아프리카누스와의 유사성 때문이었다. 토비어스는 앨런 휴스와 동료들이 'Stw 53'으로 알려진 스테르크폰테인 동굴에서 두개골을 발견한 1976년에도 같은 질문과 마주쳤다. 이 두개골은 동아프리카의 하빌리스 두개골과 많은 특징들을 공유했고, 스테르크폰테인 지층 중 가장 최근의 것에서 나온 것이었다. 올두바이 협곡의 것과 비슷한 원시적인 석기 도구도 함께 발굴되었다. 그런데도 과학자들은 그 두개골에 대해 여전히 논쟁을 벌이고 있다. 사람속인가, 오스트랄로피테쿠스인가? 리처드 리키도 1972년 'KNM-ER 1470' 두개골을 발견했을 때 같은 질문을 했다. 그는 완벽한 호모 하빌리스 두개골로 생각했지만, 나중에 과학자들은 이 두개골의 주인공을 새로운 종인 호모 루돌펜시스*Homo rudolfensis*로 정의했다. 도널드 조핸슨도 1974년 하다르에서 발견한 이빨을 보고 같은 의문을 갖게 되었다. 이빨의 주인이 사람속, 루시 유골과 비슷한 특징을 갖고 있었기 때문이다. 결국 조핸슨은 둘 다를 오스트랄로피테쿠스속에 놓았다. 미브 리키 또한 투르카나호 서쪽 로메크위 발굴지에서 두개골 화석을 발견한 1999년에 같은 질문을 던졌다. 그 두개골은 일부 사람속 표본, 특히 1470 두개골과 여러 점에서 유사했지만 여전히 다른 점이 있었고, 아파렌시스 같은 원시적인 종과 더 많은 특징들을 공유했기 때문이었다. 미브 리키의 연구팀은 이 수수께끼 같은 화석에게 케냔트로푸스 플라티오프스*Kenyanthropus platyops*라는 독립된 속의 자리를 마련해주었다.

우리도 같은 상황에 빠졌다. 정답은 쉬이 찾아지지 않았다. 우리는 우선 새로운 말라파 화석을 스테르크폰테인에서 오랫동안 발굴된 화석들과 비교해야 했다. 로버트 브룸이 그 동굴에서 화석을 발견했던 초창기부터 스테르크폰테인 화석들은 인간 진화를 이해하는 데에 중요한 장애물로 작용했다. 거의 모든 스테르크폰테인 화석이 단 한 가지 종, 즉 오스트랄로피테쿠스 아프리카누스를 나타낸다고 고인류학자들이 생각했기 때문이다.

하지만 스테르크폰테인 화석은 종류가 매우 다양하다. 만약 당신이 현대 인간의 뼈가 가득한 공동묘지를 발굴한다 해도, 스테르크폰테인 화석에서 볼 수 있는 개체 간의 큰 차이점을 결코 발견할 수 없을 것이다. 스테르크폰테인 화석들은 그 지역에서 몇천 년에 걸쳐서 아마도 많은 집단들로부터 쌓였을 것이다. 다른 사람들의 의견처럼, 하나의 종이 아닐 수도 있다. 하지만 확실한 결론은 여전히 내려지지 않은 상태다.

말라파 턱뼈는 쉽게 다른 것들과 함께 묶을 수가 없었다. 그러나 딱 그렇다고 장담할 수도 없었다.

보관실에는 비교할 만한 사람속 화석이 있었다. 다른 과학자들은 동의하지 않았지만, 토비어스는 Stw 53 두개골을 호모 하빌리스라고 불렀다. 토비어스에 따르면, 이 화석 주인공은 뇌가 오스트랄로피트의 뇌보다 조금 컸고, 앞면이 코 바로 밑에서 사각 모양으로 끝나는 짧은 얼굴을 가졌다. 하지만 우리는 말라파에서 이에 해당하는 부분을 찾지 못한 상태였다.

우리는 보물과 같은 새로운 발견품인 유골 두 조각을 연구하고 있었다. 하지만 그 둘은 거의 전부가 머리 아랫부분의 뼈들이었다. 아프리카 인류학 역사를 통틀어 과학자들은 주로 두개골과 이빨에 관심을 쏟아왔다. 과학자들이 발견한 것이 바로 그런 것들뿐이었다. 당시까지 우리가 발견한 유골은 이빨 두 개와 하악골 하나를 제외하고는 그 부분들이 없었다. 이빨과 턱뼈는 토비어스가 확인했듯이 사람속을 닮았다. 하지만 비교할 만한 초기 사람속의 다른 화석이 거의 없는 상황에서 유골의 나머지 부분에 대해 그 가설을 어떻게 시험할 수 있었겠는가?

"두개골이 필요해요."

대릴이 탄식조로 말했다.

나는 고개를 끄떡였다. 두개골이 있으면 도움이 될 것이었다.

"동아프리카의 모든 사람속 화석을 살펴볼 필요가 있어요."

줍이 덧붙였다.

12

2009년 4월 하순의 어느날 아침, 나는 지난밤의 결과를 확인하기 위해 표본 준비 작업대들을 돌아보았다. 아직 아무도 출근하지 않았다. 나는 특히 펩슨 마카넬라가 작업하고 있는 것을 보고 싶었다. 최고 수준의 화석 표본기술자 중 한 명인 그는 내가 1월에 말라파에서 발견한 그 새로운 돌덩어리를 만지고 있었다.

내가 발견한 작은 뼈의 횡단면은 상완골 끝부분에 가까운 것이었다. 그리고 이 뼈는 우리가 이미 보유하고 있는 어린 유골의 부서진 팔 부분과 잘 맞추어졌다. 펩슨은 이 팔뼈를 가지고 조심스럽게 작업을 해왔는데, 이제 뼈의 몸통 부분이 조금씩 드러나고 있었다. 이 작업이 끝나면 청소년과 성인의 팔을 직접 비교할 수 있을 것이다. 두 유골이 어떻게 다른지를, 그리고 어쩌면 이 사람족의 성장과 발달에 대해서도 많은 것을 알게 될 터였다.

펩슨의 작업대 빈 의자에 앉아 작업이 얼마나 진행되었는지 고개를 내밀어 살펴보는데, 생각지도 않았던 것이 눈에 들어왔다. 상완골 뼈대에서 조금 떨어져서, 팔 끝에서 위로 팔의 4분의 3쯤 되는 곳에 작은 화석 뼛조각이 더 어두운 빛깔의 암석에 둘러싸인 채 빛나고 있었다. 나는 곧바로 알아차렸다. 위턱 화석의 작은 일부, 송곳니 바로 위의 얼굴 부분이었다.

얼굴 부분 화석을 발견하는 것은 우리에게 엄청나게 중요한 일이었다. 다른 사람속 두개골들과 더욱 폭넓게 비교해보려면 꼭 있어야 했기 때문이다. 암석 속의 위치를 보니, 이 화석은 한 조각에 불과하다는 게 확실했다. 돌덩이가 너무 작았다. 하지만 작은 조각이라고 해도 아예 없는 것보다는 훨씬 나았다.

펩슨이 출근했을 때, 나는 그 작은 부분을 집중적으로 처리해 좀 더 드러내고, 얼굴의 부서지기 쉬운 곳에 특히 주의해서 작업을 해달라고 당부했다. 나는 펩슨에게 '타웅 아이'의 얼굴 모형을 보여주면서 그가 무엇을 마주하게 될지 알려주었다. 온종일 몇 번이고 펩슨의 작업 과정을 점검했다. 조심스럽게 작업이 진행되면서 얼굴의 아주 넓은 부분이 그 안에 들어 있다는 사실이 확실해졌다. 표본 준비 실험실은 흥분의 도가니로 변해갔다. 과학자들과 학생들이 찾아와, 안와(눈구멍)의 기저가 처음으로 드러나는 것을 지켜보았다. 그날 하루 일이 끝날 무렵, 치열이 모습을 나타내기 시작했다. 빛나는 하얀 치아는 완벽한 상태였다. 온몸이 떨려왔다.

어느 토요일, 나는 아내 재키와 아이들을 실험실로 데려와 우리가 새로 발견한 것을 보여주었다. 세 사람과 우리의 새로운 화석이 함께 등장하는 가족사진도 몇 장 찍었다. 그리고 새 돌덩어리 속에 무엇이 들어 있을지를 설명해주었다. 나는 그것이 얼굴 반쪽이라 확신했고, 타웅 아이의 주조 모형을 가지고 말라파 아이의 얼굴이 암석 안에 어떤 식으로 자리잡고 있을지 보여주었다.

"내가 그 안에 얼마나 많은 것들이 들어 있는지 알려줄 수 있어요."

확신에 찬 어조로 재키가 말했다.

무슨 말인지 호기심이 생겨서 아내를 쳐다보았다. 아내는 컴퓨터단층촬영기를 다루는 방사선기술자다. 컴퓨터단층촬영기는 엑스선을 이용해 사물의 내부를 관찰하는 장치로, 여러 각도에서 스냅사진을 찍은 후 컴퓨터로 그 사진들을 재구성해 전신을 검은색 또는 흰색의 단면을 가진 부분들로 표시하거나 적당한 소프트웨어를 이용해 희미한 삼차원 형상을 보여준다. 하지만 의학용 단층촬영기는 환자에게 생길 수 있는 피해를 줄이기 위해 상대적으로 약한 엑스선을 사용한다. 그래서 암석은 이 촬영기로 찍어봐야 아무짝에도 쓸데가 없다. 암석은 뼈보다 훨씬 밀도가 높고 약간의 금속을 함유하고 있기 때문에, 찍어봐야 쓸모없는 형상만을 보여준다. 그래서 나는 밀도가 높은 말라파 유물에 단층촬영기를 써볼 생각은 해보지도 않고 있었다.

아내가 말을 이었다.

"새로운 촬영기가 있는데, 암석을 투과해서 좋은 결과를 낼 수 있을 것 같아요."

"우리가 월요일에 시도해볼 수 있을까?"

갑자기 마음이 급해져서 물었다. 만약 우리가 암석 내부를 볼 수 있다면 소중한 화석을 어떻게 처리해야 하는지에 대해 큰 도움을 받을 수 있을 터였다.

월요일 아침, 재키와 나는 방의 불을 끄고 컴퓨터 화면 앞에 앉았다. 암석의 흑백 이미지가 화면에 나타날 때마다 재키는 중앙 부근의 이미지를 무작위로 고른 다음 초점을 최상으로 맞추기 위해 명암을 조정했다. 재키의 숙련된 조작으로 이미지가 뚜렷해지는 걸 보고, 나는 말 그대로 입이 떡 벌어졌다. 재키는 얼굴의 거의 정중앙을 직접 가로지르는 단편 이미지를 골랐다.

완벽한 두개골의 횡단면이 사진처럼 선명하게 나타났다!

나는 내가 알고 있는 사람족 두개골 화석의 기록을 휘리릭 떠올렸다. 그 대부분이 수백 개의 작은 조각들을 재구성한 것이었다. 이런 화석들은 일그러지기 일쑤인 데다 무게가 몇 톤이나 나가는 암반 아래에 묻혀, 때로는 퇴적물이 그것을 에워싸기도 전에 으스러지거나 뭉개진다. 우리는 놀랍도록 선명한 이미지 여러 장을 살펴보다가, 우리가 지금 보고 있는 두개골이 부서지지도 일그러지지도 않았다는 사실을 깨달았다. 우리 앞에 펼쳐진 이미지는 전혀 일그러지지도 않고 모든 이빨이 온전한, 거의 완벽한 어린이의 두개골이었다. 이렇게 보존될 수 있다는 것은 기적이나 다름없다. 이로써 우리는 뼈의 대부분을 그대로 가지고 있는 두개골, 그리고 더불어 또 다른 개체의 유골을 갖게 되었다.

이 두개골은 말라파 사람족이 무엇인지, 그리고 무엇이 아닌지를 이해하는 열쇠가 될 수 있었다. 이 새로운 단층촬영 사진을 길잡이 삼아 표본기술자들이 서서히 얼굴을 드러내어 보여주었다. 작업이 진행됨에 따라 말라파 화석들이 차례차례 모습을 드러냈다. 먼저, 성인 유골임에 틀림없는 또 다른 하악골이, 그다음에는 더 많은 척추뼈와 골반뼈가 두 개체에서. 이 화석들의 해부학적 구조에 우리가 새로운 조각들을 더해가면서 전체 그림은 더욱 명확해져갔다.

그해 중반, 우리는 그 어린이가 사내아이일 가능성이 크다는 것을 알

::주변 처리가 아직 끝나지 않은 말라파 두개골

아냈다. 여전히 자라고 있던 그의 몸은 성인 유골과 크기가 비슷했다. 그리고 그 성인 유골은, 같은 기준으로, 여성일 가능성이 컸다. 성인 유골의 작은 송곳니도 여성임을 시사했다. 만약 그 어린이가 인간이었다면 뼈와 이빨의 성장 정도를 볼 때 사망 당시 나이가 9~13세였을 것이다. 이 단계에서 이들 초기 사람족이 얼마나 빨리 성장했는지 정확히 알 수는 없지만, 다른 미성숙 단계의 화석 표본들과 비교했을 때 그들이 오늘날의 어린이보다 더 빨리 성장했다고 생각한 데에는 어느 정도 근거가 있었다. 두 유골이 차근차근 모양을 갖춰가면서, 우리는 유골에 관해 이야기할 때 편하도록 이 둘의 명칭을 정하기로 했다. 남자 어린이는 '말라파 호미니드Malapa Hominid 1'의 줄임말인 'MH1'으로 불렸고, 자연스럽게 두 번째 유골은 'MH2'가 되었다.

내가 발견한 이 완벽한 두개골은 이 두 유골의 정체를 알아내기 위해 우리에게 필요했던 바로 그것이었다. 하지만 그 모든 새로운 정보에도,

우리는 여전히 그 아이가 사람속인지, 오스트랄로피트인지, 아니면 다른 무엇인지 확신할 수 없었다. 두개골은 작았다. 420세제곱센티미터 정도의 뇌는 오스트랄로피테쿠스 아프리카누스를 포함한 오스트랄로피츠 종들의 두개골과 비슷했다. 플로레스 유골을 제외하곤 그 어떤 사람속 표본보다 작았다. 게다가 플로레스 유골은 여전히 논란의 대상이었기 때문에 우리 판단에 그리 도움이 되지 못했다. 뇌의 크기는 언제나 우리 속을 구별해주는 특징이었다. 하지만 아프리카 전역을 수십 년간 뒤졌어도 가장 초기 호모의 뇌 크기를 알려주는 증거는 거의 찾을 수가 없었다. 호모 하빌리스와 호모 루돌펜시스는 뇌 크기가 600~800세제곱센티미터이기 때문에 현재의 위치를 차지할 자격이 있다. 그러나 그러한 증거를 보전하고 있는 약 200만 년 전 이전의 화석은 없다. 오랫동안 사람속이라고 여겨진 초기 발견들이 있었지만, 그것은 항상 이빨과 턱에 기반을 둔 것이었다. 실제로 우리의 작은 두개골의 특징 중 이빨과 턱이 가장 사람속과 비슷하다. 암석에서 얼굴이 드러나자 아프리카누스의 얼굴과는 다르고 인간을 좀 더 닮은 특징들이 나타났다. 우리의 기본적인 문제는 초기 사람속의 화석 기록이 말라파 유골에 비해 너무 불완전하다는 사실에 있었다.

나는 9월에 우리 팀 전체가 동부 아프리카를 탐사하는 여행을 준비했다. 두 속으로 결정된 동아프리카의 화석들과 직접 대조하는 것이 말라파의 종을 최종적으로 결정하는 데에 도움을 줄 거라고 생각했기 때문이다. 한편, 지질학자들과 지질연대학자들은 계속 바빴다. 그들은 화석의 연대를 결정하기 위해 가능한 방법을 모두 동원했다. 당시 두 개의 팀이 동시에 연구를 진행하고 있었다. 한 팀은 뼈를 둘러싸고 있는 퇴적층과 유석의 연대를 결정하기 위해 지구물리학적 방법을 사용하고 있었고, 다른 팀은 화석의 동물상을 조사하고 있었다. 주변에서 발견된 멸종된 동물들을 파악하여 퇴적물의 연대를 추정하려고 한 것이다. 우리는 이 두 독립적인 연구 결과가 합쳐져서 말라파 화석의 정확한 연대를 계산할 수 있으리라 기대했다.

폴 더크스, 잰 크레이머스, 그리고 로빈 피커링은 잰과 로빈이 수년 동안 연구해왔던 방법인 우라늄-납 연대측정법을 사용해 하얀 유석의 연대를 측정하는 데에 모든 노력을 기울였다. 우라늄-납 연대측정법은 두 개의 개별적인 방사성 붕괴사슬을 측정하는 것이다. 우라늄-238이 납-206으로 붕괴하는 '우라늄 계열'과 우라늄-235가 납-207로 붕괴하는 '악티늄 계열'이 있다. 이 두 소량의 우라늄은 유석이 처음 깔릴 때 그 안에서 방해석 결정의 일부를 만든다. 우라늄 동위원소들이 서로 다른 납 동위원소로 연쇄붕괴하는 것은 유석이 형성된 시기를 계산하는 방법을 제공한다. 말라파에서 우리는 운이 좋았다. 지질학팀이 사람족 화석 근처에서 이 기술로 연구할 수 있는 유석을 발견했기 때문이다. 이 결과를 사람족 유골 근처에서 발견한 동물상 연구 결과와 합쳐 우리는 유골의 나이를 계산할 수 있었다. 200만 년이었다.

이제 우리는 화석 유골의 대략적인 나이를 알게 되었다. 그러나 여전히 이 화석들이 무엇인지를 결정해야 했다.

13

케냐 나이로비 국립박물관의 화석보관소에서는 역사의 깊이가 느껴졌다. 높은 돔으로 만들어진 보관실 내부는 시원했으며, 벽면에 배치된 진열장은 지난 수십 년 동안 발견한 사람족 화석들로 가득 차 있었다. 루이스 리키와 매리 리키 부부는 1950년대 후반 탄자니아 올두바이 협곡에서 화석 금광을 발견하기 전까지 거의 20년 동안 당시에는 코린돈으로 알려졌던 이 박물관을 본거지로 삼았다. 이들이 발견한 화석들은 여전히 이곳에 보관되어 있다. 아들 리처드도 부모의 뒤를 이어 유명한 '호미니드 갱단'을 이끌고 케냐 북부 투르카나호 근처에서 발굴작업을 함으로써 화석 발견자들의 명예의 전당에 이름을 올렸다. 옥빛을 띤 이 엄청난 넓이의 호수 동서 양쪽에서 리처드는 나중에 합류한 아내 미브, 그리고 동료들과 함께 수백 개의 사람족 유물을 발굴했다.

그 화석 중 일부는 사람속의 아주 초기 가지들을 대표하고 있다. 우리가 여기에 온 이유였다. 수집품의 전시책임자인 엠마 음부아는 아주 촉박하게 연락을 했는데도 우리 팀이 보기 편하도록 그 멋진 수집품들을 친절하게 배열해놓았다. 우리는 보관소 옆 실험실에 놓인 커다란 탁자에 둘러앉았다. 화석을 담은 상자들이 질서정연하게 늘어놓여 있었고, 말라파 화석의 주형은 그보다는 조금 덜 정돈된 상태로 흩어져 있었다. 거의 일주일에 걸친 작업은 매끄럽게 잘 진행되었다. 우리는 상당한 양의 동부 아프리카 사람족 화석을 살펴보면서 말라파 화석에 대응하는 모든 표본을 조심스럽게 비교했다.

케냐 국립박물관이 소유하고 있는 초기 호모로 분류된 원본 화석들을 실제로 살펴보면서, 내가 가지고 있던 확신에 의심이 생기기 시작했다. 남아프리카에 있을 때, 나는 말라파 사람족이 우리 속에 속한다고 장담했었다. 말라파 두개골 화석의 사람속을 닮은 짧은—남아프리카 오스트랄로피트의 긴 코와는 너무 다른—얼굴의 첫인상 때문에 그렇게 생각하게 된 것이었다. 우리 화석의 어금니와 앞어금니는 대체로 작았다. 이렇게 작은 치아는 화석의 주인공들이 인간과 더 비슷하게 좀 더 개선된 방식으로 음식을 섭취했다는 것을 시사하는 건 아닐까? 우리는 그러한 화석 주형들을 가지고 연구했었는데, 주형은 과학자들의 재구성에 기반을 두고 제조된 것이 많았다. 따라서 오해의 소지를 남기기도 한다. 그런데 원본 화석을 다루게 되자, 말라파 화석들과 현재 사람속으로 알고 있는 화석들 사이의 차이점이 더욱더 많이 보였다. 우리 팀 모두가 같은 결론에 도달했다.

보관소에는 사람속의 뇌로는 볼 수 없는 아주 작은 뇌도 있었다. 필립 토비어스는 루이스 리키가 호모 하빌리스를 정의하는 작업을 도운 적이 있었는데, 당시에는 오스트랄로피트와 비교할 때 올두바이 협곡의 두개골의 뇌가 더 크다는 데에 초점을 두었다. 우리는 바로 그 화석들을 조사하면서, 그 화석들의 두개골 조각의 곡률이 낮은 점을 감안할 때 뇌가 자몽 정도의 크기였을 거라고 생각하게 되었다. 그에 비하면, 우리의 말라파 두개골은 오렌지보다도 작았다.

훨씬 뒤에 발견된 하빌리스의 두개골 화석도 있었다. 1970년대에 리

처드 리키가 쿠비포라에서 발견한 화석 중 하나인 이 'KNM-ER 1813'
이다. 뇌의 크기가 500세제곱센티미터에 불과한 이 화석은 당시 가장 작
은 하빌리스 두개골이었다. 이 화석도 얼굴 길이가 짧고 옆모양이 수직
에 가깝다는 점은 말라파 두개골과 크게 다르지 않았지만, 말라파 두개
골보다는 훨씬 컸다. 게다가, 플로레스 유골은 그 당시 이미 호모 플로레
시엔시스로 받아들이기 시작했기 때문에 뇌의 크기는 더 이상 사람속의
정의에 영향을 미치지 않는 것처럼 보였다. 어쩌면 말라파 두개골은 사
람속 두개골이 되기에 충분할 수도 있었다.

　한 가지는 확실했다. 우리가 케냐에서 본 그 어떤 두개골, 턱, 또는 이
빨의 특성도 말라파 화석의 특성과 일치하지 않았다는 것이다. 나이로비
박물관에는 커다란 턱근육에 작은 능(뼈나 뼈의 경계에서 튀어나온 능선-옮
긴이)을 가졌지만 로부스투스보다 작은 이빨을 가진 두개골, 사람속의 턱
과 비슷하게 생겼지만 엄청나게 큰 이빨이 있는 턱, 전형적인 하빌리스
의 턱 모양이지만 매우 기다란 사랑니를 가진 하악골 등 기이한 화석들
도 있었다. 우리는 이 화석들도 자세히 살펴보았지만, 말라파 화석과 같
은 것은 하나도 없었다. 우리 화석은 호모 하빌리스도, 루돌펜시스도 아
니었고, 이곳에 있는 오스트랄로피테쿠스에 속하는 조각들과도 비슷하
지 않았다. 새로운 어떤 것이었다.

　우리는 여러 날 연구하고, 토론했다. 토론은 날마다 밤까지 이어졌고,
박물관 근처 술집에서 시원한 터스커 맥주를 마시며 일과를 마무리했다.

　"내일, 실험을 하나 합시다."

　어느날 저녁, 내가 말했다.

　"우리가 조사한 특성들을 모두 모아 목록을 만들면서 분류를 해보는

겁니다. 오스트랄로피트의 특성과 사람속의 특성으로 나눈 다음, 그 특성들을 하나하나 살펴보도록 하지요. 그리고 속에 대해 우리가 어떻게 정의를 내릴지도 합의를 봅시다."

말이 쉽지, 실제로는 어려운 일이었다. 어떤 면에서 종에 대한 정의는 명확하다. 현존하는 동물들에 관한 생물학자들의 정의는 교배 가능성이 기준이다. 집단이 자연서식지에서 서로 교배할 수 있으면 같은 종인 것이다. 물론, 화석으로 남은 동물에 이 기준을 적용할 수는 없다. 어떤 화석이 다른 화석과 교배할 일은 없을 테니까. 그래서 고생물학자들은 어떤 화석이 다른 화석에서는 볼 수 없는 독특한 특성이 있는지를 살펴본다. 그리고 그 특성들을 조합해 현존하는 동물 집단의 유골과 비교한다. 이런 비교작업은 결코 쉬운 일이 아니다. 스테르크폰테인 같은 곳에서 나온 화석 표본들의 경우는 더더욱 쉽지 않다. 수천, 수만 년에 걸쳐 있을 수많은 조각들을 보고 그 유물이 진화 중인 단 하나의 종이라고 생각할 수 있어야 하기 때문이다.

하지만 우리 말라파 화석의 경우에는 그보다는 쉬울 것 같았다. 이 화석들은 남아프리카나 동아프리카에서 나온 일반적인 화석과는 전혀 달랐고, 두 개의 유골이 같은 특징을 보이고 있었기 때문이다. 이 두 유골은 조각난 턱이나 달랑 두개골만 있는 것이 아니라 몸 전체의 골격이라는 점에서 우리는 확신을 가질 수 있었다. 유골들의 팔은 아주 길었으며, 유골들의 상대적인 길이를 가늠할 수 있게 해주는 다리뼈도 가지고 있었다. 우리 유골에는 발꿈치뼈도 하나 있었는데, 무릎과 대퇴골은 이 말라파 화석의 주인공이 직립보행을 했다는 것을 보여주고 있음에도 불구하고, 이 발꿈치뼈는 침팬지처럼 이상할 정도로 뒤틀린 발뒤꿈치를 가지

고 있었다. 골반 부분은 넓지 않고 루시처럼 아래쪽이 더 넓은 나팔 모양
이지만, 인간과 비슷하게 약간 작은 편이었다. 말라파 화석의 두개골, 턱
그리고 이빨의 특징들은 그저 우리가 알고 있는 다른 어떤 두개골들과도
다르다는 수준을 뛰어넘고 있었다. 말라파 화석은 명백히 과학계에 새로
등장한 종이었다.

속을 결정하는 문제는 더욱 어렵다. 생물학자마다 그 단어에 서로 다
른 의미를 부여하기 때문이다. 린네는 생물학자들이 현재도 여전히 사용
하는 시스템을 만들어냈다. 린네는 서로 모양이 비슷하고 유사한 생활습
관을 보이는 종들을 지칭하기 위해 속이라는 개념을 사용했다. 오늘날
생물학자들은 이 시스템을 '적응 등급'이라고 부른다. 그로부터 100년
뒤, 다윈은 종이 공통의 기원을 가진다는 것을 보여주었다. 이는 생물학
자들에게 속의 구성원들이 서로 연관되어 있음을, 즉 공통의 조상을 가
진다는 것을 뜻했다. 연관 관계의 나무 그림에서 속의 구성원들은 하나
의 가지를 차지하며, 생물학자는 이를 '분기군分岐群, clade'이라고 한다.
하지만 생명의 나무 그림에서 어떤 가지들은 자신들의 환경에 다르게 적
응한 종들을 포함하고 있기도 하다. 그렇기 때문에 비슷하게 보이는 종
들이 정말로 서로 가까운 연관관계에 있다고 확신하기는 쉬운 일이 아니
다. 하나의 종은 자신의 환경에서 새로운 방식으로 새롭게 적응을 하면
서 빠르게 진화할 수 있으며, 그 결과로 자신의 친척과 다른 모습이 되기
도 한다. 적응 등급과 분기군이 일치하지 않을 수 있는 것이다.

1960년 루이스와 매리 리키 부부는 올두바이 협곡에서 첫 번째 호모
하빌리스 표본을 발견했다. 그 후 40년 동안 호모 하빌리스는 사람속에
서 가장 오래된 일원이라는 위치를 차지했다. 이 종이 새로운 진화 경로

를 선택해 오늘날의 호모 사피엔스로 이어졌다는 것이다. 루이스 리키는 이 새로운 종을 정의하기 위해 필립 토비어스, 존 네이피어의 도움을 받아 우리 속과 그 조상을 구별하는 경계선을 설정했다. 이들은 진화 과정에서 공통된 적응 과정을 겪은 사람종들을 하나의 사람속으로 묶었다. 도구의 사용, 더욱 인간을 닮은 손, 커다란 뇌, 작은 이빨 등은 새로운 생활양식을 의미하는 것이었고, 이 생활양식은 우리 조상들이 인간으로 진화하도록 이끈 요인이었다. 만약 이들이 옳다면 사람속의 적응 양상을 정의하는 이런 특징들은 또한 단 하나의 가지를 정의해야만 한다. 적응 등급과 분기군은 같은 개념이어야만 했던 것이다.

하지만 최근에 일부 과학자들이 이 생각에 도전하기 시작했다. 몸이 작은 하빌리스에 대해 우리가 알고 있는 사실에 기초하면, 이 종은 그 뒤에 나타난 사람속과 똑같은 방식으로 환경을 이용하지 않았을 것이다. 하빌리스는 일상적으로 먼 거리를 걷지 못했을 것이고, 키가 더 큰 호모 에렉투스와 나중의 인간과 같은 방식으로 넓은 지역을 이용하지 못했을 것이다. 하빌리스의 뇌가 작았다는 것도 이러한 추론을 가능하게 한다. 하빌리스가 환경에 적응하는 방식은 오스트랄로피츠와 더 비슷했을 것이다. 그리고 만약 하빌리스를 사람속에서 빼내어 다시 정의해야 한다면, 사람속의 가장 초기 구성원들의 후보로 제안되어온 셀 수 없이 많은 화석 단편들도 모두 제외해야 한다. 계통도에서 하빌리스가 어떤 위치— 그 위치에 대해서는 누구도 확실하게 말할 수 없다—를 차지하든, 하빌리스 화석들의 적응 등급은 똑같지 않았다.

그래서, 우리 속의 기원을 이해하는 것은 인간 진화 연구에서 매우 중요한 문제였고, 우리는 그 문제의 한가운데에 있었다. 말라파 화석은 그 화석을 무엇이라고 부르든, 그 화석들이 사람속에 속하든 그렇지 않든, 사람속의 조상이 어떤 모습이었는지에 대해 새로운 증거를 제공할 것이었다. 하지만 이름을 어떻게 붙이는가에 따라 다른 과학자들이 사람속과 그 기원에 관한 가설을 시험하는 방법이 바뀔 수도 있었다. 또한 이름은 우리가 말라파의 새로운 화석을 발표할 때 사람들이 그 화석을 받아들이는 방식을 결정할 수도 있었다. 실제로, 말라파 화석을 새로운 종으로 받아들여야 한다는 주장을 뒷받침하는 바로 그 특성들이 우리가 이 화석들을 하나의 속으로 지정할 때 큰 문제를 일으켰다. 그 특성들은 오스트랄로피테쿠스 화석의 특성과 사람족 화석의 특성 모두를 상당수 포함하고 있었기 때문이다. 우리는 이 두 속 사이에서 어떻게 결정을 내려야 했을까?

그다음날, 팀원들이 다 모인 가운데 나는 펜을 들고 칠판 앞에 섰다. 나는 '원시적인', 그리고 '파생된'이란 제목 아래로 두 개의 열을 세로로 그렸다. 원시적인 특성이란 사람속의 먼 친척들과 조상이 같다는 뜻이고, 파생된 특징이란 인간 또는 호모 에렉투스처럼 인간과 가까운 친척과의 공통된 특징을 가리킨다.

"좋아, 머리부터 시작해봅시다."

내가 말했다.

하나씩 하나씩 우리는 특성을 적어나갔다. 420세제곱센티미터인 말라파 사람족의 작은 뇌는 '원시적인'이란 제목 아래로 들어갔다. 그리고 이빨의 크기는 '파생된'이란 제목 아래로 들어가고, 그런 식으로 계속 진행되었다. 발에 이르기까지 몸 아래쪽으로 가면서 우리는 각 항목을 어디에 넣을지 결정하기 전에 각각의 형태를 조사하고 토의했다. 그다음 우리는 '오스트랄로피테쿠스'와 '초기 사람속'이라는 다른 제목을 가지고 그 작업을 반복했다. 각 항목을 만드는 과정에서 어떻게 속을 정의할지 의견을 주고받았고, 마침내 '적응 등급' 개념에 집중하기로 했다. 공통 조상보다는 신체적 특징들과 능력에 가중치를 둔 것이다. 어떤 면에서는 불가피한 선택이었다. 우리는 말라파 화석의 주인공이 자신들의 환경과 어떻게 교류했는지를 보여주는 가장 훌륭한 증거인 완전한 유골을 가지고 있었다. 하지만, 우리 화석이 사람속의 몇몇 다른 종들과 유사한 점이 아주 많음에도 불구하고, 계통도에서 우리 화석과 다른 종들이 얼마나 가까운 친척관계인지는 확신할 수 없었다. 그걸 확인하려면 우리가 갖고 있지 않은, 다른 종의 화석에서 뽑아낸 더 많은 증거들이 필요했다.

그렇게 몇 시간이 지나고, 다시 한발짝 물러서서 두 종의 긴 목록을 훑어보았다. 납득이 갔다.

"좋아요, 이제 확신이 섭니다. 초기 사람속과 많은 점들이 유사하지만, 사람속은 아닙니다. 오스트랄로피테쿠스입니다."

내가 말했다.

모두 안도의 한숨을 쉬었다. 우리 팀원 중 몇몇은 내가 우리 사람족 화석을 초기 사람속이라고 고집할 거라고 생각했을 것이다. 그렇게 해야 더 많은 관심을 끌 수 있기 때문이다. 목록의 길이는 두 열 모두 비슷했다. 하지만 우리는 이 사람족이 먼 거리를 걷지 못했고 긴 팔은 나무 오르기에 적응한 것처럼 보인다는 걸 모두 알고 있었다. 우리 화석은 뇌가 너무 작아 사람속으로 분류할 수 없었다. 증거가 그랬다.

그날 밤, 식당에 앉아 스티브 처칠이 물었다. 우리 팀 모두가 궁금해했을 질문이었다.

"어떤 특성들이 있어야 말라파 화석 같은 사람족을 사람속으로 분류할 건가요?"

나는 지난 몇 달간 오갔던 긴 논쟁과 토의의 순간들을 돌이켜보았다.

"긴 다리와 인간을 닮은 발이 있다면 뇌의 크기는 무시할 거야."

바로 몇 년 후에 이와 똑같은 질문을 받을 줄은 몰랐다. 하지만 그때 내 앞에 놓인 뼈들은 완전히 새로운 뼈들이었다.

14

새로운 종을 발견했으니, 이름을 지어야 했다. 화석 작업을 잠시 멈추고, 나는 여유 있게 랩톱에서 세소토어사전을 들여다보면서 화석이나 유적지라는 뜻을 가진 단어들을 검색했다. 시도 때도 없이, 말 한마디 없이 화석을 만지고 있는 사람들한테 큰 소리로 의견을 물어보기도 했다. 그들은 쳐다보지도 않았다. '엄지 쑥!'

마침내 나는 세소토어로 물의 원천인 '샘'을 뜻하는 단어를 찾았다. 말라파 발굴지에 물이 있었을 거라고 추측했기 때문이었다. 사람족과 동물들이 물을 찾아왔다가 빠져 죽었을 것이라고 생각한 것이다. 세소토어로 '샘'을 뜻하는 단어는 '원천', '분수', 또는 '근원'의 의미도 갖는다. '세디바'라는 단어다.

나는 그 단어를 크게 외쳤고, 모두가 일을 멈추고 나를 쳐다보았다.

대릴이 물었다.

"좋습니다. 무슨 뜻이죠?"

뜻을 설명하자 좁이 제일 먼저 고개를 끄덕였고, 곧 다른 사람들도 동의한다는 의사를 표시했다.

"최소한 BBC 아나운서가 발음을 틀리지는 않겠군."

내가 농을 섞어 말했다.

드디어 이름이 생겼다—오스트랄로피테쿠스 세디바*Australopithecus*

sediba.

우리는 2010년 4월에 이 새로운 종에 관한 논문을 과학저널 『사이언스』에 발표했다. 우리는 이 종이 오스트랄로피테쿠스 중 사람속과 닮은 종이라고 설명했다. 논문에서 우리는 세디바의 모자이크 특성에 대해 자세히 설명했다. 당시까지 발견된 다른 사람족 종들에서는 나타나지 않는 특징이었다. 이 특징은 더 원시적인 오스트랄로피즈와 사람속의 최초 형태 사이의 중간 과정을 보여주는 것이었다. 발표와 동시에 전 세계 미디어의 머리기사가 되면서 발견에 관여한 모든 사람이 축하를 받았다. 매슈가 "아빠, 화석을 찾았어요!"라고 외친 지 20개월 만에 우리는 새로운 사람족 종의 부분적인 유골 두 개에 관한 기재논문을 발표한 것이었다.

당시 우리는 세디바가 인간 계통도에서 어떻게 인간과 연결되어 있는지는 정확하게 알지 못했다. 두개골, 턱 그리고 이빨의 특성에 관한 연구를 통해 세디바가 사람속에 이르는 가지와 매우 가깝다는 사실은 확인된 상태였다. 그 가지에는 멸종한 하빌리스와 에렉투스뿐만 아니라 현생인류도 포함된다. 세디바와 이 종들의 유사성으로 볼 때, 세디바 같은 종이 실제로 우리 속의 직접 조상이 될 가능성도 있었다. 또한 세디바가 사람속과 함께 아주 오랫동안 같이 진화했을 가능성도 배제할 수 없었다. 이 두 형태의 조상들은 서로 아주 달랐을 가능성이 있다는 뜻이다.

과학기자들은 인간의 진화를 가끔 경마처럼 다루곤 한다. 화석 발견을 인류의 진짜 조상 찾기 경주쯤으로 생각하는 것이다. 이는 타웅 아이가 발견된 당시, 그리고 그보다 더 앞선 시대부터 있었던 경향으로, 기자들의 잘못이기도 하고 과학자들의 잘못이기도 하다(우리는 세디바가 사람속의 조상일 가능성을 무시할 수 없었고, 그 때문에 논쟁이 벌어졌다). 250만 년 전

또는 그보다 앞선 아주 이른 시기에 사람속 또는 사람속을 닮은 종들이 존재했다고 주장하는 과학자들도 있다. 그렇다면 200만 년에 불과한 말라파 유골의 지질학적 나이보다 앞서는 것이다. 일부 과학자들은 유골의 나이 그 자체를 질문에 대한 답으로 생각하기도 한다. 세디바는 어떤 면에서 인간의 조상을 닮았지만, 너무 최근에 살았던 종이었다. 아주 간단한 논리다. 조상은 후손보다 더 오래되어야 한다. 하지만 우리는 실제로 세디바가 얼마나 오래되었는지 알지 못했다. 단지 말라파 유골이 얼마나 오래되었는지를 알고 있었을 뿐이다. 세디바는 일정 기간 동안 존재했지만, 말라파 유골만으로는 그 존재 기간이 언제부터 언제까지인지 알 수 없었다.

우리가 말할 수 있는 것은, 세디바의 해부학적 구조가 생각하지 못했던 조합이며 사람속의 기원을 이해하는 방식에 큰 영향을 미쳤다는 사실이다. 하빌리스와 루돌펜시스의 가장 완벽한 두개골도 손이나 발의 뼈는 같이 발견되지 않았다. 하빌리스 유골의 나머지 부분에 관해 알려진 것이라고는 오스트랄로피츠를 닮았다는 것뿐이다. 루돌펜시스도 아직 두개골밖에는 발견되지 않았다. 대부분의 과학자들은 이 두개골들을 사람속의 두개골이라고 생각했다. 뇌가 대체로 오스트랄로피츠보다 약간 더 큰 데다 턱뼈와 턱근육이 크지 않기 때문이다. 하지만 초기 사람속으로 알려진 화석 대부분에는 그 정도의 증거도 없다. 기껏해야 턱이나 두개골 일부, 아니면 이빨 몇 개뿐이다. 지금 알고 있는 것만으로 그 조각들이 인간 또는 오스트랄로피츠 유골의 조각이라고 생각하는 것은 자연스러운 일이다. 사람속을 닮은 턱뼈 조각은 사람속을 닮은 몸에 속해 있을 것이다. 일부 과학자들에게, 사람속을 닮은 턱은 신체의 나머지 부분이 무엇을 가리키든, 그 고대의 개체가 사람속에 속한다는 증거가 된다.

말라파 유골의 경우, 우리는 신체의 여러 부분에 걸친 방대한 증거들을 가지고 있었다. 그렇지만 우리는 그 많은 증거들이, 하나의 특정 부분이 세디바의 분류상 위치를 예측할 수 있다는 개념과 어긋난다는 것을 알아냈다. 만약 우리가 턱뼈 일부만을 발견했다면 어땠을까? 골반 일부만 찾았다면? 이 두 뼈는 다리, 발 또는 어깨 같은 유골의 다른 부분보다 사람속에 더 가깝다. 만약 우리가 한 조각만 발견했다면 우리 결론은 유골 전체를 보고 내린 것과는 다를 수밖에 없었을 것이다.

확신이 없었던 우리는 인간 진화에서 세디바의 위치에 관해 주장을 펼때는 신중을 기해야 한다고 생각했다. 그런 주장을 펴는 데에는 훨씬 더 많은 화석들이 필요했다. 우리 팀은 세디바의 여러 부분이 어떻게 작동하는지, 그리고 이 종이 진화하는 데에 그 작동의 결과들이 어떻게 하나의 이야기로 맞춰지는지를 이해하기 위해 연구를 시작했다.

과학저널 『사이언스』 표지를 장식한 우리 논문은 연구의 시작에 불과했다. 그 후 몇 년 동안 『사이언스』는 두 차례나 더 말라파 화석을 표지 사진으로 쓰면서 세디바를 특집으로 다루었다. 2011년, 우리는 세디바의 뇌, 손, 발, 그리고 골반 형태를 자세히 다룬 논문들을 발표했다. 우리는 또한 화석의 연대도 197만 7000년 전으로 아주 정확하게 결정했다. 두 개의 유석층 사이에 끼어 있었던 두 유골은 지하수가 동굴에서 방해석을 쌓아가고 있을 때와 거의 동시대 것이라는 사실을 밝혀낸 것이다. 우연하게도 이 유석이 형성되던 수천 년 사이에 지자극의 역전이 발생했고, 이 변화 때문에 우리 팀 지질연대학자들은 유석층들의 형성 시기를 아주 구체적으로 계산해낼 수 있었다. 2013년에 발표된 후속 논문에서는 팔뼈, 척추뼈, 하악골에 관해 더 많은 내용과 인간 같은 골반과 기이한 발뒤꿈치를 가진 세디바의 보행 방법에 대해 설명했다.

운 좋게도, 말라파 유골 발견과 관련한 새로운 연구들이 빠르게 이루어진 덕분에 우리는 이 연구에 집중되는 상상을 초월할 정도의 관심을 충족시키고 우리 연구의 성과를 충분히 발표할 수 있었다. 당시 세디바의 여러 측면을 연구하는 과학자들은 거의 100명에 달했다. 세디바 화석에는 다른 분야의 전문가들이 답을 해야 하는 문제들이 수없이 많았기 때문에 팀은 급속하게 커질 수밖에 없었다. 팀이 이렇게 급속하게 확장된 것은 내가 발표를 하기 전부터 화석 자료의 공개접근을 위한 장을 마련했기 때문이기도 하다. 발견의 상당 부분을 내가 해냈기 때문에, 나는 동료들과 내가 원하는 대로 연구계획을 짤 수 있었다. 나는 이 화석을 과학자들이 연구할 수 있도록 공개했고, 머지않아 열 개가 넘는 팀이 우리와 함께 연구를 시작하게 되었다.

세디바 논문들이 발표된 뒤 일부 고인류학자들은 우리 팀이 연구 결과를 너무 빨리 발표했다고 비난하기도 했다. 하지만 우리는 심각하게 생각하지 않았다. 우리는 매슈가 처음 발견한 이후 2년이 지나서야 화석에 대한 첫 번째 논문을 발표했기 때문이다. 결코 서두른 것이 아니었다. 우리 팀은 절차를 완전히 공개했기 때문에 연구의 폭은 훨씬 더 넓어졌다. 그 결과로 그 뒤 8년 동안 우리 팀과 우리 유골을 연구한 다른 팀들은 10편이 넘는 논문을 발표할 수 있었다. 이렇게 우리는 고인류학계 전반에 걸친 공개적인 심사라는 방법을 사용함으로써 우리가 내린 결론을 가장 높은 수준에서 반복해서 시험할 수 있었다. 데이터를 두고 과학자들이 의사소통하는 방법은 과학논문을 발표하는 것이다. 이는 과학이 진보하는 정상적인 방법이다. 이러한 과학적 개념은 새로운 발견을 수년 동안 상대적으로 비밀스럽게, 때로는 혼자서 또는 가까운 동료들끼리만 연구하는 소수의 고인류학자들이 가진 생각과는 뚜렷하게 대조된다. 과학에서는 결론을 내리기 위해 몇 달이 걸렸든 몇 년이 걸렸든, 그 속도에 의해 결과의 수용 여부가 결정되지는 않는다. 결과의 수용은 데이터가 뒷받침을 하는지 그렇지 않은지에 의해 결정된다. 그리고 그 데이터는 다른 과학자들이 확인할 수 있어야 하고, 똑같이 재현할 수 있어야 한다.

연구 목적으로 화석을 개방한다는 것은 화석의 복제품을 쉽게 구할 수 있게 만든다는 의미다. 이런 생각을 가지고 있던 나는 일찍이 2009년부터 말라파 유물의 복제품을 만들기 위한 주형 프로그램을 만들어두었다. 우리는 첫 복제품들을 논문을 같이 쓴 동료들에게 보냈고, 그 후에는 다른 사람족 화석을 소장하고 있는 전 세계의 주요 박물관에도 보냈다. 의도는 매우 단순했다. 사람족 진화에 관심을 가진 세계의 모든 주요 박물관에 세디바 주조 모형을 전시하는 것이었다. 남아공 정부의 지원을 받아 2013년 무렵, 우리는 목표를 거의 완수했다.

2011년, 나는 까만색 엽총 케이스 두 개에 세디바 유골 두 개를 가득 담아 들고 미니애폴리스에서 열린 미국형질인류학회AAPA 연례모임에 참석했다. 가능한 한 많은 사람들이 세디바의 두 유골을 관찰하고, 그들이 우리가 기술한 것을 단순히 믿는 대신에 진짜 화석의 복제품을 관찰하면서 우리의 과학적 발견을 검토하도록 만들기 위해서였다. 열려 있는 가방 주위로 몰려든 참석자들은 자신들이 이미 알고 있다고 생각하는 것에 의존하기보다는 직접 눈에 보이는 것에 반응해야 했다. 5년이 지난 지금에 와서 생각하니, 그런 식의 전략이 처음이라는 사실 자체가 놀라운 일이었다. 나는 우리 팀이 그때까지 공개하지 않은 새로운 말라파 화석도 가지고 갔다. 다른 화석 발굴이었다면 오직 내부 관계자만 볼 수 있었을 화석이었다. 너무 특이한 일이었기 때문에, 그 모임에 온 과학기자들은 화석의 주형과 그것이 갖는 의미에 관해서만이 아니라 발견품을 공유하는 나의 개방성에 관해서도 기사를 썼다.

나는 매년 모임에서 볼 수 있게 한다는 조건으로 학회에 전체 말라파 주형을 기부했다. 2012년의 AAPA 모임에서 우리는 다른 박물관과 기관들도 자신들이 소장하고 있는 사람족 화석 주형을 제공하는 세션을 만들었다. 이 세션에서는 다른 화석 발굴지에서 이미 발표된 것은 제외되었지만, 어디서도 구매할 수 없는 화석 복제품과 교육용 소장품에 들어 있지 않은 주형들이 전시되었다.

이 세션은 대성공을 거두었다. 과학자들과 학생들로 방이 꽉 찼다. 직접 볼 수 없었던 화석이 놓여 있는 탁자 앞은 사람들로 붐볐다. 전 세계 여러 지역에 온 화석과 더불어 세디바 화석은 그때까지 고인류학 분야에 한 번도 관여하지 않았던 전문가들 사이에 격렬한 토론을 불러일으켰다. 이들 인간생물학 또는 인류학 전문가 대부분은 인간 진화에 관한 연구를 피해왔었다. 화석을 보는 것이 허용되지 않았기 때문이다. 작은 루시 유골 주형의 인기는 놀라울 정도였다. 루시는 발견된 지 거의 40년이나 지났지만, 인류학자들 대부분은 이 주형을 사진으로, 아니면 박물관에 가서 볼 수밖에 없었고, 복제품을 직접 볼 기회도 얻지 못하고 있는 상태였기 때문이다. 우리 분야에서 중요한 전환이 이루어지고 있었다. 그리고 그 전환은 세디바가 이끌고 있는 것 같았다.

제3부

호모 날레디
발견

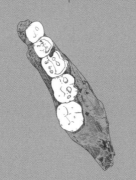

15

2013년 8월, 나는 사무실에서 몸을 뒤로 젖히고 앉아 구글 어스 지도에 찍힌 점들을 지켜보고 있었다. 말라파 발견이 있고 5년이 지났다. 점들은 각각 동굴 또는 이전에 동굴이었던 곳의 입구로, 이제는 지붕이 없어져서 각력암이 지표면에 노출된 곳이었다.

말라파 작업은 커다란 보호 구조물을 조립하느라 잠시 중지된 상태였다. 비틀(딱정벌레)이라 부르는 이 구조물은 마치 거대한 곤충처럼 작은 유적지를 덮어 발굴작업자들을 위한 플랫폼으로 사용되는 동시에 악천후로부터 유적지를 보호하기 위한 것이었다. 이 구조물이 완성되기 전까지는 현장작업을 할 수 없었다. 어쨌든 팀원들은 세디바에 관한 마지막 연구논문을 완성하는 데에 집중할 수밖에 없었다. 자연스럽게 모든 것이 중단되었고, 나는 다시 탐사를 나가고 싶어 견딜 수가 없었다.

지도에 점으로 표시된 모든 지역은 2008년에 조사한 곳이지만, 다시 한번 살펴보고 싶었다. 거기에는 새로운 동굴들이 있었다. 나는 1990년대에 아틀라스 프로젝트의 일환으로 몇몇 동굴탐사대 동료들과 함께 지하 조사작업을 벌였지만, 당시에는 별 성과가 없었다. 하지만 이제 이 지역에는 우리가 그전에는 찾지 못했던 수백 개의 지하동굴들이 있을 가능성이 높아졌다. 지도의 점들은 새로운 발견이 기다리고 있는 지하세계로 가는 출입구였다.

바로 그때 누군가가 사무실 문을 두들겼다. 빨간 실로 짠 방울모자를 쓴 페드로 보쇼프가 손을 모으고 서 있었다. 역시 맨발이었다. 여러 해를 보아왔지만, 페드로는 늘 구두 신기를 싫어했다.

내 학생이었던 페드로는 하이에나가 동굴을 어떻게 쓰는지를 가지고 석사학위 논문을 쓸 계획이었지만, 학위를 마치기 전에 모습을 감추어버 렸다. 나중에 나는 페드로가 다이아몬드를 캐기 위해 중서부 아프리카로 갔다는 것을 알게 되었다. 몇 년에 한 번씩 들러 얼마 되지 않는 자신의 성과에 대해 말해주었기 때문이다. 페드로는 1990년대의 내 동굴탐사대 의 일원이기도 했다.

"뭔가, 내가 도와줄 일이라도 있나?"

페드로는 금방이라도 울음을 터뜨릴 것 같은 얼굴이었다.

"시간 좀 내주실 수 있나요?"

그렇게 시작된 대화는 한 시간을 넘겼다. 다이아몬드 탐광에 실패했다 는 이야기였다. 페드로는 고인류학 연구를 떠난 걸 후회하고 있었다. 내 가 그를 위해 해줄 수 있는 일이 있을까?

페드로가 말하는 동안, 그를 찬찬히 살펴보았다. 나는 페드로가 지하 작업에 능숙하다는 걸 알고 있었다. 군대도 다녀왔을 뿐만 아니라, 지역 동굴학회의 오랜 회원이기도 했다. 그는 예전에 운 좋게 화석들을 발견 하기도 했고, 실제로 1994년에는 드리몰렌의 새 유적지에서 최초의 사 람족 이빨을 발견했다. 여러 가지 상황으로 인해 그 발견의 주인공으로 인정받지는 못했지만,

페드로가 그 순간 나타난 것은 뜻밖의 행운처럼 느껴졌다. 나는 그가 다시는 사라지지 않을 거라는 확신도 없었고, 그때는 탐사를 시작할 자

금도 없었다. 하지만 내 눈앞에는 화석을 찾아내는 능력을 갖춘 사람이 있었고, 나는 그에게 기회를 주어야 한다고 생각했다. 나는 예비비를 쓸 작정을 하고 그에게 탐사 일을 제안했다. 그가 떠난 후, 실험실 관리자인 보니타 드 클레르크를 사무실로 불렀다.

"대학 구매담당한테 연락해서 대학이 오토바이를 사줄 수 있는 방법을 알아봐줘요."

보니타는 지난 몇 년 동안 내 이상한 주문들에 잘 적응해왔지만, 이번 건에는 머리를 흔들었다.

2주 뒤, 손에 오토바이 헬멧을 든 페드로가 자신의 첫 번째 성과를 보고하기 위해 내 사무실로 돌아왔다. 나는 그에게 스테르크폰테인 계곡부터 시작해보라고 부탁해둔 터였다. 말라파 발견이 내가 17년 동안 파헤쳤던 글래디스베일에서 아주 가까운 곳에서 이루어졌던 경험에서 배운 교훈이었다. 당신이 가장 잘 안다고 생각하는 바로 그곳들이 당신을 놀래킬지도 모른다.

하지만 페드로가 발견한 것은 비좁기 그지없는 통로로 이어진 동굴들과 지난 몇 년간 자기가 꽤 뚱뚱해졌다는 사실뿐이었다. 게다가 혼자 일하는 것은 너무 위험하기도 했다. 그가 말했다.

"아마추어 몇 명을 데려왔으면 합니다. 릭 헌터하고 스티븐 터커라는 친구인데, 좋은 애들이에요. 동굴탐사는 처음이나 다름없지만, 믿을 만합니다."

이야기를 들으면서, 나는 고개를 끄덕였다. 나는 지금까지 아마추어 조력자를 고용한 적이 없었고, 내가 페드로에게 부탁한 것도 그의 특별한 기술이 필요했기 때문이다. 하지만 아직 탐사하지 못한 동굴 지역에는 더 깊은 땅속에 적합한 신체구조를 가진 사람이 필요할지도 몰랐다. 그리고 페드로가 말한 것처럼 혼자서 동굴탐사를 하는 것은 위험하고 멍청한 일이 아닐 수 없었다. 나는 곧바로 승낙했다.

"좋아, 그 친구들한테 우리가 무엇을 찾는지를 알려주고 바로 시작하도록 하지."

몇 주가 지나, 8월은 9월이 되었다. 페드로는 전화를 하거나 사무실에 직접 들러 동굴탐사 상황을 보고했다. 그는 탐사할 곳을 스테르크폰테인에서 가까운 서쪽 지역과 자기가 새로운 것을 발견할 가능성이 크다고 생각하는 더 멀리 떨어진 동쪽 지역, 둘로 나누었다. 스티븐과 릭은 맡은 일을 아주 잘 해내고 있는 것 같았다. 두 사람은 명백히 이 프로젝트에 합류하는 데에 관심이 많았고, 일과시간 뒤의 밤이라면 언제든지 작업에 뛰어들 준비가 되어 있었다.

9월 14일, 핸드폰이 울렸다. 페드로였다.

"릭과 스티븐이 뭔가 대단한 것을 발견했다네요."

지난 수년간 많은 사람들이 대단한 발견을 했다면서 내게 접근해왔다. 대부분 자신이 생각하는 것에 못 미치는 것으로 드러났지만 말이다. 그러나 혹시 아는가. 그래서 나는 언제나 시간을 내서 최소한 사진이라도 보려고 한다. "사진을 보내주게!"라고 말하고 전화를 끊었다. 그러고는 세디바 논문을 교정하는 데에 몰두하느라 곧 전화 통화를 했다는 것조차 잊어버렸다.

페드로는 그다음 2주 동안 가끔씩 상황을 보고하기는 했지만, 스티븐과 릭의 발견에 대해서는 아무 말도 없었다. 9월 말에 페드로가 다시 전화를 걸어왔다. 릭과 스티븐이 사진을 찍었다고 하니, 그들을 만나서 확인해보겠다는 것이었다. 나는 별다른 생각 없이 격려의 말 몇 마디를 하고 전화를 끊었다.

⚜

10월 1일 밤 9시였다. 나는 우리집 부엌 조리대에 앉아 이메일을 확인하고 있었다. 그날은 비틀 공사 현장에 다녀오느라 너무 피곤해서, 집에 오자마자 핸드폰 전원을 꺼버린 상태였다. 그때 현관의 초인종이 울렸다. 그 시간에 누가 찾아오는 일은 거의 없었기에 깜짝 놀란 내 눈에 현관에 비치는 자동차 헤드라이트 불빛이 들어왔다. 호기심이 솟는 것을 느끼며 인터폰을 들었다.

"저희에게 얼른 들어오라고 하시게 될 겁니다!"

페드로였다. 이제 와서 말이지만, 페드로의 목소리가 하도 이상해서 나는 그가 누구와 함께 왔든 '저희'를 집안으로 들이기를 몇 초 동안 망설였다. 하지만 몇 분 후 페드로는 흐트러진 갈색 머리를 한 키 크고 마른 사람과 함께 우리집 부엌으로 들어와 있었다.

스티븐이었다. 페드로는 스티븐과 나를 서둘러 인사시켰는데, 그의 행동은 그가 얼마나 흥분하고 있는지를 여실히 보여주었다.

내가 말했다.

"어디 봅시다."

스티븐이 재빨리 노트북 컴퓨터를 펼쳐 화면에 사진 한 장을 띄웠다. 더러운 측량용지 위에 사람족의 하악골이 놓여 있었다. 옆에 있는 줄자가 그 크기를 알려주었다. 인간의 뼈가 아닌 것만큼은 분명했다. 이빨의 비율이 현생인류와는 달랐다. 두 번째 사진에는 더 많은 뼈들이 있었는데, 전부 사람족 뼈로 보였다. 세 번째 사진에는 둥그런, 하얀 윤곽이 깨진 어떤 물체가 먼지로 덮인 동굴 바닥에 놓여 있었다. 그것은 작은 두개골의 횡단면이 틀림없었다.

스티븐은 분명히 내가 그때 욕을 내뱉었다고 했다. 그랬을지도 모른다. 그러면 안 된다는 걸 알 만한 나이지만.

스티븐은 그 사진들이 이미 탐사가 완료되어 지도가 완성된, 서로 연결된 엠파이어 동굴과 라이징스타 동굴에서 찍은 것이라고 말했다. 9월 13일, 스티븐과 릭은 드래곤스백Dragon's Back('용의 등뼈')이라는 커다란 지하 낭떠러지를 올라갔다. 꼭대기에 다다랐을 때, 그들은 지름 18센티미터의 구멍으로 이어지는 기다랗고 들쑥날쑥한 통로를 발견했다. 나는 스티븐, 릭 같은 동굴탐사자들은 그처럼 좁은 입구를 좋은 기회로 받아들인다는 것을 배웠다. 스티븐이 앞서고, 릭이 뒤따랐다. 그 좁은 구멍에서 바닥까지는 수직으로 12미터에 달했다. 다행히도, 다 내려가서 보니 자신들이 커다란 동굴 천장에 매달려 있다는 걸 알게 되는 그런 수직 통로는 아니었다. 2미터쯤 아래에 있는 바닥으로 뛰어내린 다음, 그들은 자신들이 동굴방에 있다는 걸 알게 되었다. 바닥에는 많은 뼈들이 널브러져 있었다. 그중 일부는 그들이 찾고 있는 종류처럼 보였다.

하지만 카메라가 작동을 하지 않았다.

이 지점을 찾는 데에 그들은 꽤나 시간을 들였다. 드래곤스백의 울퉁불퉁한 바위를 오르고, 그 좁은 통로와 구멍을 거쳐 내려왔는데, 그 고난의 길을 다시 돌아가야 했다. 이것이 바로 그들이 페드로에게 2주 전에 말했던 발견이었다. 그들은 다시 동굴로 갈 준비를 갖추었고, 이번에는 카메라가 작동하는 것을 미리 확인했다.

사진들만 이리 넘겼다 저리 넘겼다 하며, 나는 한동안 입을 열지 못했다. 마침내 말문이 열렸다. 나는 스티븐에게 발견 당시 상황을 꼬치꼬치 캐물었다. 화석의 하얀 부분이 걸렸다. 최근에 손상을 입었다는 증거였기 때문이다. 스티븐은 그것은 자신들이 그런 게 아니라고 했다. 아주 조심스럽게 다루었다는 것이다. 그는 또 동굴방 뒷벽에는 탐사의 흔적이 살짝 남아 있었다고도 말해주었다. 누구도 모르는 언젠가, 누구인지 모를 동굴탐험가가 남겼을 것이다. 누가 그 흔적을 남겼든, 그 사람은 그 방의 위치를 동굴 지도에 표시하지 않았다.

보고 있으면서도 믿을 수가 없었다. 사람족 화석 잔해가 동굴 바닥에 그냥 누워 있다고? 있을 수 없는 일이었다. 맥주를 가져오려고 일어섰다. 재키와 메건, 그리고 매슈가 도대체 무슨 소동인지 궁금해하면서 아래층으로 내려왔다. 사진을 본 세 사람 역시 믿을 수 없다는 표정이었다. 놀랍다는 말만으로는 부족한 상황이었다.

16

장화 신은 한쪽 발을 먼저, 그다음에 다른쪽 발을 멜빵바지 작업복 안으로 집어넣었다. 신발을 신은 발에 딱 맞는 공간이 남아 있어서 다행히 바보처럼 균형을 잃고 자빠지지는 않았다. 소매에 팔을 집어넣고 나니 점프슈트를 끌어올리는 것은 그리 어렵지 않았다. 이 모든 과정을 동굴탐사클럽 책임자인 존 디키가 찬찬히 지켜보고 있었다. 페드로와 스티븐, 그리고 릭과 몇몇 클럽 회원들은 이미 번개처럼 점프슈트를 입고 나를 바라보고 있었다.

릭과 스티븐, 그리고 페드로가 이 동굴의 사진을 보여준 지 나흘이 지난 늦은 밤이었다. 릭과 스티븐이 함께 동굴을 다시 찾은 것은 이번이 처음이었다. 둘 다 낮에는 다른 일을 했기 때문이다. 스티븐은 낮에는 경리 일을 하면서 회계사시험을 준비하고 있었다. 릭은 멘사클럽의 정식 회원인데, 고등학교 화학실험 시간에 폭발사고를 일으키는 바람에 학교에서 쫓겨날 뻔했다고 한다. 지어낸 말이 아니다. 지금은 건축공사장을 떠돌면서 일하고 있다. 어쨌든, 스티븐과 릭은 훌륭한 동굴탐사자의 조건이라 할 늘씬한 근육질의 몸, 내 표현으로 동굴탐사에 "생리학적으로 적절한" 조건을 갖춘 사람들이었다.

마르고 강인한 몸을 가진, 경험 많은 70대 동굴탐험가 데이브 잉골드가 의심 가득한 눈초리로 내 행동을 지켜보았다. 어릴 적 조지아주 실베이니아에서 가축경연대회에 참가한 이래 누군가가 이런 눈으로 나를 평가하는 것은 처음이었다.

"딱 맞겠군."

데이브가 씨익 웃으며 말하더니, 낄낄거렸다.

눈살이 찌푸려졌다. 그 좁은 18센티미터짜리 구멍을 빠져나갈 생각은 애시당초 없었다. 그 구멍에는 내 머리통도 집어넣기 힘들 것이다. 그런데 사람들은 그 구멍에까지 이르는 좁은 통로를 내가 잘 빠져나갈 수 있을지에 대해서는 걱정이나 해보았을까? 아들 매슈를 흘깃 쳐다보았다. 매슈는 다른 사람들처럼 재빨리 옷을 입었다. 열네 살이 된 매슈는 키가 180센티미터가 넘고 마른, 동굴탐사에 완벽한 체형을 갖추고 있었다. 나를 바라보며 웃고 있는 얼굴이 얼른 동굴 안으로 들어가고 싶어서 안달이었다.

나는 고해상도 과학용 카메라와 다양한 사진용 측정자(고고학 유물들의 크기를 재는 기본 도구다)들이 든 배낭을 집어 매슈에게 건넸다. 물론 매슈는 가장 좁은 구멍도 어렵지 않게 빠져나갈 것이다. 나는 그전 나흘 동안 매슈에게 유물을 왜곡 없이 담아낼 수 있는 사진촬영 기법을 가르쳤다. 그날 밤 탐사의 핵심은 동굴방에서 크기를 제대로 측정한 사람족 화석과 다른 화석들의 사진을 얻는 것이었다. 100퍼센트 확신이 서지 않은 상태에서는 대규모 탐사작업을 시작하고 싶지 않았다. 매슈에게는 실제로 동굴에 있는 화석들이 무엇인지를 파악하는 방법을 알려주고 가능한 한 사진을 많이 찍어오도록 일러둔 상태였다. 말하자면, 화석의 세계 안에서 자란 아들 매슈는 어느덧 나에게 필요한 일을 해줄 수 있을 만큼 성장했던 것이다.

앞장선 릭과 스티븐을 따라 동굴 입구를 향해 나아가면서, 나는 어둠 속에서 내 위치를 확인하고 내가 전에 이곳에 온 적이 있는지 기억을 더듬어보았다. 불과 수백 미터 떨어진 곳에 언덕의 윤곽이 보였다. 그 언덕 꼭대기 맞은편이 스와르트크란스였다. 지난 23년 동안 나는 그곳을 수백 차례나 찾아갔다. 좀 더 멀리 스테르크폰테인 관광안내소 불빛이 보였다. 우리는 이 대륙에서 가장 탐사가 많이 이루어진 화석 발굴 지역인 스테르크폰테인 계곡의 한가운데에 있었다. 그곳에 서서, 나는 내가 전에 이곳에 온 적이 있을 뿐만 아니라 정확히 이 동굴, 즉 라이징스타 동굴과 엠파이어 동굴에도 온 적이 있다는 것을 깨달았다. 나는 아틀라스 프로젝트가 진행되는 동안에 이 지역을 조사했고, 불과 200미터도 떨어지지 않은 한 화석 보유 지역을 탐사했었다.

약간 경사진 언덕을 올라가며 헤드램프 불빛들에 비치는 울퉁불퉁한 땅바닥을 보면서, 나는 딱히 누구에게랄 것도 없이 아직 들어가보지 않은 그 동굴에 관해 물었다.

"동굴방까지는 얼마나 멀어?"

"그다지 멀지 않아요."

스티븐의 대답은 전혀 도움이 되지 않았다.

"스퀴즈들은 얼마나 좁을까?"

스퀴즈squeeze는 동굴 통로에서 가장 좁은 부분, 그러니까 좁은 돌 틈 사이에서 글자 그대로 쥐어짜야 통과할 수 있는 곳을 말한다. 거기보다 더 깊이 들어갈 수 있는 대원에 관한 기준이 이미 설정되어 있었다.

"조금 좁아요."

어두워서, 누가 대답했는지 알 수 없었다.

"오르막은?"

내가 물었다.

"조금 있습니다."

릭이 웃으며 답했다.

"잘 올라가실 수 있을 겁니다."

페드로가 말했다. 역시 좀 불길하게 낄낄거리긴 했지만.

나는 곧 이 탐사대원들이 거의 말을 하지 않는다는 사실을 눈치 챘다. 그게 아니라면, 적어도 그날 밤은 내가 스스로 알아내길 바랐는지도 몰랐다. 아마도 그럴 만한 이유가 있으리라고 생각했다.

동굴 입구에 이르자, 나는 헤드램프를 비추어 동굴 안쪽을 살펴보았다. 왼쪽은 검은 동공이 깊이를 알 수 없는 곳까지 이어졌다. 오른쪽으로는 나무가 들어가는 길을 막고 있어서, 우리는 낭떠러지 가장자리를 이용할 수밖에 없었다. 음, 좋아.

이 위험한 지점 바로 너머에는 인간이 만든 것이 분명한, 돌로 된 아치형 입구가 있었다. 19세기 광부들이 입구를 폭파해서 만들었을 것이다. 경험 많은 탐사자들은 이미 나보다 앞서 내려가기 시작했고, 매슈도 신이 나서 따라갔다. 동굴탐사용 장갑을 끼고, 나도 그들을 따라 깊은 어둠 속으로 내려갔다.

30분 후, 생각이 달라졌다. 나는 좁은 공간에 꽉 끼어 있었고, 날카롭게 튀어나온 바위가 갈빗대를 아프게 찔렀다. 오른팔은 앞으로 쭉 내밀고, 왼팔은 몸에 찰싹 붙인 상태였다. 통로 바닥만이 보일 뿐이었다. 목을 위쪽으로 약간 들어올리자 낮은 천장에 헬멧이 부딪히는 소리가 들렸다. 터널 끝에서 불빛이 보이고, 데이브가 날 돌아보며 웃고 있었다.

"조금만 더!"

그가 외쳤다. 너무 재미있어한다 싶은 목소리였다.

힘을 받기 위해, 나는 미끄러운 진흙으로 덮인 바위를 딛고 발을 쭉 뻗었다. 나는 꽉 끼어 있는 상태였고, 겨우 조금씩 꿈틀거리면서 앞으로 나아갈 수 있을 뿐이었다. 가슴을 움츠리기 위해 숨을 내쉬고, 앞으로 몸을 밀었다. 숨을 들이킬 때마다 몸은 더 꽉 끼었다. 이곳이 바로 '슈퍼맨스 크롤Superman's Crawl'이었다. 이곳을 통과하려면 아주 몸이 마른 사람을 제외하고는 슈퍼맨처럼 한쪽 팔을 머리 위로 뻗은 채 7미터를 전진해야 하기 때문에 붙은 이름이다. 나는 한쪽 팔은 앞으로 뻗고 다른 팔은 몸에 붙인 채, 한 치 한 치 나아갔다.

몇 분 후, 나는 '스퀴즈'를 벗어나 일어설 수 있게 되었다. 점프슈트 앞에 묻은 축축한 진흙을 털어내려 했지만, 온몸이 진흙과 먼지투성이라 그걸 털어내봐야 별 소용이 없었다. 헤드램프를 비추어 내 주변과 뒷사람을 차례로 보았다. 릭은 마치 서서 걸어온 것처럼 부드럽게 빠져나왔다. 매슈가 뒤를 이었다. 즐기고 있음이 분명했다.

"얼마나 더 가야 돼?"

내가 물었다.

"조금만 더요."

아무 도움도 되지 않았다.

하지만 이제 슈퍼맨스크롤 주변을 살펴볼 수 있게 되었다.

"화석이군."

벽에서 삐져나와 반짝이고 있는 개코원숭이 이빨을 가리키며 내가 말했다.

"벽에 화석이 가득해요."

반대편 벽의 다른 화석을 가리키며 스티븐이 맞장구를 쳤다. 이 동굴 방만으로도 따로 제대로 탐사할 필요가 있었다. 그러나 우리는 더 먼 곳에 있는 화석을 보러 온 터였다.

"페드로와 다른 사람들을 기다려야 하지 않을까?"

내가 물었다. 슈퍼맨스크롤을 통과하기에 '신체적으로 적합하지 않은' 페드로와 다른 동료들은 '우체통'이라 부르는 잘 알려진 스퀴즈 지점이 있는 더 먼 경로를 택했다. 우체통에 넣은 편지처럼 미끄러져서 통과해야 한다고 해서 붙여진 이름이다.

"그럴 필요 없습니다. 곧 따라올 거예요."

좁은 통로를 따라 내려가면서 존이 말했다.

"오르막 경사가 있을 겁니다."

오래된 지붕이 무너져내린 바닥에 이르자, 스티븐이 들쭉날쭉한 암석의 끝부분으로 가볍게 뛰어올라 길을 안내했다. 커다랗고 납작한 암석들이 마치 비늘처럼 겹겹이 쌓여 어두컴컴한 위쪽을 향하고 있었다.

"저 위에?"

광활한 공간이 펼쳐진 위쪽으로 헤드램프를 비추며 물었다. 불빛은 천장까지 가 닿지도 못했다.

"네. 드래곤스백이라는 곳입니다."

스티븐이 말했다. 그는 이미 나보다 1미터쯤 앞에서 물기로 축축한 바위를 재빠르게 타고 올라가고 있었다.

나는 데이브 잉골드에게 우리가 얼마나 깊이 왔느냐고 물었다.

"40미터쯤 됩니다."

매슈, 데이브, 존, 그리고 다른 사람들도 스티븐이 오른 길을 재빨리 뒤따랐다. 어깨를 으쓱하며 생각했다. '여기까지 왔는데 어쩔 수 없지.' 나는 드래곤스백의 좁은 가장자리에 몸을 싣고 오르기 시작했다. 나는 이 동굴탐사에서 오르막길이 얼마나 어려운지를 이미 알고 있었다. 처음부터 끝까지, 길 전체가 위험했다. 구불구불한 통로 때문에 정확히 말하기는 어렵지만, 이 지점까지 우리는 아마 100미터 정도를 들어왔을 것이다. 만약 장비를 가지고 왔더라면 얼마나 끔찍했을까. 이런 동굴들은 지붕이 부실하기 십상이다. 나무뿌리가 더 깊은 곳의 물을 찾기 위해 깊이 파고들어 바위들을 부스러뜨리기 때문이다. 게다가 칼끝처럼 날카로운 드래곤스백을 내려다보면, 한순간 깜빡 발을 잘못 딛으면 10미터가 넘는 바닥으로 추락해 심하게 다치거나 죽을 수도 있다는 생각이 안 들 수가 없었다.

경험 많은 동굴탐사자들은 축축하고 가파른 드래곤스백을 안전한 방법으로, 능숙하고 꼼꼼하게 짚으면서 올라갔다. 매슈도 마찬가지였는데, 어려서인지 두려움이 없어 보였다. 나는 오르막 끝에 이르기까지 17미터를 오르는 데에 다른 사람들보다 조금 더 걸렸다는 사실을 부끄럼 없이 인정한다.

드디어 꼭대기에 이르렀을 때, 우리에게는 뛰어넘어야 할 장애물이 또 하나 남아 있었다. 폭이 1미터쯤 되는 바위틈을 가로질러야 했던 것이다. 여기서 삐끗하면 15미터 아래의 동굴 바닥까지 떨어져서 가파른 경사를 올라온 그동안의 고생이 물거품이 되고 만다. 수직으로 갈라진 바위틈을 뛰어넘어, 선반처럼 튀어나온 작은 바위 위에 서 있는 다른 사람들과 합류했다.

"여깁니다."

스티븐이 말했다. 나는 몸을 뒤쪽의 벽으로 밀어붙인 다음 앞으로 굽혀서 스티븐 주변을 살펴보았다. 조금이라도 더 앞으로 나아가려면 기어야만 했다. 손과 무릎, 그리고 가슴을 땅바닥에 대고 엎드린 채로, 나는 스티븐이 가리킨 좁은 공간을 향해 꿈틀거리며 나아갔다. 릭이 내 앞에서 미끄러지듯 나아가, 통로 끝에 있는 거의 통과가 불가능해 보이는 작은 구멍으로 몸을 끼워넣어 내가 접근할 수 있는 공간을 마련해주었다.

릭이 앞으로 나오라고 발로 신호를 보냈다. 내가 날카로운 바위를 넘어 조금씩 다가가자, 그가 말했다.

"다 왔어요!"

나는 솔직한 심정으로 말했다.

"농담이지?"

릭은 발을 수직으로 뚫린 구멍으로 집어넣었다. 릭의 신발이 들어가고 아주 조금 남을 만한 구멍이었다.

"농담하는 거지?"

그 구멍을 보고는 믿기지가 않아서, 재차 말했다.

꿈틀거리며 조금 더 앞으로 나아가서, 나는 갈라진 틈새로 얼굴을 내밀어 헤드램프 불빛으로 아래에 있는 수직 갱도의 어둠 속을 비추었다. 그 좁은 입구로는 내 머리도 집어넣기 힘들어 보였다. 홈통 안으로 들쑥날쑥 날카롭게 튀어나온 바윗부리들이 보였다. 믿을 수가 없어서 릭을 올려다보았다. 릭과 스티븐이 이 좁은 홈통을 타고 내려갔다는 사실이 믿기지 않았다.

"들어가는 통로가 여기밖에 없나?"

끙끙대며 우물거리는 듯한 대답이 내 뒤인지 아래쪽에서 들려왔다.

"그런 것 같습니다. 하지만 더 찾아볼게요!"

데이브와 존은 화석 동굴방으로 들어가는 다른 통로를 찾고 있었지만, 그때까지는 소득이 없는 상태였다. 내가 할 수 있는 말이라고는 "그래요"밖에 없었다. 나는 다른 사람들이 그 홈통 입구로 들어갈 수 있도록 몸을 움츠리고 뒤쪽으로 돌아나왔다.

배터리를 아끼기 위해 헤드램프를 끄고, 선반처럼 튀어나온 작은 바위 위로 몸을 움직여 편안한 자세를 취했다. 매슈, 릭, 그리고 스티븐은 이미 홈통 아래로 내려갔고, 다른 동굴탐사자들은 아래 동굴방으로 진입하는 다른 길을 찾기 위해 더 먼 쪽으로 이동했다. 칠흑 같은 어둠 속에 혼자 남아, 나는 앞일을 생각했다.

어둠 속에 혼자 있게 되자, 마음이 어지러웠다. 이 탐사가 정말 내가 패러다임을 바꿔놓을지도 모른다고 생각하는 그런 발견으로 이어질 수 있을까?

지난 나흘 동안, 시간은 폭풍처럼 흘렀다. 페드로와 릭, 그리고 스티븐이 이 동굴방 사진을 보여준 그날, 나는 밤늦게까지 이 발견이 무엇을 의미하는지를 생각했다. 만약 이것들이 사람족 화석이라면, 아무리 접근하기 힘들어 보일지라도 이 이야기를 들은 다른 동굴탐사자들 누구라도 이곳에 올 수 있고 탐사할 수 있을 것이었다. 우리는 이 지역을 빨리 조사해서, 어떻게 탐사하는 것이 최선일지를 결정해야 했다. 나는 내셔널지오그래픽의 탐사프로그램 부회장인 테리 가르시아에게 전화를 걸었고, 그는 이 작업을 지원하는 데에 동의해주었다. 하지만 노력과 자금을 쏟아붓기 전에 다른 전문가들의 의견이 필요했다.

그다음날, 믿을 만한 동료들에게 동굴 사진을 보냈다. 존 호크스, 대릴 드 루터, 스티브 처칠, 그리고 페터 슈미트다. 의견은 다양했지만, 이들은 모두 우리 화석이 원시적인 사람족 화석으로 보인다고 말했다. 특히 턱뼈 안의 치아의 위치를 볼 때 그렇다는 의견이었다. 나와 마찬가지로 이들도 사진 속의 뼈 중 중복되는 것을 발견하지 못했다. 그 뼈들이 동일한 사람의 골격에 속해 있을 가능성이 있다는 뜻이다. 우리가 잘 알다시피, 만약 그렇다면 이는 결코 흔하지 않은 놀라운 발견일 것이었다. 사진을 살펴본 이들의 의견을 들으면서 내가 처음에 받았던 느낌이 더 강해졌다. 하지만 대규모 탐사를 시작하려면 릭과 스티브의 아마추어 사진보다는 더 나은 증거가 있어야 했다.

어둠 속에서 이 동굴의 상황을 직접 마주하면서, 나는 앞으로 닥칠 실제 업무 진행상의 문제들에 대해 생각하기 시작했다. 만일 그 화석이 정말로 우리가 생각하는 화석이라면, 작업은 엄청난 규모로 진행될 수밖에 없었다. 이 작업을 하면서 지켜야 하는 안전수칙만 해도 만만치 않을 것이었다. 그리고 작업은 누가 할 것인가? 소중한 사람족 화석을 발굴할 수 있는 전문지식, 그 좁은 홈통을 통과해 내려갈 수 있는 기술과 마음가짐, 그리고 신체조건을 가진 사람들이 필요했다. 동굴방이라는 곳은 지금 내가 있는 곳보다 더욱 위험한 환경이리라는 것은 쉽게 상상할 수 있었다. 이산화탄소가 농축되어 있을 위험도 있었고, 탐사 중에 바위들이 무너져 내리거나 아래로 내려가다 부상을 당할 가능성도 생각해야 했다. 동굴 안에 앉아서, 나는 동굴방에 이르는 경로 전체에 위험이 도사리고 있다는 걸 알 수 있었다.

나는 탐사에 필요한 기반시설에 관해서도 생각하기 시작했다. 내셔널지오그래픽 탐험가인 내 친구 밥 발라드와 제임스 캐머런이 해저탐험에서 사용했던 장비와 기술을 활용할 수 있을지를 머릿속에 그려보았다. 유선 카메라와 전화가 있으면 지하의 과학자들이 지상과 계속 연락할 수 있을 것이다. 그러려면 케이블이 아주 많이 필요할 것이다. 이리저리 뒤틀리고 때로는 방향이 정반대로 꺾이는 것까지 고려하면, 동굴까지 아마도 200미터는 되어야 할 것이다. 습한 환경을 한동안 견디려면, 이 장비들은 방수 기능이 있거나 적어도 물이 잘 스며들지 않아야 한다. 동굴은 민감한 전자장비에는 혹독한 곳이다. 따라서 장비들은 내구성이 극도로 강해야 한다. 어둠 속에 혼자 앉아서, 나는 지하에서 다루기 힘든 화석을 발굴하는 과학자들을 지켜보고 그들과 의사소통을 할 수 있게 해주는 모니터와 컴퓨터, 인터컴, 비상 의사전달체계를 갖춘 통제본부를 상상해보았다.

동굴방에서 화석을 꺼내는 것도 중요한 일이지만, 그것은 우리가 화석을 발견한 바로 그 장소에서 화석의 위치를 기록하는 기나긴 과학적 절차를 거친 뒤에야 가능한 일이다. 말라파를 비롯해 대부분 지역에서 모든 인공물과 뼈의 위치를 밀리미터 단위로 기록하기 위해 우리는 민감한 측정기구인 레이저 데오돌라이트(각을 잴 수 있는 측량장비)를 사용했다. 그러나 이곳에서 그러한 장비가 동굴방으로 내려가는 길에 들어맞을지 의심스러웠고, 좁게 휘어진 공간에서 유용할 것 같지도 않았다. 하지만 우리 고인류학 세계에서는 어떤 유물을 발견하는 구체적인 정황이 가장 중요하므로, 우리는 그 문제도 해결해야만 했다.

이런 문제들을 심사숙고한 후, 내 마음은 마지막으로 이 작업에 어떤 사람들이 참여해야 할 것인지로 옮겨갔다. 더 중요한 것은 그 사람들을 어떻게 찾아낼 수 있을지였다. 밥 발라드와 제임스 캐머런은 해저 가장 깊은 곳을 탐사하고 그곳에서 유물을 회수하는 데에 로봇을 사용할 정도의 사치를 누릴 수 있었지만, 고인류학은 아직 그 단계까지 발전하지 못했다. 나에게는 머릿속에 그려놓은 통신망 사슬의 맨 끝단에서 작업할 숙련되고 날쌘한 사람들이 필요했다.

이 모든 것은 그 화석들이 원시적인 인간의 친척의 것이라는 가정에서 나온 것이다. 나는 그럴 거라고 생각했다. 하지만 나는 릭과 스티븐의 첫 번째 사진을 본 것이 다였다. 나는 어둠 속에서 불편하게 구부리고 앉아 하릴없이 기다릴 뿐이었다.

⚜

45분이 지났다. 릭과 스티븐, 매슈로부터는 아무 소식도 없었다. 가끔 다른 탐사자들이 다가와 몇 분간 이야기를 나누다 탐사를 계속하기 위해 다시 돌아갔다. 페드로도 여전히 아무 연락이 없었다. 어쩌면 이리저리 돌다가 탐사할 만한 다른 동굴방을 발견했을지도 모른다.

좁은 갱도에서 빛이 반짝거렸다. 헤드램프를 켜고, 나는 누가 다가오고 있는지 1미터 남짓한 공간을 유심히 살펴보았다. 숨을 헐떡이는 매슈가 끙끙거리며 홈통에서 어깨를 빼내고 있었다. 나는 안도했다. 나를 바라보는 매슈의 얼굴에는 흙이 잔뜩 묻어 있었지만, 눈은 초롱초롱했다. 매슈가 몸을 빼느라 숨을 멈춘 채 카메라가 든 배낭을 나에게 내밀었다.

나는 참지 못하고 물었다.

"그래, 어떻든?"

"환상적이었어요, 아빠!"

흥분을 못 이기는 목소리로 매슈가 말했다.

"너무 멋있었어요. 몇 분 동안 손이 떨려 사진을 못 찍을 정도로!"

매슈는 이전에는 본 적이 없는 환한 미소를 지으면서 내게 카메라를 꺼내주었다.

내가 카메라 뒷면 모니터를 통해 사진들을 훑어보는 동안 매슈가 흥분된 어조로 말했다.

"아주 많아요!"

그 화석들은 내가 기대했던 바로 그것이었다. 매슈는 선명한 하악골 사진을 찍었다. 바닥에 일부가 파묻힌 두개골과 동굴 바닥에 흩어져 있는 두개골 아랫부분의 뼈들도 사진에 담았다. 모두가 사람족이었다.

"동굴방으로 떨어지는 순간부터 온 바닥에 뼛조각들이 널려 있는 게 보였어요."

매슈가 말했다. 매슈의 말에 나도 흥분되어 고개를 끄덕였다. 릭과 스티븐이 수직 갱도에서 빠져나왔고, 우리는 선반바위에서 이리저리 조금씩 움직여서 서로 공간을 만들어주었다.

릭이 기대에 가득 찬 얼굴로 나를 보며 물었다.

"어떻게 생각하십니까?"

"할 일이 아주 많을 것 같군."

17

다음날인 10월 6일, 나는 랩톱 컴퓨터에서 작성한 구인광고 문구를 검토하면서 부엌 식탁에 앉아 있었다. 어떤 사람이 필요한지에 대한 기본적인 설명과 일을 시작할 날짜를 퍽이나 직설적으로 담은 글이었다. 오전 일을 하면서, 탐사를 시작하는 데에 필요할 장비들의 종류를 개략적으로 정리해보았다. 통신시스템을 대강 디자인했고, 일련의 안전수칙 초안도 작성했다. 마지막으로 남아프리카유산자원협회에 이 탐사작업에 관한 법적 허가를 요청하는 서류를 작성했다.

동굴탐사자, 과학자, 지원인력이 아주 많이 투입되는 대규모 작업이 될 터였다. 어림잡아도 인력이 50명 넘게 필요했다. 그 인원이 먹고 자고 이동해야 했다. 게다가 이 모든 작업을 3주라는 짧은 시간 안에 마쳐야 했다.

왜 그리 서둘러야만 했을까? 무엇보다도 스티븐과 매슈의 사진에서 일부 뼈들이 최근에 손상을 입은 흔적을 보인다는 점이 나를 괴롭혔다. 스티븐과 릭은 그들이 거듭거듭 말했던 대로 매우 조심스럽게 행동했고, 유물 위를 밟거나 동굴 바닥으로부터 그 무엇도 옮기지 않았다. 다시 말해, 그 뼈들이 손상되었다는 것은 동굴 지도에는 표기되어 있지 않지만 어느 다른 동굴탐험가가 동굴방에 들어왔다는 뜻이었다. 동굴 벽에도 조사 흔적이 남아 있었다. 누군가 이곳에 온 적이 있었고, 나는 그들이 누구이며 언제 다시 돌아올지 알 도리가 없었다.

이제, 어젯밤의 우리 탐사 이후로, 그 동굴방에 중요한 화석이 있다는 사실을 아는 사람이 10여 명으로 늘었다. 곧 더 많은 사람들이 알게 될 터였다. 절대로 발설하지 말라고 모두에게 일렀지만, 누군가가 인솔하는 관광객들이 그 동굴방에 있는 유물들에 흥미를 느낄 수도 있고, 화석이 있다는 소문을 들은 누군가가 회복할 수 없는 엄청난 손상을 입힐 수도 있을 것이었다. 그러니 조금도 시간을 낭비할 수 없었다. 모든 허가증을 갖추고 작업을 수행할 적당한 사람들을 구해 11월까지는 동굴방에 들어가고 싶었다.

땅 주인의 허가도 받아야 했다. 동굴탐험가들은 땅 주인이 누군지는 알고 있었지만, 전화번호는 잃어버린 상태였다. 땅 주인은 레온 제이콥스로, 수년간 동굴탐사를 허락해준 사람이었다. 나는 '인류의 요람 세계문화유산지역 관리국'에서 일하는 친구 맥스 필레이에게 전화를 걸어 우리가 뭘 발견했는지를 알려주고 땅 주인의 전화번호를 알아낼 수 있도록 도와달라고 부탁했다. 관리국에는 전화번호가 있을 터였다. 그는 도와주겠다고, 그리고 허가증을 빨리 받을 수 있도록 그쪽에서 해줄 수 있는 일을 알아봐주겠다고 했다.

이제 적당한 사람을 구하는 일만 남았다. 나는 구인광고의 자격 요건을 다시 읽어보았다. 식견이 있는 과학자, 용기 있는 동굴탐사가, 작은 체형이 자격 요건이었다. 이 광고를 동료들에게 보내서 배포하게 해야 할까? 나는 촉박한 통지에 그 요건을 맞출 수 있는 사람이 전 세계에 몇 안 될 거라고 짐작했다. 컴퓨터 화면을 응시하던 내 눈에 화면 귀퉁이에 페이스북 알림판이 뜬 것이 보였다. 나는 생각했다. 안 될 이유가 없잖아!

몇 분 후, 페이스북을 통해 광고가 나갔다:

동료 여러분!

당신과 여러 커뮤니티의 도움이 필요합니다. 가능한 한 많은 전문가집단들에
전해질 수 있도록 널리 알려주세요. 훌륭한 고고학/고인류학적 발굴 능력을 갖
춘 사람 3~4명을 찾습니다. 이 단기 프로젝트는 빠르면 2013년 1월에 시작하
며, 모든 작업이 예정대로 이루어진다면 한 달 정도 진행될 것입니다. 까다로운
조건이 있습니다. 마르고 되도록 체격이 작아야 합니다. 폐소공포증이 없어야 하
고, 건강하며, 어느 정도 동굴탐사 경력이 있어야 합니다. 등산 경력도 큰 도움이
됩니다. 비좁은 막사에서 일하면서, 원만하게, 공동의 작업을 해나갈 준비가 되
어 있어야 합니다. 고도로 특수화된 보기 드문 자질을 갖춘 분들을 찾고 있기 때
문에, 경험 많은 박사과정 학생이나 훈련을 잘 받은 석사과정 학생이 좋겠습니
다. 물론 경험이 많을수록 좋습니다(박사학위 소유자나 책임연구원급이라면 더
할 나위 없습니다). 나이 제한 없습니다. 돈을 많이 드릴 수는 없지만, 항공료, 주
거비용(대부분 현장), 식사, 그리고 앞으로 진행될 공동연구는 보장합니다. 관심
있는 분은 저에게 직접 연락 주세요. 일정이 대단히 급박하기 때문에 최대한 이
광고를 전문가집단에 최대한 널리 퍼뜨려주시기 바랍니다.

나는 몸을 뒤로 젖히고 앉아 화면을 지켜보았다. 소셜미디어가 자신의
역할을 하기 시작하면서, 몇 분도 지나지 않아 '공유하기'와 '좋아요'가
뜨는 것을 볼 수 있었다. 이제 기다리기만 하면 되었다.

다음날 아침, 차를 몰고 출근하고 있는데 전화가 울리기 시작했다. 비
서 윌마 로런스였다. 당황한 목소리였다.

"뭐 하고 계세요?"

긴장된 목소리로 그녀가 물었다.

"왜, 무슨 문제 있어요?"

"여자들이 자기 몸매 수치를 알리는 메시지를 엄청 보내오고 있어요."

푸하하하, 폭소가 터져나왔다.

"아, 별일 아니니 걱정 말아요, 월마!"

나는 그녀를 진정시켰다. 그녀는 분명 내가 애인구하기 사이트 같은 곳에 광고라도 낸 줄 알았을 것이다.

지원서가 몰려들기 시작했다. 일주일 만에 나는 동료들과 전 세계의 사람들로부터 수백 건에 이르는 문의를 받았다. 열흘 만에 자격을 갖춘 이력서 60여 통을 손에 쥐었는데, 대부분이 젊은 여성이었다. 이런 성별 차이는 부분적으로 체형 요건 때문이었다. 무엇보다도 먼저, 몸이 그 작은 홈통을 빠져나가야 했다. 하지만 이런 현상은 고고학과 고인류학에서 일어나고 있는 성별의 변화를 반영하고 있기도 하다. 이제 여성들이 이 분야의 학생과 젊은 과학자의 다수를 이루게 된 것이다. 앞에 놓인 이력서들을 지원자들의 자격 요건을 하나하나 체크하면서 살펴보니, 대단한 사람들이 많았다. 어떤 이력서에는 등산 기술이 들어 있었는데, 큰 장점이 있었다. 또 다른 지원자는 응급처치 기술을 지니고 있었는데, 이 또한 이점이었다. 쌓여 있는 이력서들을 살펴가면서, 나는 사람들의 다양한 능력이 다양한 방식으로 이 평범하지 않은 작업을 수행하는 데에 적합하다는 사실에 깊은 인상을 받았다. 그리고 이렇게나 많은 사람들이 나를 믿어주었다는 게 고맙고, 새삼 겸허한 마음을 갖게 되었다. 나는 돈도 많이 못 준다고 했고, 게다가 우리가 무슨 일을 할 것인지도 말하지 않았다. 그런데도 이 지원자들은 페이스북 광고만 보고, 모든 것을 버리고 남아프리카로 올 준비가 되어 있었다.

최종후보자를 선발하기란 생각보다 어려웠다. 하지만 동료들의 도움으로 마침내 아주 적합한 지원자를 열두 명 정도로 좁힐 수 있게 되었다. 그때쯤, 나는 필요한 사람 수를 다시 생각하기 시작했다. 비록 우리는 단지 한 개체의 골격을 회수할 예정이지만, 유능한 작업자가 몇 명 더 있다는 것은 날마다 더 오랜 시간 동안 일할 수 있다는 뜻이었다. 더 많은 과학자들이 있으면 누군가 다쳤을 때 예비인력이 되어줄 수도 있었다.

나는 최상위 열 명의 후보자와 스카이프 면접을 준비했다. 나는 이 첫번째 통화에서부터 그들을 시험해볼 질문들을 바로 던질 생각이었다. 그들에게 닥칠 스트레스 상황을 잘 알고 있었기 때문이다. 나는 튼튼한 실외 인터컴시스템을 사용해 동굴방 안으로 개방형 통신시스템 선을 설치할 계획이었다. 이는 발굴작업자들이 시스템을 켜지 않고도 내가 그들과 언제든지 대화할 수 있도록 해줄 것이다. 또한, 그들이 작업하는 동안 무슨 일이 벌어지고 있는지 내가 들을 수도 있을 것이다. 다시 말해, 선발팀에 더해 또 다른 가상발굴자가 동굴방에 들어가는 것과 마찬가지다. 그래서 각 후보자와 스카이프를 통해 인터뷰하기로 결정한 것이다. 인터뷰 중간에 나는 화상통화를 끊을 것이고, 심지어 마치 선이 끊긴 것 같은 상황을 연출할 생각이었다. 인터뷰 중간에 통화가 끊긴 상황에서 후보자들이 어떻게 반응하는지를 보고 싶었다. 예정된 시나리오가 변경되었을 때 그들이 어떻게 대처하는지 말이다. 일종의 작은 스트레스 시험이었다.

잘 대처한 지원자도 있었고, 그렇지 않은 지원자도 있었다. 몇몇은 내가 화면을 중단시켰을 때 그저 당황해서 어쩔 줄을 몰랐다. 일부는 내게 들릴 정도로 짜증을 부렸다. 어떤 이들은 자신들이 앉아 있는 방을 묘사해달라는 말에 당황해서 버벅거렸다. 나는 내가 볼 수 없는 것을 그들이 묘사하고 전달할 수 있는 언어능력을 평가하려고 한 것이었다. 나는 모두에게 이 작업이 얼마나 위험하고 목숨까지 위협하는 일인지를 아주 상세히 설명해주었다. 합격한 지원자 중 한 사람은 나중에 그녀가 그때까지 겪어본 것 중에 가장 이상한 인터뷰였다고 했다.

그 후 나는 후보자를 여덟 명으로 좁혔지만, 이들 사이에 우열을 가리기는 쉽지 않았다. 나는 그들에게 지나칠 만큼 솔직했다. 이 작업은 우리가 사람족 한 개체의 골격이라고 생각하고 있는 것을 회수하는 탐험이다. 아주 위험한 작업이 될 터였다. 사실, 뭔가가 크게 잘못되면 목숨을 잃을 수도 있었다. 물론 우리는 그들을 안전하게 지킬 수 있도록 우리가 할 수 있는 최대한의 주의를 기울이겠지만. 나는 동굴 안의, 좁고 가느다란 홈통의 지름을 강조했다. 그들은 몸을 쥐어짜서 지름 18센티미터짜리 구멍을 빠져나가야 한다는 걸 확실히 알아야만 했다. 거칠고 위험한 작업이 될 것이며, 나는 그들 각자를 의지할 수 있어야 하고, 그들은 서로를 의지할 수 있어야 한다.

최종적으로 나는 여섯 명의 후보자를 선택하고, 그들에게 전화를 걸었다. 내 사무실에서는 그들의 항공편을 예약하기 시작했다. 바로 다음날, 후보 두 명이 지원을 취소했다. 한 사람은 겁이 난다고 했다. 또 한 사람은 자기 체격을 속였다고 했는데, 그 좁은 구멍을 통과하기에는 너무 컸던 것이다. 나는 솔직하게 말해줘서 고맙다고 했고, 그는 속성 다이어트를 하겠다고 했지만, 그런 위험을 감당할 수는 없었다. 다른 사람들의 목숨이 걸려 있기 때문이다. 나는 상위후보자 명단의 일곱 번째와 여덟 번째 후보자에게 연락했고, 그들은 흥분을 감추지 못했다.

이제 과학자팀이 꾸려졌다. 우연히 모두 여성이었다. 마리나 엘리어트, 린지 이브스, 엘렌 포이어리겔, 알리아 거토프, 한나 모리스, 그리고 베카 페익소토였다. 각자 특유의 전문기술을 갖고 있었다. 나는 팀원들을 다양하게 구성했는데, 그들의 서로 다른 기술들이 서로를 보완해 약점을 줄이고 장점을 훨씬 강화하도록 하기 위해서였다.

마른 몸에 강인한 체력을 지닌 마리나는 캐나다 브리티시컬럼비아의 사이먼프레이저대학에서 생물고인류학 박사과정을 끝낸 캐나다인이었다. 그녀는 인정받는 법의고인류학자로서 범죄수사실험실과 영안실에서 일했으며, 시베리아와 북부 알래스카에서 고고학 발굴에 참여하기도 했다. 수의간호사 훈련을 받은 마리나는 소중한 의료기술과 함께 모험여행 안내, 등산, 동굴탐사를 포함한 인상적인 야외활동 관련 기술들을 가지고 있었다.

린지는 키가 더 크고 건강한 체형이었다. 텍사스에서 왔는데, 아이오와주립대학에서 고생물학으로 박사과정을 마쳤다. 그녀의 이력서는 뛰어난 발굴기술 기록과 깊은 고생물학 지식을 보여주었다. 게다가 그녀는 과학커뮤니케이터로서 훌륭한 업적을 쌓아왔는데, 앞으로 몇 달, 아마몇 년에 걸쳐 우리 팀이 활용할 수 있는 훌륭한 재능이었다.

빨간 머리에 가냘픈 몸매를 가진 엘렌은 오스트레일리아국립대학 박사과정 학생으로 과학자팀에서 유일한 오스트레일리아인이었다. 저명한 고생물학자 콜린 그로브스의 제자인 엘렌은 지하에서 필수적인, 두개골 아래 골격의 해부학에 관한 훌륭한 지식과 기술을 보유하고 있었다. 폭넓은 동굴탐사와 등산 경험으로 뒷받침된 뛰어난 성적이 인상적이었다.

작은 체구에 검은 머리를 한 알리아는 위스콘신주립대학 학생으로, 탄자니아 올두바이 협곡에서 수년째 그 지역에서 나온 동물뼈들을 통해 고대 환경을 알아내는 방법을 연구하고 있었다. 인터뷰 때, 엘렌은 폐소공포증세를 일으킬 만한 좁은 공간에서 일할 수 있다는 걸 입증하기 위해 MRI 장치 안에 들어가 보이기도 했다. 나는 동물뼈에 관한 그녀의 경험이 동굴방에서 유용하리라고 생각했다. 남아프리카 유적지에서는 늘, 화석 유물에 동물 유해가 많이 포함되어 있기 마련이니까.

호리호리한 몸매에 키가 큰 한나는 우리 모임에서 가장 부드러운 목소리를 가지고 있었다. 어릴 적의 내 고향 조지아주에서 자란 그녀는 동굴탐사와 야외활동 경험이 많았다. 게다가 역사 유적지, 고고학 유적지 모두에서 오랫동안 발굴작업을 한 경력에 더해 인간의 유해를 다룬 경험도 가지고 있었다.

지하과학자팀 중 체격이 가장 작은 사람은 베카였다. 하지만 그녀는 강인했고, 야외활동에 필요한 기술과 지도력을 가지고 있었다. 뛰어난 등산가로, 고고학 분야로 옮겨오기 전에는 야외활동 교육프로그램인 아웃워드바운드의 실습 강사를 한 적도 있고, 버지니아 동남부에서는 디즈멀 대습지에서 탈출한 노예들의 공동체 흔적을 조사하는 탐사를 하기도 했다.

이 여섯 명이 우리의 핵심 과학탐사팀을 구성했다.

18

11월 7일, 팀이 현장에 모였다. 하이펠트 지역의 전형적인 봄날씨였다. 밝고, 맑고, 더웠다. 전날 밤비가 내려 공기는 상쾌하고 깨끗했다. 나는 지원물품으로 가득 찬 지프를 몰고 현장에 도착했다. 라이징스타 동굴계를 품고 있는 언덕 아래 계곡에 있는 야영장에는 이미 수십 개의 텐트가 설치되어 있었다. 페터 슈미트와 웨인 크라이튼이 고생고생해서 설치한 대형 반구형 천막텐트 20개가 앞으로 21일 동안 우리의 집이 될 터였다. 웨인은 2008년의 탐사기간 동안 나와 함께 자주 걸어다녔던 친구다. 나는 그를 탐사대 캠프매니저로 채용했다. 탐사팀은 군대식으로 산뜻하게 텐트를 배치했다. 나는 그건 웨인의 깔끔한 취향과 페터의 스위스인 기질의 조합이라고 추정했다. 다른 사람들은 세 개의 커다란 텐트를 세우고 있었는데, 현장 부엌과 식당으로 사용될 것이었다.

그전 3주는 여러 가지 일을 하느라 쏜살같이 지나갔다. 장비를 사고, 항공편 계획을 짜고, 날마다 안전교육을 했다. 동굴이라는 제한 탓에 우리에게는 극한의 지하환경에서 일할 수 있는 새로운 형태의 기술이 필요할 수밖에 없었다. 내 박사과정 학생이자 공학기술의 마술사인 애슐리 크루거는 새로운 형태의 휴대용 백색광스캐너를 찾아내어, 우리가 지표면을 실시간으로 스캔해서 동굴 바닥에 누워 있는 화석들의 고해상도 지도를 만들 수 있게 해주었다. 아르텍이라는 회사에서 만든 그 스캐너는 매 단계마다 유적지의 정확한 3차원 영상을 만들어서 각각의 뼈와 인공물의 전체적인 현장 상황을 보존하는 데에 도움을 주었다. 이 스캐너는 0.1밀리미터의 정확도라는 선명한 해상력으로 이미지를 만들 수 있어서, 대부분의 고고학 유적지에서 써왔던 그 어느 장치보다도 우수했다. 그러나 아르텍 스캐너는 깨끗한 임상 환경에서 의료용으로 사용하기 위해 만들었기 때문에 이처럼 극단적인 환경에서 시험해본 적이 없었다. 그래서 제조사는 우리를 지원할 기술자 한 명을 현장으로 보내주었다. 발굴을 진행할 여섯 명의 과학자들은 그 기계를 가지고 데이터를 빠르고 정확하게 수집할 수 있도록 연습하느라 정신이 없었다.

차에서 내린 후, 나는 잠시 멈추어 마치 벌처럼 일하는 사람들을 지켜보았다. 부엌 텐트가 들어설 자리 옆에는 진한 풀빛 천막텐트가 마치 대형 피크닉담요처럼 펼쳐져 있었다. 앤드루 하울리와 존 컬럼이 보였는데, 앤드루는 랩톱에 뭔가를 쓰느라 바빴고 존은 카메라를 만지작거리고 있었다. 두 사람은 이 탐사에 합류한 내셔널지오그래픽 직원이었다.

내셔널지오그래픽은 우리 팀의 탐사 과정을 소셜미디어, 트위터, 페이스북, 블로그로 생중계하는 것을 허락하는 전례 없이 과감한 조치를 취해주었다. 동료들과 나는 사람족 화석을 회수하는 과정을 전 세계에 중계한다는 독특한 발상의 이 실험에 아주 관심이 많았다. 나는 앤드루와 존에게 다가가 라이징스타 탐사 블로그가 실시간으로 작동하기 시작했는지, 그렇다면 '좋아요'를 받았는지 물어보았다. 후에 개릿 버드가 합류했다. 개릿은 지하탐사 경험이 많아 선택된 사진기자였다. 개릿은 과학자들과 동굴 안전요원 이외에 동굴방에 들어가는 걸 허락받은 유일한 사람이었다. 저 멀리 PBS 과학프로그램 〈노바Nova〉팀이 우리가 캠프를 세우는 과정을 촬영하기 위해 카메라를 설치하는 보습이 보였다. 생각지도 못했던 우연으로, 라이징스타 발견이 이루어졌을 때 PBS는 마침 말라파에 관한 다큐멘터리를 촬영하고 있었다. 선견지명이 있었는지, 그들은 직원 세 명을 우리 탐사팀으로 보내어 여기서 벌어지는 상황을 취재하게 했다.

차들이 잇달아 현장으로 들어오기 시작했다. 나는 내 짐을 푸느라고 바빴다. 먼저 개인용품 그리고 작업복, 안전장치들, 그 밖의 잡동사니들을 꺼냈다. 검정 야구모자도 있었는데, 금색으로 '라이징스타'라는 글자가 찍히고 그 중간에 별 하나가 박혀 있었다. 나는 작업복과 각 장치들의 수량, 색상, 그리고 크기를 확인했다. 각자 맡은 역할은 입고 있는 작업복 색깔로 알 수 있었다. 과학자는 파란색, 동굴탐사 전문가는 회색, 자원봉사자는 주황색, 그리고 의료요원은 빨간색이었다. 그렇게 해야 누가 무슨 일을 하는지 내가 쉽게 파악해서 그들이 있어야 할 곳에 배치할 수 있을 것이기 때문이었다.

점검표를 확인하고 있을 때, 스티브 처칠이 다가와 내 등을 두드렸다.

"준비되었나, 친구?"

글래디스베일, 팔라우, 그리고 말라파에서와 마찬가지로 이번 탐사도 나와 스티브가 함께하는 모험이다. 내가 답했다.

"물론이지, 항상 그렇듯이."

캠프는 말들이 풀을 뜯던 목초지였다. 작은 강바닥을 건너, 경사진 긴 언덕이 바위들로 뒤덮여 있고, 언덕 능선에는 석회암이 드러나 있었다. 라이징스타 동굴계의 입구는 그 언덕 비탈에 그리 도드라지지 않게 뚫려 있는데, 나무덤불에 가려 어느 방향에서도 눈에 띄지 않았다. 인상적으로 입을 쩍 벌리고 있는 글래디스베일 입구나, 땅 밑으로 약간 내려앉은 말라파 입구와는 아주 달랐다. 그러나 이 유적지들과 마찬가지로, 라이징스타에도 옛적 광부들이 일했던 흔적인 각력암 조각들의 무더기와 버려진 백운석들이 여기저기 남아 있었다. 스와르트크란스와 스테르크폰테인은 이곳에서 도로상으로 2킬로미터도 떨어져 있지 않은 대단히 인상적인 각력암 퇴적층을 가진 동굴이지만, 라이징스타는 진정한 동굴탐험가의 동굴이다. 이곳은 모든 비밀을 지하 깊은 곳에 감추고 있었다.

그다음 사흘 동안, 캠프가 모양이 잡혀갔다. 동시에, 우리는 여섯 명의 과학자들이 지하환경에 적응할 수 있도록 훈련을 시작했다. 그들은 앞으로 3주 동안 대부분의 시간을 그런 곳에서 보내야 하기 때문이었다. 데이브 잉골드와 존 디키가 그들을 길고 구불구불한 지하통로로 안내해 그들의 기량을 시험하고, 그녀들이 동굴방으로 갔다가 되돌아오는 긴 여행을 완벽하게 해내며 발굴작업을 수행하는 데에 필요한 확신을 가질 수 있도록 격려했다. 매일 아침 나는 그들과 순서에 따른 연습을 같이했고, 과학자들 각각이 발굴계획과 안전수칙을 이해하도록 만들었다. 매일 밤 데이브와 존은 내게 과학자들이 지하에서 수행해야 할 과제들에 얼마나 숙달되어가는지를 보고했다.

몇몇 과학자들은 처음에는 몸이 꽉 끼는 좁은 틈새에 불안해했다. 하지만 지하에서 더 오랜 시간을 보내면서 점점 더 그 도전에 익숙해져갔다. 마침내 데이브와 존이 드래곤스백 꼭대기로 그들을 데려가서 '낙하지점'(Chute: 원래는 물이나 석탄, 곡물, 우편물 등이 미끄러져 내려가는 홈통을 가리키고, 원서에서는 수직으로 12미터에 달하는 좁은 통로 전체의 이름으로 붙인 것이지만, chute가 '낙하산'의 뜻으로도 쓰이고, 뒤에서 이 수직 통로의 동굴방 쪽

바닥을 '착륙지점'이라고 이름붙인 점을 고려해서 '낙하지점'으로 옮겼다-옮긴이)
을 보여주었다. 한 사람씩 몸이 홈통의 좁은 입구를 통과해 들어갈 수 있
는지 시험해보았다. 각자 어떻게 입구로 들어가서 좁은 통로를 타고 내
려가고 올라올지를 판단해야 했다. 체형에 따라 손과 발을 쓰는 다양한
방법이 있을 것이다. 어떤 사람은 오르내릴 때 다리를 벽에 대고 몸무게
를 지탱할 수도 있고, 키가 더 작거나 더 큰 사람들은 자기에게 맞는 다
른 방법을 찾아낼 것이다. 모두가 날카로운 바윗부리들을 만났고, 올라
올 때마다 부딪히거나 긁힌 곳이 없는지 확인했다.

나는 여전히 그 누구도 동굴방에 들어가는 것을 허락하지 않고 있었
다. 그곳에 누워 있을 화석에 그 어떤 손상도 입히고 싶지 않았기 때문이
다. 그러나 동굴탐사 자원자들과 우리 팀원들이 그 통로를 쉬지 않고, 수
도 없이 오르내렸다. 거의 3.5킬로미터에 달하는 군사용 비디오/오디오
케이블을 낙하지점의 바닥까지 설치해야 했으니까. 우리는 그 통로 중
간에 시중에서 쉽게 구할 수 있는, 튼튼하고 교체하기도 쉬운 야외감시
카메라 아홉 대를 설치하고 시험했다. 그리고 통로를 따라 주요 지점에
LED 조명도 설치했지만, 여정의 대부분은 각자의 헤드램프에 의존해야
만 했다. 전기가 끊길 때를 대비해서 카메라에는 적외선 탐지장치를 달
았다.

나는 부상을 입을 가능성이 큰 주요 지점을 지도에 표시했다. 일부는
사람과 화석이 통과해야 할 좁은 구멍과 틈새들이었고, 다른 지점들은
꼭 로프와 사다리를 설치해야 할 곳들이었다. 동굴탐사모임 회원들이 드
래곤스백을 따라 안전로프를 설치했다. 안전규칙에 따라, 이 위험한 길
을 오르는 사람은 먼저 밧줄을 몸에 매고 그걸 고정한 다음에 출발해야

한다. 몇몇 대담한 동굴탐사자는 로프 없이도 이 길을 오를 수 있다고 생각했지만, 나는 그들에게 규칙을 지키도록 요구했다. 안전이 최우선이었다. 나는 한 사람도 잃지 않겠다고 마음먹었고, 운 좋게도 존 디키가 나를 지원해주고 있었다. 그는 동굴탐사모임의 책임자일 뿐 아니라 해군 상사로 전역한 사람이었다. 우리는 뜻이 같았고, 그는 모두가 규칙을 철저히 따라야 한다고 선언했다.

어느날 밤 우리가 마지막으로 동굴에 들어갈 준비를 하고 있을 때, 나는 한 과학자의 아버지로부터 이메일을 받았다. 당연히 그는 이 탐사에 참여한 딸의 안전을 걱정하고 있었다. 딸은 아버지에게 그 전날 받은 안전교육과 자신이 받고 있는 훈련에 관해 들려주었다. 나를 감동시킨 것은, 그 아버지가 나에게 이메일을 보낸 이유였다. 내가 낙하지점에서 안전 여부를 시험하기 위해 내 아들과 딸을 내려보냈다는 걸 자기 딸에게 전해듣고, 나에게 개인적으로 감사의 뜻을 전달하고 싶었다는 것이다. 내가 내 자식들의 생명과 안전을 걸고 탐사작업을 하는 거라면, 부모로서 자기도 딸의 안전을 내게 맡길 수 있겠다는 말이었다.

:: "여기가 당신의 대단한 작은 마을이군요." 존 호크스가 라이징스타 발굴에 맞추어 급하게 건설된 야영지에 처음 도착해서 한 말이다. 이 야영지에서 시작해 팀원들은 동굴로 내려가 본 것을 비디오로 찍어 보낸 다음, 연구를 위해 화석을 회수해서 돌아온다.

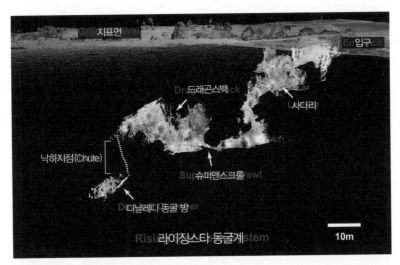

지표면 Ground level   En입구ce

드래곤스백 Dragon's Back

사다리 Ladder

낙하지점(Chute)

Super슈퍼맨스크롤rawl

디날레디 동굴 방 Dinaledi chamber

Rising라이징스타 동굴계system   10m

:: 라이징스타 동굴계의 디날레디 동굴방Dinaledi chamber에 도착하기 위해서는 구불구불한 통로를 헤쳐나가야 한다. 이 동굴방에서 귀중한 호모 날레디 화석이 발견되었다. 전체 경로를 보여주는 이 단면 사진은 동굴 안에서 측정한 레이저조사 데이터로 만든 것이다.

:: 열광적인 동굴탐사자들이 리 버거에게 암석으로 둘러싸인 이 눈에 잘 띄지 않는 입구가 뭔가 흥미로운 것으로 이끌어줄 것 같다고 말했다. 그들은 자신들이 지금까지 발견되지 않은 종의 화석 유물로 꽉 찬 동굴의 입구를 발견했다는 걸 거의 짐작도 하지 못했다.

:: 라이징스타 동굴계의 입구를 통해 들어오는 햇살이 인류학자 마리나 엘리어트를 비추고 있다. 마리나는 이 유적지 탐사를 위해 선택된 여섯 명의 '지하 우주인' 중 한 사람이다. 이들은 모두 학문적으로도 신체적으로도 주어진 과제에 적합한 능력을 갖추고 있었다. 우연하게도 모두 여성이었다.

::탐사에서 팀원들은 아주 비좁은 통로를 여러 번 통과해야 했다. 이 사진은 리 버거가 슈퍼맨 크롤에 서 빠져나오는 모습이다. 이 공간을 지나려면 한 손은 앞으로, 두 발은 뒤로 쭉 뻗어야 해서 붙인 이름 이다. 버거를 포함한 많은 팀원들은 몸집이 커서 디날레디 동굴방까지 내려갈 수가 없었다.

::메건 버거(위)가 낙하지점의 꼭대기, 1번 기지에서 위치를 잡고 있다. 릭 헌터가 아래 동굴방에서 나와 같은 지점에 도착했다.

::마리나 엘리어트 연구원(왼쪽)이 동굴과 그 유물에 대한 데이터를 수집하는 동안, 동료인 애슐리 크루거가 마리나의 발견을 랩톱에 기록하고 있다. 동굴계 전체에 걸쳐 설치된 컴퓨터, 카메라, 그리고 스포트라이트를 포함한 전자장비들은 관측 내용을 기록하고 동굴 밖으로 전달할 수 있게 해주었다.

:: 연구원들은 동굴방에 내려가면 2인조 또는 3인조로 작업했다. 마리나 엘리어트(왼쪽)와 베카 페익소토가 디날레디 동굴방 안에서 발견된 화석 시료를 조심스럽게 관찰, 기술하고, 모아서 분류하고 있다.

:: 깊은 땅속에서 팀원들이 보내오는 스캔 사진을 기다리고 있는 디날레디 지휘본부 사람들에게서 긴 장감이 엿보인다. 앞줄에 앉아 있는 사람들, 왼쪽부터: 리 버거, 마리나 엘리어트, 애슐리 크루거. 뒷줄에 서 있는 사람들, 왼쪽부터: 린지 이브스, 알리아 거토프, 보니타 데 클레르크, 게리 프레토리우스, 마이클 월, 매슈 버거, 스티븐 터커.

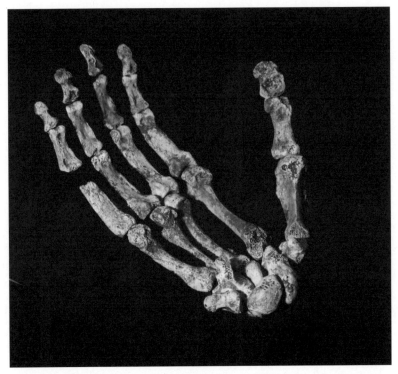

:: 디날레디 동굴방에서 가지고 나온 화석들은 완전한 손의 모습으로 맞추어졌는데, 매우 놀랍고도 독특한 해부학적 유연관계를 보여준다. 그중에서도 특히, 집게손가락과 마주볼 수 있는 기다란 엄지손가락은 유물이 사람족의 것이라는 사실을 가리킨다.

:: 고인류학자가 하는 일이 얼마나 더러워질 수 있는지를 보여주면서, 페터 슈미트가 디날레디 동굴방에서 발견된 이빨 하나에서 솔로 퇴적물을 제거하고 있다.

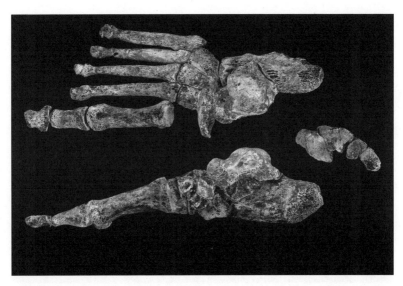

:: 디날레디 동굴방에서 발견된 화석에는 거의 완벽한 오른발도 있다. 이 사진은 서로 다른 세 방향에서 바라본 것이다: 위에서, 측면에서, 그리고 오른쪽에서. 다섯 개의 발허리뼈 거의 끝부분에 족궁足弓이 보인다.

:: 라이징스타 탐사팀원들은 유골의 특정 부위를 집중해서 조사하는 여러 그룹으로 나뉘었다. 이 사진은 두개골팀원들이 호모 날레디 화석을 다른 사람족 표본들과 비교하는 모습이다. 왼쪽부터 마이라 래어드, 질 스코트, 헤더 가빈, 다보르카 라도브치치.〉

::라이징스타 워크숍팀이 비트바터스란트대학의 필립 토비어스 영장류 및 사람과 화석 실험실 내부에 작업실을 만들었다. 이곳에는 남아프리카 고인류학의 한 세기에 이르는 발견들이 세 벽면을 두른 깊은 선반에 보관되어 있다.

:: 팀원들이 수 시간에 걸쳐 라이징스타의 모든 화석을 한 자리에 펼쳐놓는 장엄한 순간. 호모 날레디 전체 유골 하나하나가 매우 폭넓은 증거를 보여주고 있다.

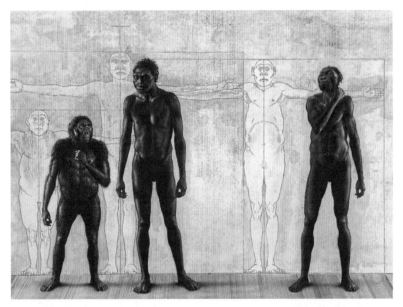

:: 예술가가 재현한 호모 날레디(오른쪽). 몸이 작은 현대 인간의 크기로, 이 종은 루시(오스트랄로피테쿠스 아파렌시스, 왼쪽)보다 더 크고 날씬하다. 그러나 투르카나 소년(호모 에렉투스, 가운데)보다는 작았다. 많은 표지들이 라이징스타 화석이 지금까지 알려지지 않은 사람족 종이라는 사실을 가리키고 있다.

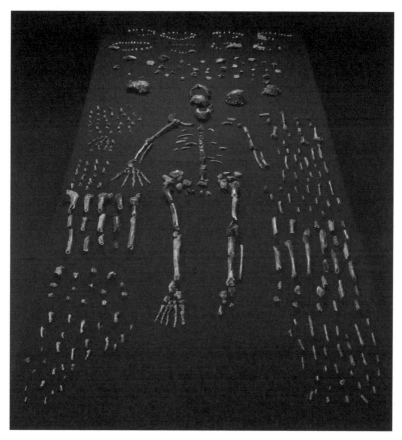

:: 디날레디 동굴방에서 나온 전체 수집품을 가장 잘 보여줄 수 있게 배열했다. 재구성된 호모 날레디 유골을 중심으로 지금까지 발견된 가장 완벽한 화석 뼈들을 늘어놓았다.

:: 어떻게 이 사람족 유물들은 접근이 그토록 어려운 지하동굴에 남아 있게 되었을까? 이 그림이 보여
주는 것처럼, 아마도 호모 날레디는 사체를 의도적으로 동굴 안으로 옮겼을 것이다. 인류의 기원 이야
기에 함축하는 바가 대단히 큰 가설이다.

19

지하에 장비와 도구들을 설치하는 과정은 당연히 쉽지 않아서, 우리는 수많은 문제들을 그때그때 상황에 맞게 해결하느라 중요한 초반의 며칠을 흘려보내야만 했다. 이를테면, 케이블선을 동굴방까지 최단거리로 설치할 수가 없었다. '슈퍼맨스크롤'은 너무 좁아서, 케이블을 깔고 나면 사람이 통과하기가 힘들어 보였다. 그래서 우리는 낙하지점, 그러니까 그 수직의 홈통 입구까지를 '우체통'을 지나 더 멀리 돌아서 케이블을 깔아야 했다. 또 하나의 문제는 낙하지점에서 내려가는 홈통 끝에 있었다. 존 디키와 데이브 잉골드는, 거기서 동굴 바닥까지 2미터쯤 되는 높이가 키가 작은 과학자들이 뛰어내리기에는 무리일 수도 있다고 생각했다. 그래서 바닥에 나무로 발판사다리를 만들어두기로 했는데, 그러면 사다리만들 부품들을 낙하지점 아래로 날라야 했다. 우리는 화석들을 끌어올리려고 낙하지점에 도르래 장치를 설치해두었는데, 이 도르래는 다른 비품과 장비를 좁은 통로를 통해 내려보내는 데에도 도움이 되었다.

동굴 입구 옆에 전체 탐사작업 의사소통의 핵이 될 지휘본부 텐트가 설치되었다. 언덕 비탈 바로 아래에는 지상 과학자팀이 머무르고 동굴탐사 장비를 보관할 텐트가 두 개 있었다. 과학 텐트는 실험실 역할을 맡아서, 동굴에서 화석이 나오는 대로 최초 처리작업, 식별과 분류 작업을 하게 된다. 탐사자 텐트는 동굴탐사자와 과학자가 동굴에 들어가고 나올 때 장비를 바꾸고 그늘에서 쉴 수 있는 공간이 될 것이다.

나는 애슐리와 함께 점차 모양을 갖추어가는 지휘본부에 앉아, 그가 컴퓨터시스템을 점검하고 카메라박스를 만지작거리는 것을 지켜보았다. 현장은 내가 10월 초 매슈가 동굴방에서 올라오길 기다리면서 혼자 어둠 속에 앉아 상상했던 작업현장을 점점 닮아가고 있었다. 나는 페드로가 200미터쯤 되는 케이블을 마치 탄창처럼 어깨에 걸치고 걸어가는 모습을 흘낏 쳐다보았다. 동굴 입구에서 아래로 사라지는 페드로는 아주 즐거운 표정이었다. 바쁜 현장을 쭉 살펴보니 50명 정도가 일하고 있었다. 페터 슈미트와 스티브 처칠은 과학 텐트의 밧줄을 튼튼하게 매는 일을 돕고 있었다. 다른 사람들은 배터리충전소를 설치하고 있었다. 장기 지하탐사에서는 배터리 소모가 빠른데, 깊은 땅속의 어둠 속에서 배터리는 생명줄이나 다름없다. 그래서 배터리충전소야말로 이 프로젝트에서 핵심적인 요소였고, 한 사람이 각별히 이 중요한 임무를 총괄했다.

나는 앞에 놓인 지도를 보며 과학자들이 지나갈 경로를 그려보았다. 우리는 카메라가 있는 지점, 조명과 통신 지점 등을 포함한 각 지점에 이름을 붙였다. 동굴에 들어가는 사람은 누구든 동굴탐사 텐트에서 복장을 제대로 갖추어야 했다. 작업복을 입고, 탐사용 장갑을 끼고, 헤드라이트를 두른 헬멧을 쓰고, 비상등을 지녔는지를 확인했다. 그런 다음에야 탐사자들은 30미터를 올라가 지휘본부로 들어갔다. 당일 안전요원은 들어온 사람의 이름과 시각을 관측노트에 적어넣었다. 탐사자는 동굴에서 보낼 예상시간에 충분한 양을 초과하는 개수의 새 배터리를 집어넣어야 했다. 이 모든 것은 안전요원이 점검한다. 이 준비가 끝나면 탐사자는 목에 두른 플라스틱 신원확인표를 벗어 동굴 입구를 가로질러 걸려 있는 고리에 그 표를 끼워놓았다. 유적지에 오는 모든 사람은 이 확인표를 항상 지니고 있어야 했다. 확인표는 그녀가 동굴에서 나올 때까지 거기에 있을 터였다. 이렇게 매달려 있는 신분확인표는 언제, 누가 동굴 안에 있는지를 알 수 있게 해주는 보완시스템이기도 했다. 비상사태가 발생하면, 우리는 누가 동굴 속에 남아 있는지 곧바로 알 수 있었다.

그러고 나서야 과학자들은 동굴의 어둠 속으로 내려갈 수 있다. 입구에서 과학자들은 머리를 숙인 후 왼쪽으로 돌자마자 내리막길인 좁은 통로를 만나게 된다. 위에서 물이 떨어져 바닥이 미끄럽기 때문에 넘어지지 않도록 조심해야 했다. 이 지점을 지나면, 길이 세 가닥으로 갈라지는데, 오른쪽으로 급회전해서 더욱 좁은 통로를 따라 아래로 내려가게 된다. 여기서부터는 거의 모든 사람이, 가장 마른 사람들도, 옆으로 서서 게걸음으로 돌벽 사이의 좁은 틈을 빠져나가야 한다. 이렇게 꽉 끼는 좁은 틈이 두어 군데 짧은 오르막과 내리막을 두고 2, 30미터쯤 이어지다가, 이윽고 '사다리'에 이른다. 우리는 밧줄에 매달아 동굴에 내린 이 철제 사다리에 첫 번째 카메라를 설치했다. 동굴에서 나올 때, 이 카메라는 그들이 지휘본부에 도착하기 3~4분 전에 우리에게 알려주게 된다.

'사다리'를 내려간 후, 좁은 틈과 오르막을 지나 두 번째 카메라가 설치된 슈퍼맨스크롤에 다다를 때까지 오르내리기를 반복한다. 슈퍼맨스크롤에 이르면, 배를 바닥에 붙이고 엎드려 7미터 길이의 이 좁은 터널을 미끄러져 내려가기 시작한다. 민첩하고 더 마른 탐사자들은 금방 빠져나가지만, 체구가 조금 더 큰 사람들은 이곳을 기어가는 동안 작업복이 벗겨지면서 재미있는 광경을 다양하게 연출하게 된다. 그 모습은 그대로 카메라에 잡혀 지휘본부에 있는 이들에게 한없는 즐거움을 선사한다.

슈퍼맨스크롤을 지나면 동굴이 더 넓게 열려서 과학자들이 다시 일어설 수 있게 된다. 필요하다면 잠시 쉴 수도 있다. 여기서 그들은 옆 통로에서 나온 지퍼로 묶인 커다란 파란색과 회색 케이블 꾸러미를 만난다. 이 케이블관을 따라 기다란 좁은 길을 따라가다 보면, 드래곤스백 바닥에 있는 또 다른 카메라를 지나치게 된다. 이 지점에 이르면 그들은 거의 지하 40미터에 와 있고, 동굴에 들어온 지 15분쯤 지난 시점이다. 그들은 여기서 잠시 멈추어, 질긴 캔버스 끈으로 만든 고리들이 달린 등산용 안전벨트에 두 다리와 두 팔을 끼워넣는다. 드래곤스백 바닥에서 대기하고 있는 탐사 안전요원들이, 허리에 등산용 고리가 붙은 벨트를 두르고 그 고리에 두 개의 짧은 안전로프를 건 다음 강력 볼트로 벽에 고정된 긴 안전로프에 연결하는 이들의 서투른 동작을 도와준다.

아주 인상적인 바위 등성이를 타고 오르는 동안, 과학자들은 몇 미터 간격으로 놓인 볼트를 볼 때마다 멈춘 후, 짧은 안전로프 하나를 풀어 볼트 반대편에 있는 로프에 건다. 그다음 나머지 짧은 로프도 똑같이 한다. 이것은 느리지만 심사숙고한 끝에 결정한 절차로, 만일 동굴탐사자들이 혹시나 돌을 붙잡지 못하거나 발을 헛디디더라도 몇 미터 이상 떨어지지 않도록 지켜준다. 그리 높지 않은 곳에서도 날카로운 바위 위로 떨어지면 심각한 부상을 당할 수 있지만, 바닥까지 떨어지는 것보다는 낫다. 약 20미터를 등반해 일단 드래곤스백 꼭대기에 이르면, 여전히 로프를 맨 채로, 1미터 폭의 마지막 협곡을 건너 '1번 기지'에 도착한다. 이곳에는 한 명 또는 두 명의 안전요원이 바위틈에 몸을 끼워넣은 채, 과학자든 동굴탐사자든 누군가가 아래 동굴방에 있는 한 항상 대기하고 있다. 1번 기지의 안전요원 자리는 아무도 탐내지 않았는데, 그것은 헤드램프를 끈

채로 때로는 몇 시간이고 혼자 앉아 있어야 하기 때문이다. 지상에 있는 우리는 그 요원들이 더 편안한 자세를 잡으려고 바위틈으로 몸을 밀어넣고 있는 으스스한 회색 이미지가 화면에 깜박거리는 것을 지켜본다. 이 임무에는 곧바로 별명이 붙었다. '동굴 도깨비'였다.

1번 기지에 도착하자마자, 그 사람은 지휘본부에 전화를 해야 한다. 근무자는 과학자들이 안전하게 도착한 시간을 적는다. 핵심 안전수칙은 이것이다. 항시 오직 한 사람만이 낙하지점의 홈통을 내려가거나 오를 수 있으며, 허가 여부는 지휘본부에서 관장한다. 나는 허가 단계마다 아주 정확한 언어를 쓰게 만들어서 누군가의 하강을 허락하거나 어떤 안전상의 이유로 중지해야 할 경우에 결코 오해가 생기지 않도록 했다. "고맙다, 1번 기지! 당신의 하강을 허락한다!" 하강이 시작되는 것도 지휘본부 일지에 기록된다.

낙하지점에서 내려가는 홈통의 바닥은 '착륙지점Landing Zone'이라는 이름이 붙어 있다. 일단 내려가면, 과학자들은 수화기를 든다. 지휘본부와 유선으로 연결되어, 자동으로 벨이 울린다. 지휘본부 탁자에는 전화기가 세 대 있다. 하나는 1번 기지 전용이고, 또 하나는 낙하지점 홈통의 바닥인 착륙지점과 연결되며, 나머지 하나는 동굴방 안의 발굴작업자 전용이다. 나는 다가오는 몇 주 동안 두 번째 전화기를 수백 번이나 바라보며 등반자가 안전하게 바닥에 도착했다는 소식을 기다릴 터였다. 낙하지점에서 내려가는 길은 12미터쯤으로, 숙련된 등반가라면 약 4분이 걸린다. 긴 시간처럼 느껴지지 않겠지만, 12번의 큰 발걸음을 4분 동안에 내딛는, 즉 발걸음마다 20초씩을 들인다고 상상해보면, 내려가는 게 얼마나 힘든 일인지 짐작할 수 있을 것이다. 하물며 중력을 거슬러 이곳을 올라가는 것은 얼마나 어렵겠는가.

착륙지점에 도착해 지휘본부에 알리고 나면, 탐사 안전요원들(대개 릭, 스티븐 또는 다른 믿을 만한 동굴탐사자다)이 과학자들이 장화 벗는 것을 도와준다. 우리는 동굴방에서 맨발로 일한다는 규칙을 정했는데, 그래야 발밑에 무엇이 있는지 느낄 수 있기 때문이었다. 누구라도 착륙지점까지는 갈 수 있지만, 이 지점을 넘어 동굴방으로 나아갈 수 있는 사람은 오직 과학자들뿐이다.

이것이 내가 손가락으로 이 긴 여정을 짚어가며 우리가 해야 할 모든 작업에 대해 생각했던 바의 최소한의 설명이다. 전체 여정을 마치는 데에 편도 30분 정도가 걸린다. 그처럼 짧은 거리를 이동하는 것을 고려하면 긴 시간이다. 그리고 그 길에서 얼마나 많은 일들이 잘못될지 모른다. 그래도 발굴 탐사를 여기까지 진행시키면서 계획했던 수천 가지 세세한 사항들이 이제 거의 마무리되고 있었다. 우리는 마지막으로 안전수칙과 장비를 점검하고 다시 한번 발굴과 비상상황 대처법을 훈련한 다음 실전에 들어갈 예정이었다. 다음날인 11월 9일은 크든 작든 특정 세부사항들을 처리해야 할 마지막 날이었다. 모든 것이 계획대로 진행된다면, 10일 아침에 최초의 과학자들이 동굴방에 들어가게 될 것이었다.

그런데 그 최초의 과학자들은 누구일까? 나는 여섯 명의 열정적이고 훌륭한 과학자 중에서 선택해야 했다. 각자가 특별한 기술을 가지고 있었다. 그날 밤, 스티브, 페터와 함께 시원한 맥주를 마시며 과학자들에 대해 얘기를 나누었다. 그들의 서로 다른 능력, 강점, 그리고 약점들을 얘기했다. 마침내 합의에 도달했다. 최초로 동굴방에 들어갈 두 사람을 다음 날 과학자 그룹에 발표하기로 했다.

20

나는 일찍 일어나는 사람이라, 매일 아침 동이 트기 직전에 라이징스타 유적지로 올라갔다. 대개 그 시간이면 마리나 엘리어트도 일어나 식당에서 간단히 식사를 했다. 나는 화이트보드를 꺼내 매일 아침 6시 30분에 열리는 회의에서 보고할 그날의 일정을 준비했다. 먼저 그날의 목표, 그다음으로 팀과 그 구성원을 발표하고 마지막으로 안전수칙과 안전을 상기시켰다. 캠프에서 일하는 사람 대부분이 젊고 소셜미디어에 익숙했기 때문에, 나는 브리핑 보드 맨 위에 해시태그로 그날의 이름을 붙여서 적기 시작했다. 그것은 우리의 하루를 시작하는 재미있는 의례가 되었다.

그날은 11월 9일이었고, 다음날은 #Hday(사람족의 날), 즉 과학자들이 처음으로 동굴방에 들어가 화석을 회수하는 날이었다. 그러므로 그날은 모든 시스템을 점검하는 마지막 날이었다. 우리는 복잡한 카메라 시스템이 정상적으로 작동하는지를 확인하고, 세세한 것들까지 완벽하게 점검했다. 모든 것이 순조롭게 진행되어, 오후가 반쯤 지나가자 다음날이 정말로 첫 번째로 진입하는 날이 될 거라는 확신이 섰다. 사람들을 모두 모았다. 먼저 모두에게 축하의 인사를 했다. 이 탐사를 해보려는 생각을 한 후 이 짧은 3주간의 놀랄 만한 노력이 마침내 열매를 맺은 것이다. 그리고 나는 모임의 요점을 말했다. 나는 다음날 아침 마리나와 베카가 동굴에 들어가는 첫 과학자가 될 것이라고 발표했다. 다른 과학자들이 질투

하지 않는 것을 보고 기뻤다. 분명히 실망했겠지만, 그들 모두 동굴방에 들어가볼 기회가 있다는 사실을 알고 있었다. 나는 다음날을 위해 마음의 준비를 하도록 모두 이른 오후부터 쉴 수 있게 해주었다. 사람들이 흩어져서 작은 모닥불을 피우고, 음악을 듣고, 아니면 해가 지기 전에 야외 샤워시설에서 샤워를 즐겼다.

그날 해가 저물고 존 호크스가 도착했다. 집이 있는 위스콘신에서 오랜 시간 비행기를 타고 왔으니 분명 피곤해 보였지만, 호크스는 정열이 흘러넘쳤다. 캠프파이어 불빛 사이로 보니, 캠프와 탐사 조직의 지도자 역할을 맡아온 마리나가 존 호크스를 텐트로 안내하고 있었다. 호크스는 모닥불 근처를 돌아다니며 처음 만나는 사람들을 살펴보았다.

그가 캠프파이어 옆의 의자에 앉자 내가 말했다.

"어서 와요. 우리 식구들이 잘 챙겨주었지요?"

"물론이죠. 고마워요. 여기가 당신의 대단한 작은 마을이군요."

어둠 속에서 몸짓을 섞어가며 그가 말했다. 내가 다시 답했다.

"지난 며칠간 얼마나 정신이 없었는지 모를 거예요. 어쨌든 제시간에 잘 왔어요. 내일 사람족 화석을 회수하러 갈 예정이거든요."

11월 10일, 태양이 떠오르자 내 텐트의 한쪽 면이 햇빛으로 밝아지고 내부에 열기가 차오르기 시작했다. 뜨거운 햇살 때문에 우리 야영지에서 늦잠을 잔다는 것은 벌을 받는 것이나 마찬가지였다. 모든 사람을 아침 일찍 기상시키는 데에 아무런 어려움도 없었다. 6시가 막 지나면 나는 가솔린 발전기를 가동하고, 사람들이 회식 텐트로 어슬렁어슬렁 나타난다. 곧 인스턴트커피가 제공된다는 걸 알기 때문이다.

나는 일과대로 6시 30분 브리핑을 하고, 최초로 동굴방으로 들어가는 예상시간표를 보여주었다. 사람들이 마지막 준비를 하도록 해산시킨 뒤, 나는 과학자들을 따로 불러 행동수칙을 한 번 더 살펴보았다. 릭과 스티븐이 그들을 동굴로 안내할 것이다. 릭이 '동굴 도깨비' 임무를 맡아 1번 기지에 자리 잡고, 스티븐은 착륙지점으로 내려갈 것이다. 그곳에서 그는 안전요원 역할을 맡는다. 내 아들 매슈가 마리나와 베카를 동굴방으로 인도해 두개골을 포함한 가장 취약한 뼈들의 위치를 알려줄 것이다. 그 후, 그는 빠져나온다.

계획에 따르면, 먼저 아르텍 스캐너로 스캔할 위치를 지정할 표지핀들을 놓아야 했다. 나중에 스캔사진을 연결하는 데에 핵심적인 일이어서 영구적으로 부착해둘 필요가 있었다. 표지는 스테인리스강으로 만든 개인식표에 개인의 아이디 번호를 새긴 것을 썼다. 그것을 벽에 못으로 박아 스캔 지점의 영구기록으로 남겼다. 이 일이 끝나면, 최초로 발굴할 장소 주변의 동굴방 바닥 스캔이 시작된다. 그러고 나서야 수집을 할 수 있다. 내가 보고 싶은 첫 번째 유물은 우리가 사진으로 보았던 사람족 하악골이었다. 쉽게 손상을 입을 수 있는 바닥에 느슨하게 놓여 있어서 걱정도 되었고, 그리고 물론 모두가 직접 보고 싶어했다. 이 하악골은 우리가 사진에서 보았던 모든 유물 중 이 유물이 사람족의 어떤 종에 속하는지를 말해줄 가능성이 가장 큰 화석이었다. 빨리 회수할수록 더 많은 것을 알게 될 터였다.

그날 아침 늦게, 처음으로 동굴로 들어가는 모습을 지켜보러 우리 가족이 도착했다. 메건과 재키는 지휘본부에 자리를 잡았고, 매슈는 자신의 동굴탐사 장비를 시험해보고 있었다. 나는 첫 번째 동굴 진입 전에 내셔널지오그래픽 블로그 사이트에 올릴 마지막 인터뷰를 하기 위해 언덕으로 올라갔다. 인터뷰 중간에 앤드루 하울리는 과학자들을 무엇으로 표현할 수 있냐고 물었다. 나는 바로 대답했다.

"우주비행사라고 보면 됩니다. 단, 지하에서 일하는 우주인이죠!"

나는 점점 더 그 표현이 딱 맞아떨어진다고 생각하게 되었다. 나는 파란색 점프슈트를 입고 화석을 회수하기 위해 기꺼이 목숨을 거는 그들에게서 그때도 그런 느낌을 받았고, 지금도 모든 면에서 우주비행사 못지 않은 영웅이라고 생각한다. 그래서 앤드루는 자신의 블로그에서 과학자들은 '지하 우주인'이라고 불렀고, 그 별명은 지금까지 이어지고 있다.

늦은 아침까지도 우리는 계획대로 동굴로 진입할 준비를 마치지 못한 상태였다. 점심시간이, 그리고 이른 오후 시간이 지나가면서, 나는 우리가 오늘 안에 동굴에 들어갈 수 있을지 걱정이 되기 시작했다. 여전히 작은 문제들이 있었는데, 특히 가장 중요한 카메라 시스템에서도 문제가 발견되었다. 그러나 오후 중반쯤 모든 것이 제자리를 찾았다. 나는 지휘본부의 많은 사람들을 돌아보면서 선언했다.

"자, 갑시다!"

환호와 격려의 소리가 들리고, 몇몇은 서로 껴안았다. 곧 모두가 첫 번째 동굴 하강을 준비하러 바삐 움직였다.

매슈와 스티븐의 인도 아래 마리나와 베카는 동굴방에 들어가는 최초의 과학자가 될 것이었다. 그들이 완벽한 장비를 갖추고 긴장 속에서 동굴 입구에 서자, 나는 한 사람 한 사람을 안아주고 미소를 지으며 자신감을 내보이려고 노력했다. 그들은 자신들이 해야 할 일을 잘 알고 있다. 우리도 할 수 있는 한 최선의 준비를 해왔다. 나는 그들을 바라보았다.

"준비되었나요?"

"언제든지!"

마리나가 곧바로 답했다. 베카는 함박웃음을 지으며 고개를 끄덕였다.

"즐거운 사냥이 되기를!"

아들을 안으면서 그들에게 말했다. 나는 스티븐, 릭과 악수를 하고 그들 모두를 격려하면서 동굴 아래로 내려보냈다.

사람들이 지휘본부 주위로 몰려들면서 모든 게 멈추었다. 존과 애슐리가 여분의 모니터를 설치해 다른 사람들도 볼 수 있게 해주었다. 지휘본부 내부는 허가받은 사람만 들어올 수 있게 되어 있다. 과학자들과 동굴 탐사자들의 안전에는 그들의 집중을 방해하는 것도 큰 영향을 미칠 수 있기 때문이다. 그러나 이 첫 진입만은 예외적으로 사람들이 텐트 밖에서 화면을 통해 다섯 사람이 어둠 속으로 하강하는 적외선 영상을 바라보는 것도 큰 의미가 있을 거라고 생각했다.

그들이 한 명씩 차례대로 조심스럽게 내려가는 모습이 보이자 나는 화면을 톡톡 치면서 "지금 사다리 지역에 있는 겁니다"라고 큰 목소리로 알려주었다.

"지금은 슈퍼맨스크롤을 통과하고 있습니다."

그 다섯 사람의 체격을 고려하면 이 정도의 틈새는 아무런 장애가 되지 못할 것이고, 그들은 몇 분 안에 빠져나갈 터였다.

하지만 이들 한 사람 한 사람이 드래곤스백을 기어오를 때에는 우리 모두 숨을 죽이고 지켜볼 수밖에 없었다. 안전장비와 등반 장치를 이용한 아주 느린 과정이었다. 거의 15분이 지나서 맨 뒷사람인 릭이 드래곤스백 정상에 있는 카메라를 지나가면서 손을 작게 흔들자, 지휘본부 안팎에서 긴장하고 있던 사람들이 웃음을 터뜨렸다.

몇 분이 지난 후 전화가 그 특유한 벨소리를 내며 울렸고, 나는 수화기를 들고 맞은편에 있는 스티븐의 목소리를 들었다.

"1번 기지에 도착!"

"고맙다, 1번 기지. 하강을 허락한다."

내가 답했다. 그리고 스티븐의 하강 시각을 노트에 적었다. 스티븐이 좁은 홈통 속으로 몸을 움직여 들어가 시야에서 사라지는 모습에 모든 사람이 화면에서 눈을 떼지 못했다. 매슈가 카메라 앞으로 다가와 전화 옆에 서자, 아랫입술이 깨물리며 긴장이 되기 시작했다. 화석이 진정 사람 목숨만큼의 가치가 있는 것일까? 내 아들의 목숨까지도? 그러나 의심을 시작하기에는 너무 늦어버렸다.

몇 분 후, 전화가 다시 울렸다.

"여기는 스티브, 착륙지점 도착!"

"알았다, 스티브. 대기하라. 매슈가 내려갈 것이다."

나는 1번 기지 전화기를 들었다.

"1번 기지, 여기는 지휘본부! 스티브는 안전하게 내려갔다. 매슈, 하강하라!"

5분 뒤 매슈가 안전하게 도착하자, 마리나가 내려갈 차례가 되었다. 지휘본부는 긴장감에 휩싸였다. 이것은 동굴방으로 직접 내려가는 시험을 거치지 않은 사람의 첫 번째 시도였고, 마리나는 그곳에 진입하는 사상 최초의 과학자였다. 우리는 몇 분을 기다렸다. 4분, 5분, 그리고 6분이 흘렀다. 마리나는 스티븐이나 매슈보다 더 오래 걸렸다. 나는 반대편에 서서 사진을 찍고 있는 존을 흘깃 쳐다보았다. 나는 눈썹을 추켜세웠고, 그는 간단히 확신에 찬 미소로 답했다. 정적이 좀 더 흘렀고, 마침내 착륙지점에서 오는 전화가 울렸다. 내가 수화기를 집어들자 반대편에서 마리나의 목소리가 들렸다.

"여기는 마리나, 착륙지점 도착!"

그녀의 안전한 도착 소식에 환성이 터지고, 사람들은 서로 손바닥을 맞부딪쳤다.

나는 베카도 내려가도록 지시했고, 그녀는 재빨리 홈통 속으로 내려갔다. 1번 기지에는 릭만 혼자 앉아 있게 되었다. 또다시 우리는 침묵 속에서 4분, 그리고 5분이 지나도록 기다렸다. 다시 한번 착륙지점에서 오는 전화가 울리고, 수화기를 든 내가 잠시 저쪽 이야기를 듣고 난 후 수화기를 내려놓았다.

"베카도 안전하게 내려갔습니다!"

텐트 안은 다시 함성으로 가득 찼다.

고고학자들이 동굴방 안으로 안전하게 들어갔다는 것만으로도 실제 큰 업적처럼 느껴졌다. 이제 그들은 우리가 그토록 열심히 연습해온 발굴 세칙을 따르게 된다. 매슈가 마리나와 베카에게 어디에 화석이 있으며, 바닥의 유물에 손상을 주지 않으려면 어디를 밟고 지나가야 하는지를 설명하는 데에 30분이 걸렸다. 그러고 나서 그는 세 사람을 뒤로하고, 낙하지점으로 다시 오르는 길을 나섰다.

마리나와 베카는 동굴방에 적응하기 시작했다. 나중에 마리나는 그 안은 너무 조용해서 발걸음과 옷깃 스치는 소리가 그들이 주변에서 들을 수 있는 유일한 소리였다고 회고했다. 착륙지점의 바닥은 급한 경사가 동굴 뒷벽에서부터 몇 미터가량 이어져서 얇은 바위 판이 나뉘어 생긴 좁은 통로에 이른다. 여전히 경사진 채로, 동굴방은 폭 2~3미터 정도의 넓은 공간을 향해 열려 있다. 동굴방의 천장은 착륙지점에서는 낮지만, 이곳에서는 바닥에서 10미터 정도의 높이로 위쪽으로 커다란 고딕풍의 아치가 열려 있다. 바닥 자체는 아주 섬세한 감촉의 동굴 흙으로, 무척이나 오랫동안 깔려 있었던 축축한 갈색 먼지다.

지상에서 30미터도 넘게 내려간 이곳에서, 우리는 멸종한 사람족의 뼈를 막 발견하기 직전이었다.

21

바닥에 흩어져 있는 뼈들의 표면은 갈색 진흙으로 덮여 있었다. 동굴 바닥 여기저기에 하얀 반점들이 빛나고 있었다. 일부 뼈들이 최근에 손상되었다는 뜻이다. 자신이 밟고 지나가는 것들이 얼마나 중요한지 전혀 눈치 채지 못한 동굴탐사자들이 저지른 짓이 분명했다. 이 탐사를 급히 서두른 이유가 바로 거기에 있었다. 커다란 백운석 기암들이 갈색 진흙 밖으로 삐져나와 있었고, 몇몇 기암들 위에는 뼈들이 놓여 있었다. 이 뼈들은 스티븐과 릭이 두 번째 여기 왔을 때 사진을 찍기 위해 올려둔 것이었다.

나는 마리나와 베카가 동굴방의 끝까지 들어가도록 충분히 기다린 다음, 오직 이 목적을 위해 설치된 세 번째 전화를 사용해 인터컴 시스템을 점검했다. 내 목소리는 릭과 스티븐이 동굴방에 미리 설치해둔 스피커를 통해 들릴 것이다. 아직 그들을 영상으로 볼 수는 없었다. 그러려면 마리나와 베카는 마지막 두 대의 카메라를 더 설치해야 했다.

"그곳 상황이 어떻습니까?"

내가 물었다. 동굴방 안에서 울리는 내 목소리가 내게도 들렸다.

"모든 게 좋아요!"

"다 좋아요."

베카가 답하고, 마리나도 동의했다. 말은 그렇게 했지만, 두 사람은 막 동굴방으로 들어가 긴장한 가운데 카메라를 설치하고 있다는 걸 알 수 있었다.

얼마 지나지 않아 '6번 카메라'라고 표시된 파란 모니터가 찌지직거리면서 반응을 보였다. 카메라 렌즈를 응시하는 마리나의 흐린 얼굴 이미지가 점차 선명해졌다. 나는 전화기를 들었다.

"6번 카메라에 당신 모습이 잡혔어요."

"오케이!"

마리나가 카메라 렌즈로 미소를 보냈다.

베카와 마리나는 배낭에서 짐을 풀고 다른 장비들을 설치하기 시작했다. 그들의 임무는 동굴을 스캔하고 첫 발견품으로 하악골을 회수하는 것이었다. 우리는 그들이 랩톱 컴퓨터를 꺼내어 아르텍 스캐너를 연결하는 것을 지켜보았다. 그들이 스캐너를 켜자 형광관에서 흰 빛이 나오고 스캐너가 규칙적으로 깜빡거리면서 데이터를 수집하기 시작했다. 모든 표본의 위치를 파악해서 지도로 작성하는 핵심적인 작업이 시작된 것이다. 만약 스캐너가 제대로 작동하지 않는다면 다른 해법을 찾을 때까지 모든 탐사작업을 중지해야만 했다. 카메라에 비치는 깜박거리는 영상은 마치 우주 유영을 목격하는 듯한 느낌을 주었다. 팽팽한 긴장 속에서 침묵한 채로, 우리는 지상에서 지켜보고 있을 뿐이었다. 함께할 수도 도와줄 수도 없었다.

모든 고고학 발견은 파괴행위이다. 수천 년 된 유적지의 잔해는 퇴적층

안에 담겨 있고, 그 위치는 모든 인공물과 뼈들 사이의 관련성, 그리고 그것을 그곳에 남기고 떠난 생명체와 어떤 연관이 있는지에 대한 실마리를 제공해준다. 그러한 유적지를 발굴하는 것은 필연적으로 그 배열을 흐트러뜨린다. 만약 고고학자가 발굴 전에 그 세부사항들을 정확히 기록해두지 않으면, 핵심적인 정보는 영원히 사라지고 말 것이다. 바로 그런 까닭에 고고학 유적지의 특정 부분을 발굴하지 않고 남겨두는 것이다. 미래의 기술이 우리가 오늘날 얻지 못하는 정보를 찾아낼 가능성이 있기 때문이다.

야외 유적지에서, 그리고 심지어는 많은 동굴들에서도 연구자들은 전체 영역에 커다란 격자 줄을 친다. 격자의 좌표에서 깊이를 재어 대상의 3차원적 위치를 정확하게 확보하기 위해서다. 우리가 탐사하는 곳은 아주 작은 공간이어서 그런 격자를 설치할 수 없었다. 격자를 설치하면 우리가 자유롭게 움직일 수 없게 되는 데다 탐사자와 유물에도 위험한 상황이 발생할 수 있기 때문이다. 우리는 이 문제를 스캐너가 해결해주길 기대했다. 동굴방의 전체 표면을 컴퓨터에 스캔해 넣으면 모든 것의 3차원적 위치를 기록할 수 있다. 발굴세칙에 의하면, 팀은 뼛조각과 표본의 목록을 작성하고 전체 표면을 스캔한 후에야 유물을 집어들 수 있었다. 이렇게 하면 마치 우리가 엑스선 투시력을 가진 것처럼 전체 3차원 형상을 실질적으로 재구성할 수 있고 유적지의 뼈를 하나씩 제거했다가 제자리에 돌려놓을 수도 있다.

첫 번째 스캔에는 시간이 오래 걸렸다. 마침내 하악골 주변 전체의 스캔이 끝났다. 나는 안도의 한숨을 쉬었다. 그때까지는 시스템이 제대로 작동했다는 뜻이기 때문이다. 우리는 모두 마리나가 그 영역의 목록을 작성하고 앞으로 계속 따라다닐 표지를 준비하는 것을 지켜보았다. 베카가 스캐너를 다시 작동시켰다. 스캐너는 마치 바닥에 스프레이로 물감을 뿌리듯이 동굴방 전체를 서서히 훑어갔다. 마리나가 움직임에 따라 랩톱 스크린에 동굴 표면의 가상 모델이 나타났다. 이제 하악골이 없는 상태에서, 가상의 전-후 이미지가 3차원으로 찍히게 된 것이다.

어디선가 삐 소리가 들렸다. 이산화탄소 탐지기였다. 석회동굴계 안에서 일할 때, 이산화탄소 증가는 매우 현실적인 위험요소 중 하나다. 공기의 흐름이 약한 제한된 공간에서, 공기보다 무겁고 냄새가 없는 이산화탄소는 위험한 수준으로까지 양이 늘어날 수 있기 때문이다. 어느 정도 폐쇄된 공간에서는 사람의 호흡만으로도 이산화탄소량이 늘어날 수 있다. 농도가 낮을 때는 무해하지만, 공기 중 1퍼센트를 넘어가면 동굴탐사자들이 '더러운 공기'라고 부르는 매우 위험한 상황을 만든다. 그렇게 되면 먼저 호흡과 심장 박동이 빨라지고, 이산화탄소 중독에 이르면 곧바로 의식을 잃고 사망할 수도 있다.

마리나가 전화를 했다.

"지휘본부, 이산화탄소 경보가 울렸다."

"알았다. 그만 올라와라."

우리는 딱 이런 상황을 가정하고 미리 연습을 해두었다. 마리나, 베카, 그리고 스티븐은 침착하게 하고 있던 작업을 정리한 다음 갔던 길을 되짚어 동굴 밖으로 향했다. 아무 문제도 없었다. 우리가 지상에서 걱정스럽게 지켜보는 동안, 각 확인지점에 이르는 데에 몇 분씩 걸려서 사다리 지역에 도착할 때까지 그들의 모습이 역순으로 카메라에 비쳤다. 그리고 5분 후, 그들이 동굴 입구로 나왔다.

그들은 동굴에서 총 한 시간 반 정도를 보냈다. 이산화탄소 경보 탓에 겁에 질렸던 걸 제외하면 마리나와 베카는 기쁨에 넘쳐 동굴 밖으로 나왔다. 그들의 파란 점프슈트와 얼굴은 온통 진흙과 먼지로 얼룩져 있었다. 모두 손뼉을 치며 환호했고, 나는 안전하게 나와준 그들을 부둥켜안았다. 나는 베카가 동굴방에서 화석을 담는 데에 쓰는 회색 방수배낭을 가지고 온 것을 보고 놀랐다. 그녀가 웃으며 배낭을 나에게 건네주었다.

"하악골을 가져온 거예요?"

"물론이지요."

전율이 일었다.

배낭을 과학자 텐트로 가져오면서, 나는 하멜른의 피리 부는 사람(피리를 불면서 쥐들을 강으로 유인해 빠져죽게 만든 독일 동화의 주인공-옮긴이)이 된 것 같았다. 동굴탐사자들, 과학자들, 그리고 학생들이 내 뒤를 따랐기 때문이다. 나는 배낭을 스티브 처칠에게 주었다. 스티브는 페터 슈미트와 함께 조심스럽게 공기쿠션 포장팩을 풀어 하악골을 꺼냈다. 사람들이 몰려들었다. 스티브의 어깨 너머로, 나는 내가 세상에 태어나 본 것 중 가장 멋진 광경을 보았다. 사람족 하악골의 오른쪽 절반이었다.

앞부분은 부서져 있었다. 바로 네 번째 전구치(앞어금니) 높이의 전면, 턱을 두개골에 연결하는 관절의 뒤가 깨져 있었다. 하악골 한쪽은 갈색 진흙이 단단하게 덮여 있었지만, 그것을 제외하고 턱은 원래 그대로였다. 이빨 표면의 에나멜질이 선명하게 반짝거렸다. 스티브가 먼저, 그리고 페터가 한동안 살펴보았다. 그다음 나도 표본을 만져보았다.

처음 그 작은 턱뼈를 집어들었을 때, 너무 가벼워서 깜짝 놀랐다. 요람의 여러 유적지에서 나온 많은 화석들은 뼈의 원래 성분들이 단단한 방

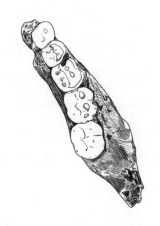

::라이징스타 동굴에서 회수된 첫 번째 턱뼈

해석으로 거의 대체되어 밀도가 높고 더 무겁다. 예를 들어, 세디바 화석 대부분은 이런 방식으로 부분적으로 돌로 바뀌어 있었다. 하지만 아주 가벼운 것도 있었는데, 그 안에 있는 미네랄 성분이 다 빠져나갔기 때문이었다. 이 턱뼈 화석은 아주 가벼웠다. 금방 부서질 것 같았다.

나는 그것을 손바닥에 놓고 돌려가며 살펴보았다. 충격이었다. 우리가 사진을 보고 기대했던 것보다 더 작았기 때문이다. 비율은 사진에서 우리가 예측했던 그대로였다. 세 번째 어금니가 제일 컸는데, 그것은 오스트랄로피츠와 같고 인간과는 다른 것이다. 그러나 이빨은 작았다. 실제로 현대 인간의 이빨보다 더 크지 않았다. 나는 멸종한 그 어떤 사람족에서도 이처럼 작은 이빨은 보지 못했다. 나는 하악골을 존 호크스에게 넘겨주고 의자에 몸을 기댔다. 주변의 들뜬 목소리도 들리지 않았다. 오직 한 가지 생각뿐이었다. 도대체 이 생물체의 정체는 무엇일까?

한편, 스캔 데이터가 담긴 하드드라이브는 지휘본부로 전달되었다. 애슐리 크루거가 작업을 시작했다. 애슐리는 지하 스캐너가 생성한 데이터를 관리하는 임무를 맡았다. 그가 하드드라이브에 데이터를 올리자 유령 같은 분홍색 풍경이 컴퓨터에 나타났다. 동굴방 바닥 표면의 3차원 모델이다. 사람들이 이 작업을 지켜보기 위해 지휘본부로 다시 모여들었다. 마치 골프시합 관중이 어떤 선수를 따라다녀야 할지를 모르고 한 홀에서 다음 홀로 이동하는 것 같다는 생각이 들었다. 발굴탐사의 과학이 막 시작된 지금, 모든 것이 흥미로웠다. 애슐리의 작업이 진행되면서 넋이 나갈 만큼 놀라운 영상들이 나오기 시작했다. 후에, 그는 스캐너에서 나온 데이터에 컬러 이미지를 입혀 발굴팀이 보았던 것과 똑같은 가상 표면 모델을 만들게 된다.

이산화탄소 경보는 잘못 울린 것이었다. 이산화탄소 수준이 조금만 올라가도 경보를 울리도록 잘못 설정되어 있었던 거였다. 천만다행이었다. 보정을 한 뒤에는 두 번 다시 경보가 울리지 않았다. 동굴이 깊은 만큼, 여러 틈과 좁은 통로들을 통해 충분한 공기 흐름이 형성되어 이산화탄소를 안전한 수준으로 유지해주었기 때문이다.

해질녘이 되자, 실시간 비디오는 사다리 지역을 지나가면서 날갯짓을 하는 박쥐떼를 보여주었다. 팀원들이 밖에서 기념사진을 찍는 동안 저녁 먹을 시간이 되었다. 발전기를 끄고 하루 일정을 끝마쳤다.

22

진짜 작업은 월요일에 시작되었다. 마리나와 베카는 동굴에서 찍은 사진과 비디오가 보여준 것을 실제로 가서 확인했다. 뼈들이 동굴방 바닥 대부분에 걸쳐 흩뿌려져 있었다. 이들은 사람족의 것이 확실해 보이는 긴 뼈를 몇 개 발견했다. 이제 그것들을 회수할 시간이었다. 다른 고고학자 네 명이 자기 차례를 학수고대하고 있었다.

아침 작업은 알리아와 엘렌이 동굴로 내려가는 것으로 시작했다. 동굴방 안에서의 첫 번째 임무는 표면에 있는 모든 뼈를 수거하는 것이다. 표면의 스캔작업을 먼저 끝내고, 그다음 뼈를 하나하나 수집한다는 말이다. 그날 아침에 지상으로 올라온 첫 번째 화석배낭에는 놀랍게도 사람족 화석만 있었다. 아름다운 오른쪽 근위대퇴골(넓적다리뼈의 상부) 하나와 제1중수골(엄지손가락과 손목뼈 사이의 손허리뼈) 하나가 포함되어 있었다. 중요한 발견이었다.

대퇴골은 긴 목과 작은 머리를 가진 아프리카누스와 아파렌시스 같은 오스트랄로피츠에서 발견되는 것과 비슷했다. 현생인류와 소수의 호모 에렉투스의 대퇴골 목은 짧고 통통하며 횡단면이 둥글다. 하지만 이 화석은 횡단면이 타원형으로, 현생인류의 것과는 달랐다.

우리를 사로잡은 것은 제1중수골이었다. 손바닥의 뼈로, 엄지손가락을 손목으로 연결하는 뼈를 말한다. 페터가 과학 텐트에서 그 뼈를 내게로 가져왔다.

"이런 건 처음 봅니다."

페터가 손바닥에 뼈를 올려놓은 채 말했다.

나는 그 뼈를 집어들고 뒤집어보았다. 나 역시 이런 것은 본 적이 없었다. 현생인류에서 제1중수골은 만화 속의 개가 가지고 노는 뼈처럼 생긴 작은 뼈로, 양 끝이 더 뭉툭한 막대와 같다. 하지만 이 뼈는 가운데가 좁고 엄지손가락이 붙는 곳이 넓었다. 나는 고개를 흔들면서 말했다.

"그래도 긴 편이군."

그 뼈는 손바닥 위에 있었기 때문에 엄지손가락의 길이를 유추할 수 있었다. 길고 다른 손가락들과 마주보는 엄지손가락은 이 뼈의 주인이 분명 사람족이라는 것을 나타내주고 있었다.

페터도 고개를 끄떡여 동의했다. 하지만 그 역시 얼떨떨한 표정이었다.

"이렇게 생긴 것은 본 적이 없어요."

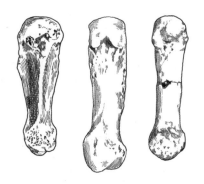

:: 왼쪽부터 라이징스타 동굴의 제1중수골, 침팬지의 제1중수골,
말라파의 오스트랄로피테쿠스 세디바의 제1중수골

페터의 이 말에는 대단히 많은 의미들이 담겨 있었다. 페터만큼 유인원과 인간을 해부해본 경험이 많은 이도 드물다. 그는 취리히의 비교해부학자를 줄줄이 배출해온 가문 출신이기도 한데, 그 분야에 종사해온 50여 년 동안 실제로 모든 사람족 기록을 확인한 사람이다. 그런 페터가 이런 손허리뼈를 본 적이 없다고 한다면, 그것은 정말로 예외적인 일이었다.

나는 지휘본부로 돌아갔다. 린지와 한나가 처음으로 동굴로 들어갈 시간이었다. 나는 학생을 보내 그들에게 복장과 장비를 갖추라고 전했다.

화석을 담은 두 번째 배낭이 올라오자 스티브 처칠이 과학 텐트에서 지휘본부로 찾아왔다. 그가 활짝 웃으면서 말했다.

"이걸 안 보면 후회하실 겁니다."

또 다른 대퇴골이었고, 역시 오른쪽이었다. 한 개체만 있는 게 아니었다. 그날 오후, 세 번째 오른쪽 대퇴골이 나타났다. 또 다른 개체의 대퇴골이었다. 이날 하루 작업만으로도 훌륭한 40여 개의 사람족 유골을 수집했다. 일반인에게는 많은 것처럼 들리지 않겠지만, 나는 이것이 하루 동안에 발견한 것으로는 가장 많은 숫자라는 걸 알고 있었다. 말라파에서 그만큼을 얻기 위해 우리는 몇 달을 일했다. 그곳이 역사상 사람족 화석이 가장 풍부한 유적지 중 하나였는데도 그랬다. 가까운 스테르크폰테인에서는 모두 700여 개의 유물이 수집되었는데, 그것은 70여 년 동안 거의 쉬지 않고 일한 결과다. 우리가 하루 만에 발견한 사람족 유물 수는 전례가 없던 일이었고, 캠프의 분위기는 한껏 부풀었다.

우리는 조류의 뼈도 네 개 발견했다. 모두 동굴방 바닥에 놓여 있었다. 마치 오래전에 부엉이 한 마리가 어찌어찌해서 동굴방에 들어와서 죽은 것처럼 보였다. 하지만 그 시점은 사람족 화석이 자리 잡고 아주 오랜 뒤의 이야기였다. 이 네 개의 뼈를 제외하고, 그때까지 나타난 것은 모두 사람족 것이었다. 당시 나는 그걸 우연이라고 생각했고, 그래서 다음날이면 우리가 더 많은 동물 유해들을 볼 수 있으리라고 확신했다.

그날 오후, 내가 지휘본부를 닫으려 할 즈음에 스티븐 터커와 릭이 나를 한쪽으로 데려갔다. 심각해 보였다.

"무슨 일이죠?"

스티븐이 릭을 바라본 다음 내게 말했다.

"저어, 아까 대퇴골을 보고 나서….."

그가 말하기 시작하는데, 릭이 끼어들었다.

"아무래도 우리가 그와 똑같은 것을 하나 더 발견한 것 같습니다."

나는 두 사람을 쳐다보았다.

"어디서?"

동굴방 어딘가로 짐작하면서 내가 물었다. 릭이 말했다.

"동굴계의 전혀 다른 부분에섭니다. 우리가 가서 가져올까요?"

잠시 생각해보았다. 유혹을 느꼈다. 또 다른 사람족이라, 대단한 일이다. 하지만 당시 나는 우리 모두가 집중해야 할 일을 눈앞에 두고 있었다. 만일 진짜 릭과 스티븐이 다른 사람족 유적을 발견했다면 환상적인 일일 것이었다. 하지만 우리는 이미 아주 위험한 일을 진행하고 있었다. 나는 곧바로 결정을 내렸다.

"아무에게도 말하지 말아요. 사람들이 주의가 흐트러지면 안 되니까. 우리가 이 일을 끝낸 뒤에, 그때 그곳으로 가도록 합시다."

두 사람은 고개를 끄덕였지만, 나는 그들이 사냥개처럼 달려가서 그 뼈를 가져오고 싶어한다는 걸 알 수 있었다. 걸어나가는 그들을 보니 웃음이 나왔다. 또 다른 사람족? 정말, 그런 일도 있을 수 있을까?

23

화요일 아침, 나는 브리핑 보드에 '#SkullDay(두개골의 날)'이라고 썼다. 나는 이미 사진으로 두개골을 본 상태였다. 두개골은 갈색 동굴 바닥과 대비되는 하얗고 둥그런 윤곽으로 빛나는 흐릿한 물체로 보였다. 우리가 사진에서 본 뼈 대부분이 바닥에 느슨하게 놓여 있었던 것과 달리, 두개골은 동굴 바닥 흙 속에 파묻혀 있었다. 전날 동굴에서 유골이 너무 많이 나와 놀랐던 우리는 동굴 바닥 아래에는 무엇이 묻혀 있을지 궁금해하고 있던 참이었다.

그때 우리는 동굴에 있는 많은 뼈들이 부서지기 쉬운 상태였기 때문에 두개골을 수거하는 일도 매우 섬세한 작업이 될 거라는 사실을 알고 있었다. 우리는 세 명으로 이루어진 팀이 동굴방에서 일하도록 했다. 한 명은 스캔하고 바닥에서 화석을 수집한다. 나머지 두 명은 두개골 주변에서 붓을 써서 천천히 작업을 진행한다. 조심스럽게 퇴적물을 한 티스푼씩 제거해서 가방에 넣고 과학 텐트로 올려보낸다. 그곳에서 과학자들과 학생들이 다시 붓으로 털어내면서 작은 뼛조각들을 찾는다. 나는 발굴에서 나오는 모든 퇴적물을 1온스(약 28그램)씩 보관하는 규칙을 만들었다. 나중에 이 규칙이 매우 유용했다는 걸 알게 된다.

한 시간이 지나자, 팀은 퇴적암을 충분히 제거했고, 두개골이 따로 떨어져 있지 않다는 사실을 알게 되었다. 두개골은 뒤엉킨 기다란 뼈들 위에 놓여 있었다. 다시 두 시간 동안, 우리는 모니터를 통해 발굴 과정을 지켜보았다. 팀원들이 참을성 있게 작업을 진행해나가면서 조금씩 각 뼈의 주변이 보이기 시작했다.

동쪽 지평선에서 대형 폭풍우가 똬리를 틀고 있었다. 나는 팀원들을 불러들이기 위해 아래에 있는 인터컴으로 연락을 했다. 번개가 칠 가능성이 있어서 동굴 바닥에 있는 민감한 모든 전자장비를 꺼야 했다. 팀원들이 바로 올라오기 시작했다.

그들이 미처 다 올라오기도 전에 폭풍우가 몰아쳤다. 대단했다. 인류의 요람 지역은 전 세계에서 번개가 가장 많이 치는 지역이다. 마치 이 폭풍우 하나로 그 통계가 옳다는 걸 보여주려는 것 같았다. 사람들은 이리저리 정신없이 뛰어다니면서 유도철선과 크게 펄럭이는 텐트의 보조 날개를 붙잡으려고 발버둥쳤다. 그동안 나는 한편으로 시선을 스크린에 두고 과학자들과 동굴탐사자들이 동굴에서 나오는 과정을 지켜보면서, 지휘본부가 날아가지 않도록 하기 위해 최선을 다했다. 일단 그들이 사다리 위치에 도착한 것을 보자, 나는 애슐리에게 시스템을 끄라고 시킨 후 과학 텐트로 달려 내려가 내가 도와줄 일이 없는지 찾아보았다. 엄청난 천둥소리 속에서 텐트 안으로 달려 들어가면서 나는 존 호크스가 텐트 중앙기둥을 껴안고 말 그대로 그 큰 텐트를 지탱하고 있는 것을 보았다. 움찔했다. 호크스는 피뢰침을 안고 있었던 것이다.

"위험해요!"

나는 폭풍우 속에서 소리쳤다. 눈이 휘둥그레진 존이 재빨리 기둥을 놓았다. 화석을 구하겠다는 열정이었다.

폭풍은 올 때처럼 빠르게, 큰 피해를 주지 않고 지나갔다. 그날 저녁, 선임과학자들이 지하 우주인들과 함께 앉아 두개골 발굴에 대한 이야기를 나누었다.

엘렌이 말했다.

"수수께끼상자 같아요. 모든 부품을 정확한 순서대로 한 번에 작은 조각 하나씩 떼어내야 하는 장난감 알지요? 그렇게 하지 않으면 결코 분리할 수 없죠. 바로 그거에요, 수수께끼상자!"

두개골을 둘러싸고 있는 뼈들의 복잡한 연결을 잘 표현한 말이었다. 붓질할 때마다 다른 뼈가 나타났다. 동굴 바닥은 문자 그대로 뼈로 만들어진 것처럼 보였다. 그리고 그때까지 나온 뼈들은 전부 사람족 뼈였다.

우주인, 심부름꾼, 동굴 도깨비, 그리고 탐사 안전요원들이 동굴방을 통해 네 시간에서 다섯 시간 단위로 교대하면서 이틀째에서 사흘째 날로 넘어갔다. 두개골 회수는 내가 계획했던 것보다 시간이 더 걸렸는데, 이제 우리가 별명으로 부르는 바로 그 '수수께끼상자' 때문이었다. 발굴작업자는 두개골 밑에서 새로운 기다란 뼈를 찾아낼 때마다 그것이 어떻게 놓여 있으며 어디서 끝나는지 쭉 따라가야만 했다. 가끔 뼛조각 아래에 또 다른 뼈가 있기도 했다. 느리고 힘들게, 찻숟갈 하나 분량의 퇴적물을 밖으로 보내는 작업이었다. 단순히 두개골 주변에서 시작했던 발굴 반경이 점차 커지더니 폭이 50센티미터에 달했다. 이 작은 구획에서 팀원들은 더욱더 많은 뼈들을 계속해서 수집하고 있었다.

한편에서는, 과학 텐트에 있는 지상 팀원들이 화석을 처리하고 목록을 작성하면서 현지 저장고에 분류해 넣기 위한 절차를 만들어냈다. 나는 비디오카메라를 계속 모니터하면서 발굴작업자들이 질문하는 사항들에 대해 조언을 하는 데에 대부분의 시간을 보냈다. 우리가 신중하게 계획한 대로 시스템이 잘 작동하는 것처럼 보였다.

그런데도 뭔가 마음에 걸리는 게 있었다. 새뼈 몇 개를 제외하고는, 동굴방에서 동물상(특정 지역에 자라고 있는 모든 동물의 종류-옮긴이)의 일부가 전혀 나타나지 않는 것이다. 처음에는 여섯 명의 발굴작업자들이 사람족 화석을 발견하려는 열망으로 사람족 뼈를 먼저 수집하고 동물뼈는 그 자리에 놔두었을지도 모른다고 생각했다. 그때 우리는 개별 화석이 수십 개도 넘는 상태였다. 만약 그들이 사람족 뼈가 아닌 뼈들을 놔두고 온 것이었다면, 이제 모든 뼈를 수거해야 했다.

오후 작업을 끝낸 마리나를 불렀다. 지치고 온몸이 지저분한 상태였지만, 마리나는 정말로 이 일을 즐기고 있었다. 일반적인 질문을 몇 개 한 뒤, 나는 나를 괴롭히는 문제를 꺼냈다.

"혹시 사람족 유물만 골라서 수집하고 있나요?"

"아뇨."

내 질문에 놀라 그녀가 말했다.

"거기엔 사람족 뼈밖에 없어요."

<hr />

그날 저녁, 나는 페터, 스티브, 그리고 존을 데리고 차를 몰아 술집으로 갔다. 시원한 맥주 한 잔씩을 들이켜고 나서, 나는 우리 모두가 고민하고

있을 문제를 들추어냈다.

"도대체, 이게 뭘까요? 난 이런 건 한 번도 본 적이 없습니다. 동굴방에 사람족 유골만 있다니."

"나도 이해할 수가 없어요. 동물뼈는 어디에 있을까요?"

페터도 맥주를 한 모금 마시고는 고개를 저으며 말했다.

존이 말했다.

"게다가, 뼈들도 손상을 입지 않았어요. 손뼈와 발뼈를 제법 많이 수집했는데, 다 완벽한 상태예요. 그것도 이상하지요. 신체의 뼈 중 손실된 부분이 없는 것 같습니다."

"육식동물에 의한 손상도 없어요."

스티브가 덧붙였다. 페터도 동의했다.

육식동물에 의한 손상의 흔적이 전혀 없다는 점은 놀라운 사실이었다. 대부분의 동굴에서 뼈를 쌓아놓는 역할을 하는 것은 포식자와 청소동물이다. 이 동물들이 쌓아놓은 뼈에는 그들이 뜯어먹는 과정에서 생긴 깨물고 씹은 흔적이 남아 있다. 뼈무더기를 만든 동물의 정체가 이런 식으로 드러나는 것이다. 하지만 이곳 화석들에는 그런 흔적이 전혀 없었다.

우리는 모두 같은 생각을 하며 서로를 바라보고 있었다.

우리 넷은 배경이야 다르지만 모두 고고학 또는 고인류학 발굴작업에서 상당한 경험을 쌓아왔다는 공통점이 있었다. 인간의 매장에 관련된 연구를 했던 경험도 모두 갖고 있었다. 우리는 법의학에 대해서도 어느 정도 알고 있었다. 또한 남아프리카 동굴 지역에서 우리가 발견한 것 대부분이 인간이 아닌 다른 동물이라는 것도 알고 있었다. 매우 다양한 육식동물, 영양, 기린 또는 얼룩말과 닮은 다른 동물들, 심지어 설치류, 새

그리고 도마뱀까지, 모든 동물상이라 불러도 될 정도였다. 화석과 관련된 거의 모든 상황에서 대부분의 뼈무더기는 동물상을 보여준다.

반면에, 사람족 화석은 굉장히 드물다. 사람족 화석은 동물뼈 수만, 심지어는 수십만 개를 발견할 때 하나가 나올 정도로 드물다. 이런 상황은 동아프리카지구대, 그리고 전 세계에 걸친 자연물 수집 환경에서도 마찬가지다. 말라파는 이례적으로 사람족 화석이 많이 나온 유적지였지만, 그래도 여전히 동물상 유골이 사람족 유골보다 압도적으로 많았다.

게다가 단일한 종으로 구성된 현장 표본, 즉 한 종의 동물화석의 집합은 거의 찾기가 힘들다. 일반적으로 이런 화석 집합이 발견되는 경우는 홍수나 대량살상이 일어난 지역과 같은 대재난 사건의 현장밖에 없다. 하지만 이런 경우에서도 대개 다른 종의 동물이 약간 포함된다. 자연적인 저수지에 동물이 갇히는 경우에도 대개는 다른 동물들도 같이 갇히게 된다. 만약 누(얼룩말과 무리를 지어 사는 소과 포유류-옮긴이) 무리가 강물에 빠져 죽었다면, 강 바닥에 있는 자갈 사이에서는 물고기 화석, 악어 이빨도 같이 발견될 것이다. 얼룩말 뼈도 같이 발견될 수도 있다.

이런 규칙에서 예외가 되는 동물은 딱 한 종류밖에 없다. 현생인류다. 인간은 단일한 종으로 구성된 현장 표본 형태로 주로 발견된다. 인간은 의도적으로 다른 인간의 사체를 한데 모아 다른 동물들로부터 격리시키기 때문이다. 이 의도적인 사체 처리는 다른 동물 종에서는 볼 수 없는 완전히 비자연적인 행동이며, 대부분의 인간 문화를 결정짓는 특성이다.

이곳은 점점 더 이상한 곳이 되어가고 있었다.

24

나흘 뒤에도, 발굴팀의 상대는 그 두개골이었다. 작업 패턴은 정해져 있었다. 아침 7시 이전에 동굴에 두 명 또는 세 명의 발굴작업자를 보내고, 오전 늦게 교대하며, 마지막 작업자들이 오후 3시경에 동굴에서 나오는 것이었다. 우리 기대와는 달리 두개골 작업은 아주 더디게 진행되고 있었다. 브리핑 보드는 날마다 같은 단어로 시작했다. #두개골.

금요일, 그럼에도 그날은 뭔가 진짜 중요한 일이 벌어질 것 같았다. 지하 팀은 화석 퇴적층이 어떻게 형성되었는지 알아낼 수 있을 정도로 두개골 주변 지역을 충분히 드러냈고, 마침내 두개골을 빼냈다.

예상하지 못했던 문제가 발생했다. 화석은 계속 빠르게 발굴되는데 과학 텐트는 공간이 부족하게 된 것이다. 대부분의 뼈는 내가 경험한 그 어떤 화석 유적지에서보다 잘 보존되어 있었었다. 하지만 습기가 차기 시작했고, 우리는 화석을 아주 서서히, 그리고 자연적으로 말려야 했다. 화석의 내부층과 외부층의 건조 속도가 달라지면 뼈가 부러질 수도 있었다. 그렇게 하려면 공간이 많이 필요했는데, 공간 확보가 쉽지 않았다.

"저기 저장고가 하나 있는데."

"이미 찼어요."

누군가가 답했다. 나는 여기저기를 두리번거렸다.

다른 문제는 이미 해결했다. 우리는 두개골이 깨지기 쉽다는 걸 알고 있었다. 두개골은 동굴방에서 가지고 나올 유물 중에서 가장 큰 것이었다. 낙하지점을 어떻게 안전하게 통과할지 걱정이 되었다. 누군가 플라스틱으로 만든 도시락통을 사용하면 어떨까 제안했다. 낙하지점의 홈통을 잘 빠져나올 수 있을까? 그랬다. 하지만 두개골은 휘어져 있었고, 게다가 공기쿠션 팩과 스펀지로 포장되어 있었다. 그 자체 무게 때문에 두개골이 부서질 수도 있었다. 우리의 해결책은? 도시락통 안에 파란 플라스틱 시리얼그릇을 넣었다.

오후 2시 30분쯤, 존이 동굴의 팀원에게 전화했다.

"30분 후쯤 오늘 일정을 마치도록 합시다. 아직 두개골을 회수할 때가 아닌가 봐요. 내일 합시다."

"잘 될 것 같아요. 한 시간만 더 주세요."

한 시간 후, 존이 동굴 아래로 다시 전화를 걸었다.

"한 시간 지났어요. 올라와야 합니다. 오르막이 만만치 않습니다. 원한다면 내일 첫 번째로 들어가서 두개골을 회수할 수 있게 해줄게요."

"우린 두개골 없이는 나가지 않을 거예요."

베카가 말했다.

존이 다시 말했다.

"아니, 그 마음은 알겠는데, 오늘 일과를 마쳐야 할 시간이라니까요."

인터컴에서 침묵이 흘렀다. 그리고 베카의 목소리가 다시 들렸다.

"내려와서 우리를 데려갈 수 있겠어요?"

그걸로 끝이었다. 진짜 두개골의 날이었다.

결국 또 한 시간 이상이 더 소요되었다.

우리는 잔뜩 긴장한 채로, 베카와 마리나가 두개골을 담은 시리얼그릇을 도시락통에 조심조심 넣는 모습을 비디오를 통해 지켜보았다. 인내와 끈기가 열매를 맺었다. 두개골은 이제 동굴 밖으로 나올 준비를 마쳤다. 그들은 두개골 조각을 마치 환자를 수술대로 옮기듯이 들어올리고 받쳐 주었다.

모두가 이 순간을 기다려왔다. 작업 중인 모든 동굴탐사자와 발굴작업자가 두개골이 나아가는 경로를 따라 드래곤스백의 꼭대기, 바위 등성이 어귀, 슈퍼맨스크롤의 양 끝, 사다리 지점 아래, 그리고 동굴 입구까지 자리를 잡았다. 도시락 안에 든 두개골이 착륙지점에 나타났다. 거기서부터 팀원들은, 귀중한 화석을 오르막과 좁은 틈새들을 지나 손에서 손으로 물동이를 전달하는 사람들처럼 움직였다. 우리는 지상에서 비디오로 이 과정을 지켜보면서, 두개골이 우리 팀이 동굴방으로 들어갔던 길을 거꾸로 빠져나오는 동안의 놀라운 팀워크를 확인할 수 있었다. 사람들이 모두 일을 멈추고 동굴 입구 가까이 몰려와 베카와 마리나를 기다렸다. 마침내 그들이 두개골과 함께 등장했다. 의기양양했다.

위대한 순간들로 가득 찬 한 주를 마감 짓는 위대한 순간이었다. 우리 팀은 무엇인가 특별한 일이 일어나고 있다는 걸 점차 알아가고 있었다. 이 놀라운 첫 번째 주가 끝나갈 때, 우리는 200개가 넘는 화석을 회수한 상태였다. 우리가 말라파에서 5년 넘게 일하면서 회수한 사람족 뼈보다 많은 양이었다. 동굴방 바닥만 훑었는데도 이 정도였다. 그때까지 우리는 7센티미터 깊이까지만, 그것도 겨우 접시 몇 개 놓을 정도 넓이의 동굴 바닥을 발굴했을 뿐이었다.

두 번째 주가 지나갈 즈음, 수집품은 700개를 넘어섰다. 이 숫자는 특별했다. 아프리카에서 가장 풍부한 사람족 유적지인 스테르크폰테인의 유물 수를 넘겼기 때문이다. 스테르크폰테인은 내가 앉아 있는 지휘본부에서 계곡을 오르면 그 유적지 관광안내소의 입구를 볼 수 있을 정도로 가까운 곳이다. 70년이 넘게 사람들이 화석을 탐사해온 유명한 남아프리카의 화석 유적지에 둘러싸인 이곳에 우리가 서 있었다. 우리는 다른 어느 지역보다도 유물이 풍부한 유적지를 찾아냈다. 놀랍다는 말로는 부족했다.

나는 3주 정도면 탐사가 끝날 것으로 생각하고 계획을 짠 터였다. 금요일에 첫 번째 두개골을 회수한 후 남은 시간은 2주였다. 일부 과학자들과 자원봉사자들은 집으로 돌아가야 했다. 스티브 처칠은 미국에서 할 일이 있어서 어쩔 수 없이 떠났다. 텍사스 A&M대학의 대릴 드 루터를 포함해 새로 합류한 사람들도 있었다. 대릴은 세디바 두개골의 기재논문을 쓴 세디바 팀의 핵심 인물이었다. 뉴욕대학의 스콧 윌리엄스도 합류했는데, 그는 세디바 척추를 기재했던 척추뼈 전문가다. 동굴탐사모임의 새로운 회원들도 합류했다. 3주간의 탐사 기간 동안 과학자들과 동굴탐사자들 사이에 끈끈한 우정이 싹텄다.

모든 면에서 내 생애 최고의 탐사였다. 모든 것이 매끄럽게 잘 풀려갔다. 한두 번 작은 사고가 있었지만, 재난 수준은 아니었다. 알리아가 착륙지점에서 낙하지점으로 올라가다가 부상을 당했는데, 다행히도 심각하지는 않았다. 몇 바늘 꿰맸지만, 나는 알리아가 그 작은 흉터를 자랑스러워할 거라고 생각한다. 유적지에서 소셜미디어에 공을 들였던 우리의 노력으로 전 세계에서 수천 명이 우리 팀원들이 지하에서 하는 작업을 지켜보았다. 학교에서는 선생님들이 매일 새로운 정보를 학생들에게 전해주었다. 인류학자들은 우리의 작업을 널리 알리고, 흥미를 느낀 대중은 우리의 탐사 블로그를 구독했다. 사람들은 우리 팀원들의 목소리를 들었고, 우리는 그렇게 우리 소식을 함께 나누는 것이 좋았다.

⚜

탐사 첫날부터, 우리는 모두 우리가 어떤 특이한 생명체를 마주하고 있다는 강한 느낌을 갖고 있었다. 대퇴골의 납작한 목과 작은 머리는 루시와 세디바의 것을 닮았다. 어금니 또한 턱의 뒤로 갈수록 커지는 것이 원시적으로 보였다. 하지만 치아는 전부 작았는데, 세디바의 것보다 더 작았다. 손허리뼈도 처음 보는 것이었다.

두 주가 지나면서 그런 느낌은 점점 더 강해졌다. 첫 번째 두개골은 우리가 바랐던 만큼 완벽한 것은 아니었다. 페터가 도시락통에서 두개골을 꺼내어 조심스럽게 맞추자, 두개골이 아주 작다는 것이 드러났다. 오렌지 정도의 크기였다. 게다가 실망스럽게도, 얼굴 부분이 전혀 없었다. 하지만 이 두개골에서 더 많은 증거들을 확보하는 데에는 그다지 오랜 시간이 걸리지 않았다. 고통스러운 발굴작업으로 '수수께끼상자' 부근이 더 넓게 드러났을 때, 우리 팀은 불완전한 턱뼈 두 조각을 찾아냈다. 그중 하나는 이빨이 뿌리까지 닳은 아주 나이 많은 개체의 것이었는데, 다른 부분적인 두개골 안에 자리 잡고 있었다. 이 두개골은 이마에서 튀어나온 융기를 포함해 왼쪽 눈구멍의 윗부분을 보존하고 있었다. 페터가 이 두개골 조각들을 다시 결합시키자, 우리는 마침내 눈에서 귀 뒤쪽에 이르는 얼굴의 형태를 파악할 수 있었다.

나는 과학 텐트에서 조심스럽게 두개골을 조사하고 있었다. 옆모습을 보면, 그 두개골은 호모 에렉투스의 축소모형과 같았다. 이마융기는 가늘었지만, 홈 하나가 이 이마융기를 이마와 분리시키고 있었고, 두개골은 안구 뒤에서 안쪽으로 아주 조금 좁아졌다. 나는 두개골 측면에서 이마융기에서 시작하여 귀 뒤의 각진 두꺼운 지역에 이르는 턱근육의 선들을 추적할 수 있었다. 그 어떤 오스트랄로피츠도 이와 닮은 특징을 갖고 있지 않다. 그럼에도 이 두개골 안에서 보호받았을 뇌는 확실히 작았고, 심지어 우리가 발굴한 첫 번째 두개골의 것보다도 더 작았다. 이렇게 작은 뇌를 가진 어떤 에렉투스 두개골도 발견된 적이 없었다. 두개골 뒷면은 에렉투스처럼 길지도 각이 지지도 않았다. 대신 급하게 휘어진 것이 거의 현생인류의 두개골 모습이었다.

이 작은 표본을 들고, 나는 놀라워서 고개를 저었다. 이런 화석은 처음이었다.

25

현장작업이 끝나기 이틀 전에, 릭과 스티븐을 따로 불렀다. 나는 동굴의 다른 곳에서 그들이 발견했던 대퇴골과 관련해 한 약속을 잊지 않고 있었다. 현장작업이 성공적으로 진행되어 거의 끝난 상황이라 이제 그들이 원했던 조사를 하게 할 수 있었다.

"좋아요. 마리나와 베카를 데리고 가서 그 뼈를 가져와보세요. 단, 당신들이 그 화석을 수집하기 전에 먼저 완벽한 지도와 많은 사진들을 내게 보여줘야 합니다."

그들은 빛의 속도로 사라졌다.

두 시간 후, 나는 동굴 입구 근처의 돌 위에 앉아 있었다. 내 손에는 사람족 대퇴골의 근위부가 있었다. 우리가 지난 3주간 일했던 동굴방에서 회수한 대퇴골의 위쪽 끝부분의 모양과 아주 많이 닮았다. 하지만 이 뼈는 완전히 다른 장소에서 나온 것이다. 지하의 미로를 지나 완전히 다른 방향에 위치한 새로운 동굴방이었다. 동굴 입구 근처에서 급하게 왼쪽으로 돌면 약 60미터 떨어진 드래곤스백을 향하게 되지만, 그들은 왼쪽이 아닌 오른쪽으로 방향을 바꾸어 경사진 통로를 택했다. 이 새로운 동굴방은 우리가 처음 화석을 발견한 동굴방과는 아무런 연관도 없어 보였다. 그 둘은 지하에서 구불구불한 통로를 따라 100미터 정도 떨어져 있었다. 첫 번째 동굴방은 비트바테르스란트대학 화석번호체계에서 '유적지 101'이었고, 우리는 화석의 목록을 작성하는 3주 동안 각 화석에 101로 시작하는 번호를 붙여주었다. 이 새로운 동굴방은 '유적지 102' 가 될 것이었다.

믿기지 않았다. 한 동굴계에서 또 다른 사람족 화석 수집이라니? 나는 네 사람을 올려다보며 함박웃음을 지었다. 그리고 나는 피해갈 수 없는 질문을 던졌다.

"이 뼈 말고 어떤 것들이 있나요?"

"두개골이요."

마리나가 답했다.

곧바로 작업을 시작했다.

⚜

라이징스타에 발을 들인 지 21일 만에 과학자, 학생, 자원봉사자로 이루어진 우리 팀은 경이로운 업적을 이루어냈다. 우리는 1300개가 넘는 사람족 화석을 회수했다. 모든 면에서 전례 없는 소득으로, 아프리카의 단일 유적 발굴 가운데 단연 최대의 숫자였다.

우리는 이 성과를 최고의 과학자들, 열성적인 동굴탐사자들, 의욕적인 학생들의 팀과 함께 단지 4주 동안의 노력으로 이루어냈다. 모든 고인류학 탐사 중 가장 열악한 환경을 가진 곳 가운데 한 곳에서 작업하면서 우리는 단 한 건의 심각한 부상도 없이 탐사를 마쳤다.

우리의 처음 계획은 사람족 개체 유골 하나를 회수하고 그 주변 상황을 기록하는 것이었다. 그런데 우리가 발견한 것은 어느 누구도 그것이

가능하리라고는 꿈조차 꾸지 못했을 수준의 유물들이었다. 우리는 신체의 거의 모든 뼈를 갖춘 표본을 하나 이상 발견했다. 뼈의 대부분은 서로 다른 개체에서 같은 부위에 해당하는 것들이었다. 그중 가장 많은 것은 치아였다. 유적지에서 나온 치아와 턱의 조사 결과는 우리가 최소한 열두 개체를 다루고 있음을 확실히 해주었다. 일부는 매우 어린 아이였고, 아주 나이 많은 성인이 최소한 한 명, 그리고 그 사이에 다양한 나이대가 있었다. 그러나 사람족 뼈는 그토록 많았는데도, 우리가 발견한 다른 동물의 유해는 새 한 마리에서 나온 뼈 여섯 개와 설치류의 이빨 몇 개가 전부였다. 그 누구도 이런 유적지를 발견한 적이 없었다.

그게 다가 아니었다. 동굴방 어디서나 뼈가 보였다. 퇴적층에는 분명히 수천 개는 더 있을 터였다. 최선을 다해 발굴할 만큼 했지만, 이제는 멈추어야 했다. 자금도 바닥나고, 무엇보다도 우리가 가지고 있는 것이 무엇인지를 알아내기 위한 과학적 연구를 시작해야 했기 때문이다. 우리가 회수한 화석에 대해 더 많은 것을 알아내게 되면, 유적지에 아직 남아 있는 것들로부터 얼마나 더 많은 지식을 얻을 수 있는지에 대해 현명한 판단을 할 수 있을 것이다. 우리 팀원 각자가 말할 나위 없이 자랑스럽지만, 이제는 떠나야 할 때였다.

게다가 소셜미디어를 통해 소식이 전 세계에 전해지면서, 사람들은 우리가 스스로에게 묻고 있는 것과 똑같은 질문을 해왔다. 어떤 종의 화석입니까? 그 화석들은 어떻게 이 위험하고 격리된 동굴방에 들어오게 된 걸까요? 그리고 얼마나 오래된 것입니까? 다음 몇 달 동안은 이러한 질문들에 대답하는 것이 우리 일이었다.

이처럼 엄청난 양의 사람족 화석 연구를 어떻게 시작해야 할까? 나는 대학에 있는 연구실로 돌아와 의자에 앉아 있었고, 화석들은 수많은 금고들로 나뉘어 안전하게 보관되어 있었다. 탐사 후의 연구와 다른 문제들에 관해 존 호크스와 의견을 나누다가 내가 말을 꺼냈다.

"나는 좀 급진적인 방법을 써볼까 싶어요."

"염두에 두고 있는 거라도?"

존이 물었다.

"탐사를 시작하기 전에 우리가 대화했던 것 기억해요?"

존이 고개를 끄덕이더니 말했다.

"화석을 연구하는 데에 젊은 사람들을 합류시키자는 말이지요? 생각하면 할수록 그 아이디어가 마음에 들어요. 하지만 우리가 그 아이디어를 이야기할 때는, 딱 한 개체를 연구하는 거였잖아요. 지금 우리는 세디바의 것보다 10배 이상 많은 화석을 마주하고 있어요. 이렇게 많은 사람족 화석을 한 번에 조사해본 사람은 없을 겁니다."

나는 웃으며 고개를 끄덕였다.

"그래서 그 아이디어가 더 중요한 거예요. 우리가 적절한 젊은이들을 모을 수 있다면, 정확한 데이터를 가지고 이 새로운 화석을 제대로 연구할 수 있고 이 분야를 혁신시킬 수 있을 겁니다."

존이 답했다.

"그건 확실합니다. 재능은 있지만 이런 새로운 화석을 가지고 연구해볼 기회를 얻지 못하는 수많은 젊은이들이 있지요. 그중 많은 이들이 다른 분야에서 일을 해요. 기회가 너무 없으니까."

내가 말했다.

"그래서 서로에게 좋은 일이 될 겁니다. 이제 막 박사과정을 끝낸 사람들은 최신 기술을 활용해서 연구를 하지요. 우리는 가장 영향력이 큰 연구를 실행할 수 있고, 그것도 바로 시작할 수 있는 위치에 있어요. 일할 사람들만 빨리 모으면 됩니다."

"네, 저도 참여할 거라는 건 아시지요? 적당한 사람을 찾고 그들을 한데 모으는 건 제가 좋아하는 보람 있는 일이니까요."

존이 웃으면서 말했다.

그날 오후, 알베르트 판 야스펠트에게 전화를 걸었다. 그는 2008년에 내가 말라파 연구프로그램을 시작할 수 있도록 남아프리카 국립연구재단으로부터 긴급 연구비 지원을 받게 해준 사람이다. 라이징스타 화석을 분석하는 데에 필요한 재원을 얻기 위해 나는 공손한 자세로 다시 그에게 연락했다.

"심포지엄을 열고 싶습니다. 라이징스타에서 나온 유물들을 연구하는데, 기존의 세디바 팀에다 이제 막 경력을 시작한 과학자들과 함께 일하고 싶어요."

알베르트는 잠깐 동안 생각에 잠겼고, 나는 침착하게 상대편의 반응을 기다렸다. 그가 물었다.

"워크숍이라고 할 수 있나요?"

"물론이지요! 이름은 뭐라 불러도 좋습니다."

전화에 대고 웃으면서 답했다.

1월 초, 나는 페이스북에 메시지를 올렸다.

비트바테르스란트대학 고과학 · 진화연구소에서 새로운 형태의 워크숍을 개최합니다. 최근에 발견된 초기 사람족 화석 자료들을 연구하고 기재하여 일련의 영향력 있는 과학저널에 발표하는 것이 목적입니다. 워크숍은 남아프리카공화국에서 2014년 5월 초부터 6월 첫째 주까지 진행될 예정입니다.

우리는 최근에 학업을 마친 과학자들을 찾고 있습니다. 초기 사람족의 해부학적 특징과 관련된 모든 연구분야에 적용할 수 있는 데이터와 기술을 갖춘 사람을 원합니다. 참가자는 그 데이터와 기술을 이 중요한 사람족 화석을 연구, 기재하고 발표하기 위해 설립된 공동워크숍에서 공유하는 데에 동의해야 합니다.

이 워크숍의 의도는 자신의 경력을 막 시작한 과학자들에게 아프리카의 초기 사람족 유물을 최초로 기재하는 과정에 참여할 수 있는 기회를 드리는 것입니다. 선정된 지원자는 워크숍 전 과정에 참석해야 하며, 참가 경비와 숙식을 전부 제공받습니다. 또한 기존의 화석, 최신 자료, 그리고 모든 데이터에 접근할 수 있습니다. 그리고 저명한 선임연구원들부터 조언을 받을 수 있습니다.

참가자에게는 영향력 있는 과학저널에 발표될 논문에 공동저자로서 이름을 올릴 수 있는 기회가 적어도 한 번 이상 주어지며, 이후 기여도에 따라 더 많은 기회들이 열려 있습니다. 관심 있는 응모자들은 이력서, 가지고 있는 기술이나 데이터 세트의 요약(1500자 이내), 그리고 각 분야의 저명한 과학자 세 명의 추천서를 보내주십시오.

우리는 곧 150명이 넘는 과학자들로부터 지원서를 받았다. 각자가 유용한 다양한 전문지식을 가지고 있었다. 세디바 과학자들의 조언을 듣고, 자금을 최대한 아껴서, 워크숍에 참석할 30명이 넘는 젊은 과학자들을 뽑았다. 이들은 2014년 5월 초에 요하네스버그에 도착해 5주 동안 화석을 직접 연구할 예정이었다.

그러는 동안에, 나 혼자 감당할 수 없는 일이 하나 더 있었다. 11월에 탐사를 끝냈을 때 우리는 '101 동굴방'에 있는 것들 중 겉만 겨우 훑었을 뿐이라는 사실을 알고 있었다. 그냥 하는 말이 아니라, 실제로 그랬다. 우리가 마지막 발굴작업을 끝냈을 때, 지하 팀의 작업은 위턱(상악골)의 이빨을 드러내고 있었다. 우리는 팀원이 마지막 오후 작업을 하는 동안 퇴적층에서 이빨이 서서히 모습을 드러내는 것을 비디오로 볼 수 있었다. 처음에는 이빨만이, 그다음으로 얼굴의 아래 부분이 모습을 드러냈다. 얇은 얼굴뼈는 너무 연약해 보여서, 우리는 작업을 서두를 엄두가 나지 않았다. 게다가 이 상악골은 '수수께끼상자' 안에 있어서, 팀원들이 서서히 아래 방향으로 작업을 해나가다 보니 거기에는 또 다른 뼈가 겹쳐 있었다. 그 상황에서는 어찌해볼 도리가 없었다. 우리는 이 얼굴이 얼마나 완전한지도 알 수가 없었다. 시간이 없었던 우리는 그 뼈의 안전을 생각해 그곳에 그냥 놔두기로 했던 것이다.

2014년 3월, 나는 베카와 마리나를 라이징스타로 불러 그 상악골을 동굴에서 빼오게 했다. 그 얼굴의 해부학적 특징을 제대로 이해하기 위해서는 우리 팀이 다른 화석들의 분석을 시작하기 전에 그 뼈를 회수해야 했다.

상악골을 들어올리는 순간, 베카와 마리나는 그 아래에 더 많은 두개골 조각들과 온전한 턱뼈가 있는 것을 발견했다. 위턱뼈와 아래턱뼈는 서로 완벽하게 들어맞았다. 살아 있는 사람들에서처럼, 위턱의 이들은 아래턱의 이들과 맞물리는 곳에서 딱 맞도록 마모된 상태였다.

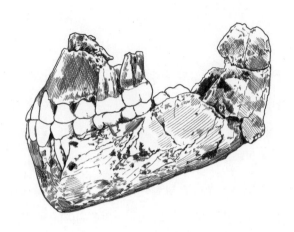

::라이징스타에서 발견된 위턱뼈와 아래턱뼈의 정합

　동굴 바닥에서 불과 몇 센티미터 아래에서 뼈들은 놀라울 정도로 잘 보존되어 있었다. 11월에 우리 팀은 해부학적 위치대로 서로 연결되어 있는 발목과 발의 일부를 찾아냈다. 이는 그 다리가 뼈들을 함께 유지하는 연조직이 있는 상태에서 유적지에 놓였다는 뜻이다. 그때까지 우리는 많은 연약한 부분들이 상실된, 뒤범벅이 된 뼈들을 처리하고 있었다. 하지만 이제 마리나와 베카가 가는 뼛조각들을 발견하고 있었다. 어린아이의 턱뼈 조각 같은 것들이었다. 그들은 손가락뼈 몇 개를 찾더니 천천히 서로 붙어 있는 완벽한 것으로 판명된 손을 발굴해냈다. 그 손은 꽉 쥔 채로(손가락뼈가 휘어져 있었다) 퇴적층 내부에 놓여 있었고, 아주 작은 손목뼈 하나만 없었다. 그때까지 발견된 사람족 화석 뼈 중 가장 완벽한 손이었다. 거의 완벽한 발뼈, 발과 손의 여러 부분들과 연결되어 있는 다른 부분들도 함께 있었다.

　3월 두 주 동안의 작업으로 300개 정도의 표본을 더 회수했다. 우리가 그때까지 발견한 가장 완벽한 유물이었다. 이 표본들은 5월에 화석을 연구하기 위해 워크숍이 구성되면 핵심적인 역할을 해줄 것들이었다.

제4부

호모 날레디의
이해

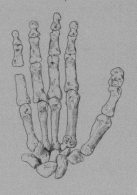

26

워크숍 첫날, 나는 참가자들에게 브리핑을 하고 있었다. 우리는 젊고 경력이 짧은 과학자와 경험이 많은 과학자를 한데 모아 훌륭한 혼합체를 만들었다. 모두가 라이징스타 화석을 연구하기 위해 요하네스버그에 온 사람들이었다. 대학의 연구담당 상임부총장이 비트바테르스란트대학에 온 것을 환영했고, 나는 이 워크숍의 목적을 이야기했다.

"우리는 연대 측정 없이 이 화석들을 기술할 것입니다."

그들에게 내가 말했다. 실험실에 꽉 찬 과학자들이 나를 쳐다보았다. 일부는 농담이라 생각했고, 나머지는 믿을 수 없다는 표정이었다. 올두바이 협곡에서 더욱 정교한 연대측정법을 사용한 이래, 아프리카의 거의 모든 사람족 화석 발견은 일종의 연대를 제시했다. 대부분의 과학자들은 지질학적 연대를 일종의 보험증서로 생각하고 있었다. 레이먼드 다트가 초기에 비판에 직면한 것도 타웅 아이의 지질학적 연대를 명확하게 제시하지 못했기 때문이었다. 대중과 대부분의 고인류학자들에게 화석의 지질학적 연대는 인간 진화에서 화석의 위치를 해석하는 열쇠다. 나는 방 안 가득한 과학자들에게 화석을 이해하는 데에 필요한 열쇠도 없이 스스로 눈가리개를 한 채로 진행할 것이라고 말하고 있었던 것이다.

어느 정도는 부득이한 결정이었다. 처음 시작할 때부터 폴 더크스가 이끄는 우리 지질학팀이 유적지를 분석하는 데에 참여해왔지만, '101 동굴방'의 화석 연대를 밝혀내기가 쉽지 않았기 때문이다.

말라파 화석의 지질학적 연대를 추정할 때는 행운이 여러 번 따랐었다. 그곳의 화석은 두 유석층 사이에 깔끔하게 끼어 있어서 우리는 유석층을 이용해 유골의 연대를 정확하게 결정할 수 있었다. 또한, 인간 이외의 동물(검치호랑이, 하이에나, 영양 그리고 말)뼈는 유석으로 측정한 유적지의 연대를 입증하는 증거를 제공해주기도 했다.

라이징스타에서는 그런 행운이 없었다. 우선, 새뼈와 설치류 뼛조각이 전부였는데, 그마저 사람족 화석과는 보존된 방식이 달랐다. 말라파 화석들과는 달리, 라이징스타 화석들은 유석으로 위 또는 아래가 덮인 딱딱한 각력암 속에 박혀 있는 게 아니라 부드럽고 부슬부슬한 퇴적물 덩어리 안에 들어 있었다. 약간의 유석이 벽에 닿는 쪽에서 침식된 상태였지만, 그 과정이 화석과 어떤 연관성이 있는지 결정하기가 힘들었다. 그럼에도 우리는 말라파에서 작동했던 연대측정 방법을 써서 유석의 나이를 측정해보려고 시도했지만, 실패했다. 얇고 침식된 유석은 동굴방 안의 퇴적암에 의해 상당 부분 오염된 상태였다. 우리는 유석이 형성되기 전에 화석이 얼마나 오랫동안 동굴에 있었는지를 알아낼 방법이 없었다. 화석의 최대 나이를 계산할 수 있는 지질학적 소재는 동굴방 바닥 밑에 있는 지층밖에 없었다.

문제가 명확했다. 어느날 나는 스카이프를 통해 폴, 그리고 그의 젊은 동료 에릭 로버츠와 대화를 나누었다.

폴이 나에게 말했다.

"연대 측정을 위해서 화석을 좀 희생해야 할 겁니다."

나는 이렇게 답했다.

"기재 작업이 끝나기 전에는 그럴 수 없어요. 그리고 그렇게 한다고 해도 이들 화석의 정확한 연대를 알 수 있는 직접적인 연대 측정 방법이 없을 거라는 건 알고 계시지 않습니까? 화석은 매우 오래되었을 겁니다."

합리적인 방법은 전자스핀공명ESR 연대측정법을 사용하는 것이었다. 치아가 화석이 되면서 형성되는 결정분자들의 원자구조를 분석해 이빨이 얼마나 오랫동안 묻혀 있었는지를 측정하는 방법이다. 하지만 여기에도 두 가지 문제가 있었다. 우선, 지질학자가 치아가 묻혀 있던 주변 환경의 방사능 수준을 알고 있어야 하는데, 잘못된 측정 결과가 나오기도 한다. 설상가상으로 이 분석법은 치아에서 걷어낸 에나멜질 시료가 필요하다는 문제가 있다. 에나멜질은 유적지에서 발견된 인간 이외의 동물의 이빨에서도 추출할 수 있기 때문에 보통은 이 과정 자체가 문제가 되지는 않는다. 같은 지질학적 환경에서 온 것이 확실하기만 하다면 영양의 이빨 연대를 측정하면 사람족 이빨의 연대도 측정할 수 있기 때문이다. 하지만 101 동굴방에는 동물 이빨이 없고, 사람족 이빨뿐이었다. 그래서 연대 측정을 하려면 우리는 이 소중한 이빨 몇 개에 구멍을 뚫어야 했다. 그럴 수는 없었다. 이 사람족이 누구인지 아직 아무도 모르는 상태였다. 기재가 끝나기 전에 화석을 파괴하는 것은 과학적으로 잘못된 선택일 것이었다.

그때를 생각하면 할수록, 장애물로 보였던 것이 실제로는 기회였다는 사실을 깨닫게 된다. 연대를 결정하지 않은 채 화석을 분석하는 데에는 실질적인 이점이 있었다. 우리는 매우 이례적인 화석 연구를 시작하려 한 것이었다. 우리의 연구는 그 화석들의 해부학적 구조와 특징에만 의존하게 될 것이었다. 우리 화석은 다른 화석들과 아주 비슷할 수도, 다를 수도 있었다. 이 유사점들 중 일부는 아주 먼 공통조상들의 특징인 소위 '원시적인' 특징일 것이고, 다른 점들은 이 화석에만 유일하고 독특한 특징인 소위 '파생된' 특징일 것이다. 특징들의 패턴을 분석하면, 화석의 나이는 아니지만 화석들 사이의 연관성을 알 수 있을 것이었다. 101 동굴방에서 나온 우리의 화석 수집품이 한 특정한 사람족 종과 많은 파생적 특징들을 공유한다면, 우리는 우리 화석을 그 종에 속한다고 말할 수 있으며, 반면 우리 화석이 현존하는 그 어떤 화석 수집품과도 같은 패턴을 나타내지 않는다면 우리는 우리 화석을 새로운 종으로 정의할 수 있을 것이었다. 이러한 관계는 화석의 나이와 그 어떤 관련성도 없다. 따라서 우리가 화석의 나이를 모른다는 사실이 단점은 아닌 것이다. 오히려 장점이 될 수도 있었던 것이다.

우리 팀이 이런 깨달음을 얻게 된 것은 세디바 화석 연구를 진행하면서부터였다. 우리가 말라파에서 발견한 화석 유골은 아마 아프리카 전역에서 가장 정확한 연대를 가졌을 것이다. 우리는 유적지 연대를 정확하게 밝히는 것이 과학적인 업적이 될 거라고 생각했었다. 인류의 요람 유적지의 연대표에 관한 우리의 지식에 더욱 많은 정보들을 추가한다는 측면에서는 그런 점이 있었다. 그럼에도, 그 연대는 동시에 우리에게 예측하지 못했던 문제를 안겨주기도 했다.

세디바에 대해 처음 기재할 때, 우리는 세디바의 해부학적 구조가 모자이크 형태를 띠고 있다는 점을 강조했다. 세디바는 사람속의 특징과 오스트랄로피테쿠스나 다른 원시 사람족을 닮은 특징을 다 가지고 있었다. 우리는 이 종이 사람속에 속하지 않는다고 생각했다. 하지만 그러면서도 어떤 점에서는 사람속과 가까운 친척일 수 있다는 가능성을 부정할 수는 없었다. 특징들을 조합해보면, 세디바는 우리가 사람속의 조상에게서 나타나리라고 기대하는 특징을 가진 종처럼 보였다. 세디바는 오스트랄로피츠의 원시적인 신체구조와 우리 속의 더 인간 같은 특징들을 잇고 있었다. 이런 모자이크 특성은 세디바가 인간의 조상일 수 있다는 가능성을 암시했다.

이런 주장을 해도 우리 팀은 별 공격을 받지 않았다. 그러나 일부 다른 과학자들은 세디바가 사람속의 조상일 수는 없다고 주장했다. 화석이 그만큼 오래되지 않았기 때문이다. 그들은 에티오피아의 233만년 된 암석층에서 나온 것으로 보이는 화석 하나를 제시했다. 단지 턱뼈 조각 하나뿐이었지만, 그 화석을 발견한 이들은 그것이 지금까지 발견된 가장 오래된 사람속 표본이라는 주장을 지지했다. 그것에 비해, 말라파 유골은 197만 7000년밖에 안 된 것이었다. 일부 과학자들에게, 세디바가 사람속의 조상이 되기에는 너무 연대가 짧았던 것이다. 이는 1925년 타웅 아이의 중요성에 반론을 제기했던 아서 키스의 논리와 똑같았다. 만약 화석이 충분히 오래되지 않았다면 인간계통도에서 현생인류의 조상이 될 수 없다는 것이다.

하지만 이러한 논리는 말라파 화석이 오스트랄로피테쿠스 세디바 종에서 발견될 수 있는 가장 이른 시기의 증거라는 가정에 기반을 두고 있다. 고생물학은 그런 방식으로 작동하지 않는다. 우리는 말라파에서 세디바 개체를 제법 발견했다. 하지만 세디바의 다른 구성원들이 분명 훨씬 더 이른 시간에 살았을 것이다. 얼마나 더 오래전일지는 아무도 모른다. 그러나 고생물학에서, 우리가 화석으로 발견한 개체들은 문자 그대로 존재했던 개체들의 100만 분의 1보다도 더 작다. 세디바가 233만 년 전의 화석을 남길 수 있었을 만큼 충분히 오래전부터 존재했을까? 화석 기록을 가지고는 그 질문에 어느 쪽으로도 답변할 수 없다.

세디바 팀에게 이런 연대 논쟁은 핵심을 벗어난 것이었다. 말라파에서 발견한 화석 유골은 인간을 닮은 그 어떤 초기 오스트랄로피츠 종보다 더 훌륭한 증거다. 우리가 우리 조상들이 인류를 향해 어떤 길을 어떻게 선택했는지를 알고자 한다면, 우리는 계통도 중 세디바 가지에서 나온 증거를 사용할 필요가 있다. 세디바가 사람속을 낳았든지, 아니면 세디바와 초기 사람속 둘 다 서로 공유하는 조상인 다른 종으로부터 등장했든지, 화석은 어떻게 우리의 진화가 발생했는지 알려주는 최선의 단서를 제공해왔다. 화석 사이의 관계를 이해하는 데에 연대가 반드시 도움이 되는 것은 아니다. 세디바의 경우 연대는 도리어 방해가 되었다.

이러한 이유로 나는 우리 팀이 새로운 화석의 나이에 구애받지 않고 연구하길 바랐다. 나는 이러한 접근법에 대해 거의 모두를 설득할 수 있었다. 세디바 프로젝트에 관여하지 않았던 일부 워크숍 과학자들은 처음에는 눈살을 찌푸렸다. 하지만 화석을 보게 되자, 화석의 나이를 모른다는 것이, 알았더라면 전혀 고려하지 않았을 아이디어를 탐구해볼 수 있는 자유를 가져다준다는 것을 깨달았다. 만일 화석의 해부학이 그들이 우리 가계도와 어떻게 연결되는지 말해주지 않는다면, 그들의 연대를 나타내는 숫자는 더욱이 아무런 의미도 없을 것이다. 반면에, 해부학이 연관성을 상당한 수준으로 명확히 보여준다면, 우리가 화석의 나이를 결정했을 때 그 나이는 이 분야의 과학자들이 가지고 있는 가장 중요한 가정을 시험하는 데에 이용될 것이다.

지켜볼 가치가 충분한 일이었다.

27

워크숍에 참가한 과학자들은 그렇게 작업을 시작했다. 각 참가자들은 몸의 여러 다른 부분 또는 다른 형태의 분석에 대한 전문적 지식을 제공했고, 두개골과 하악골팀, 치아팀, 발과 발목팀 등의 작은 팀들을 구성했다. 계획은 이 새로운 화석에서 신체의 각 측면을 기재하는 12편 정도의 논문을 동시에 준비하는 것이었다. 세디바 팀원들은 사람족 화석 유골을 실제로 다루었던 경험을 공유했고, 새롭게 워크숍에 참가한 과학자들은 최신의 데이터와 첨단기술을 제공했다.

우리는 특정 학과를 대표하는 과학자들이나 이전에 우리의 세디바 연구에 비판적이었던 연구팀을 초청하기 위해 많은 노력을 기울였다. 우리는 그들이 우리의 아이디어에 도전하길, 그리고 우리가 세운 가정에 우리 스스로 질문을 던지게 만들어주길 바랐다. 탐사가 이루어지는 동안 우리는 화석에 대해 가설을 세우는 데에 그쳤지만, 워크숍 기간 동안에는 몸의 각 부분을 그 부분에 해당하는 전체 화석기록과 비교할 수 있게 되었다. 세디바를 통해 우리는 어떤 가정도 할 수 없다는 걸 알고 있었다. 예를 들어, 두개골의 형태가 골반 또는 발이 어떻게 생겼을지를 반드시 말해주는 것은 아니었다.

우리는 새로 건립된 '필립 토비어스 영장류 및 사람과 화석 실험실'로 가서 작업했다. 안타깝게도 필립은 2012년에, 이 화석의 발견을 보지 못하고 세상을 떠났다. 이 새로운 화석 실험실은 그의 많은 과학적 업적들을 기리기 위한 것이었다. 세 방향의 벽에는 유리덮개를 씌운 깊은 선반들이 배열되어 있었다. 첫 번째 벽에는 남아공 고인류학의 100년에 가까운 경이로운 발견에서 나온 소장품들이 전시되어 있다. 타웅 아이, 스테르크폰테인에서 발굴한 500개 이상의 표본, 레이먼드 다트가 마카판스가트에서 발견한 화석들, 다른 유적지에서 발견한 사람족 유골 등이 전시되어 있는데, 무엇보다도 글래디스베일의 이빨이 눈에 띄었다.

두 번째 벽에는 필립과 다른 사람들이 수년간 모은 비교자료들이 전시되어 있다. 전 세계 다른 지역에서 발견된 화석의 복제품, 스테르크폰테인과 스와르트크란스의 화석 표본을 재구성한 것들, 그리고 해부학적 구조를 비교하기 위해 사용되는 연령에 따른 유인원, 사람, 원숭이 유골들이 있었다. 보관실에는 새로운 화석의 해부학적 구조를 연구하는 데에 필요한 거의 모든 화석의 주형이 보관되어 있었다. 비트바테르스란트 수집품이라고 부르는 이 자료들에는 다른 열두 곳 이상의 기관에서 빌려온 것들도 있었다. 우리가 수개월 동안 이용하게 될 자료들이었다.

세 번째 벽에 설치되어 있는 선반들은 다음 50년 동안 발견될 새로운 유물들을 수용할 공간이다. 두 개의 세디바 유골이 보호용기에 담겨 보관함의 작은 부분을 차지하고 있다. 며칠 전 라이징스타의 화석들이 다른 것들과 함께 보관실로 옮겨졌다. 1500개가 넘는 화석 표본들을 담은 플라스틱 보관함들이 줄을 이루어 선반을 가득 채우고 있었다. 이 표본들이 나머지 화석 수집품을 모두 합친 것보다 더 많았다.

실험실들의 위치가 정해지자, 이를테면 '손의 땅Hand Land', '이빨 부스Tooth Booth' 같은 표지판을 붙인 각 팀이 화석을 꺼내기 시작했다. 팀원들은 수집품 한 조각 한 조각씩 작업을 해나갔다. 집중하는 동안의 정적은 "잠깐만, 이건 뭐지?", "그 조각이 주상골일까?" 같은 탄성의 순간들로 간간이 끊겼다. 워크숍 과학자들은 인식표를 확인하고 모든 조각을 기술하느라 정신이 없었다. 심지어 가장 적게 발견된 몸 부분인 골반만 해도 40개가 넘었다. 최종적으로 우리는 150개의 손과 손목뼈, 190개의 이빨과 이뿌리, 100개가 넘는 발과 발목뼈를 갖게 되었다. 팀원들은 이 새로운 화석을 규명할 수 있는 중요한 특성을 찾기 위해 마지막 뼛조각까지 면밀히 조사했다.

처음에 존 호크스와 나는 모든 그룹의 전체 연구 상황을 살피면서 돌아다니는 과학자 역할을 맡았다. 팀원들은 각자의 공간에서 일했다. 이들은 라이징스타 화석에 관해 최대한 많이 알아내고 그것들을 남아프리카의 모든 화석 조각과 다른 나라들에서 온 연구용 화석 주형, 그리고 더 많은 화석들의 측량치와 디지털 모델을 포함한 자신들의 데이터 세트와 비교했다. 일주일이 지나자, 각 팀은 우리에게 화석이 무엇을 말하기 시작했는지 상황 보고를 했다. 뼈들이 땅에서 나오기 시작할 때 우리는 몇 가지 가설을 세웠었다. 워크숍 작업을 통해 데이터를 추가로 얻게 됨에 따라 우리는 처음에 생각했던 것들이 많이 적중했다는 사실을 알게 되었지만, 우리가 예측 못 했던 결과도 나왔다.

가장 확실한 사례는 발팀에서 나왔다. 네 명의 핵심 과학자들은 100개가 넘는 뼈를 재구성해 발 여섯 개를 만들었다. 우리는 라이징스타 두개골과 이빨에 대해 우리가 이미 알고 있는 사실을 바탕으로, 발뼈들에 서로 다른 종들을 대표하는 특징들이 뒤섞여 있으면서도 어떤 흥미로운 세부사항 때문에 라이징스타의 발이 다른 발들과 구별된다는 이야기를 듣기를 기대했었다. 세디바 발의 기이한 발꿈치뼈처럼 말이다. 그랬으니, 라이징스타 발뼈들이 현생인류의 발과 거의 구별할 수 없는 형태라는 말을 들었을 때는 놀라울 뿐이었다. 그 발은, 우리보다 더 납작하고 더 기다란 발가락을 가진, 아파렌시스 같은 가장 초기의 두발보행자들과 달랐다. 또한 세디바와도 달랐다. 그것들은 대부분의 과학자들이 호모 하빌리스의 것이라고 생각하는, 올두바이 협곡에서 나온, 악어에 물린 단 하나의 발보다도 더 인간의 것을 닮아 있었다. 101 동굴방에서 나온 발은 기본적으로 인간의 발이었다. 그렇다면 아주 작은 뇌를 가진 이 종은 하빌리스보다 더 인간에 가깝단 말인가?

손은 좀 더 복잡한 이야기를 들려주었다. 손뼈는 100개가 넘었는데, 그 안에 우리 화석 전체에서 가장 중요한 뼈가 들어 있었다. 베카와 마리나가 3월의 탐사작업으로 회수한 거의 완벽한 손이 그것이다. 세디바의

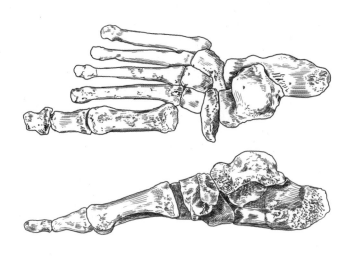

:: 라이징스타 지역에서 나온 가장 완벽한 발. 네 개의 더욱 작은 발끝 뼈는 여기에 그리지 않았다.

손을 기재하는 일을 맡았던 트레이시 키벨이 이번 워크숍에서는 라이징 스타 손과 손목뼈를 조사하고 있었다. 트레이시는 곧바로, 우리 모두가 현장에서 보았던 유별난 엄지 손허리뼈에 주목했다.

"제1중수골이 정말 이상해요."

그녀가 말했다.

"이렇게 생긴 건 본 적이 없어요."

이 말은 이제 가장 흔한 후렴구가 되어가고 있었다.

우리는 동굴에서 그 뼈를 일곱 개 회수했는데, 모두가 다른 어떤 종과 도 닮지 않은 제1중수골이었다. 인간은 길고 비교적 강력한 엄지손가락 을 갖고 있는데, 이는 우리 손목이 대형 유인원의 것과는 다른 방식으로 작동한다는 의미다. 우리는 물건을 쥘 때 엄지손가락을 나머지 손가락의 반대편에서 사용한다. 특히 집게손가락과 함께 물건을 잡을 때 그렇다. 이렇게 강력하게 쥘 수 있는 능력은 선사시대 인간이 석기 도구를 만드 는 데에 필수적인 것이었다.

세디바의 엄지손가락은 엄청나게 길다. 심지어 현생인류보다도 길다. 어떤 면에서는 초인간의 것이라고도 할 수 있었다. 손가락뼈의 끝은 넓 었다. 넓은 손가락 끝부분을 지탱하기 위해서 그렇게 되었을 가능성이 높다. 대체로 세디바의 손은 물건을 강하게 움켜쥐는 데에 인간과 비슷 한 힘을 가진 것처럼 보인다. 하지만 말라파의 두 번째 개체인 MH2의 손은 손목의 몇몇 뼈들이 없는 상태다. 남아 있는 것들을 보았을 때 집게 손가락은 인간처럼 엄지손가락과 정확히 반대쪽에 자리 잡지 않았던 것 으로 추측된다.

라이징스타 손은 거의 모든 손목뼈를 가지고 있었고, 전혀 다른 이야

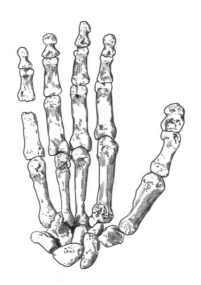

::라이징스타에서 나온 가장 완벽한 손. 엄지손가락이 길고 그 기저에 강력한 제1중수골을 가졌다.

기를 전해주었다. 핵심은 엄지손가락과 집게손가락 사이에 끼어 있는 소능형골小菱形骨이라 부르는 작은 뼈에 있다. 침팬지 소능형골은 피라미드처럼 생겼다. 이 뼈는 이름과는 달리 사다리꼴이 아니라 삼각형을 닮은 꼭지를 갖고 있다. 인간의 소능형골은 이름 그대로다. 마치 정육면체 찰흙을 한쪽만 위로 절반 정도 밀어올려서 만든 작은 장화 모양이다. 라이징스타 화석의 소능형골은 인간의 것과 닮은 모양이다. 또한, 손가락 끝이 아주 넓었다. 현생인류보다 더 넓었다. 엄지손가락은 세디바 정도의 길이까지는 아니지만, 인간의 것에 비해서는 여전히 길다. 엄지손가락, 손목, 그리고 손가락 끝이 모두 인간과 비슷했다. 손은 하빌리스나 플로레스 사람족 유골의 손보다 더 인간의 손과 닮아 있었다.

하지만 문제가 하나 있었다. 팀원들이 손가락뼈 연구를 진행한 결과,

그 뼈들이 놀라울 정도로 굽은 것을 발견한 것이다. 마치 나무를 쥐고 휘어진 손이 그대로 굳어진 것 같았다. 유인원에서 그러한 종류의 굴곡은 오랫동안 가지를 쥐는 데에 사용한 결과로 발달된 것이다. 이와는 대조적으로 인간은 매우 반듯한 손가락뼈를 발달시켰다. 라이징스타의 손은 손목과 손가락 끝은 인간을 닮았지만, 손가락뼈는 무엇인가에 오르기 위해 만들어진 것처럼 보였다. 어깨 또한 어딘가로 올라가는 데에 적합한 구조였다. 상체, 즉 견갑골(어깨뼈), 쇄골, 흉곽 상부와 상완골(윗팔뼈)을 연구하던 다른 팀은 어깨가 위쪽으로 불거지고, 팔이 어딘가로 올라가기 좋게 생긴 것을 알아냈다. 발과 손의 일부는 인간을 더 닮았지만, 손가락과 어깨는 가장 초기의 사람족으로 알려진, 유인원을 닮은 종 아르디피테쿠스 라미두스만큼 원시적이었다.

다리, 둔부, 그리고 몸통에도 각각 이야기가 숨어 있었다. 우리가 현장에서 목격했던 것처럼, 대퇴골의 목과 머리 부분은 세디바나 아파렌시스와 비슷한 오스트랄로피츠를 상당히 닮았지만 대퇴골 목에 두 개의 골이 있었다. 이는 다른 어떤 종에서도 보지 못한 것이었다. 골반은 루시의 골반처럼 넓고 나팔꽃 모양으로 벌어진 둔부를 가지면서, 기다란 대퇴골 목에 잘 들어맞는 것으로 판명되었다. 흉곽의 아래 부분은 그렇게 넓게 벌어진 골반에 안성맞춤이었다. 척추는 또 다른 이야기였다. 각 등골뼈는 상대적으로 작았지만, 척수가 지나는 관은 제법 컸다. 그 팀은 네안데르탈인을 제외하고, 지금까지 이러한 척추 특성들의 조합을 본 적이 없었다.

두개골에서 밝혀지는 상황도 마찬가지로 복잡했다. 단지 한데 모으는 데에 조금 더 시간이 걸렸을 뿐이었다. 페터 슈미트는 작업을 위해 자신의 기지 실험실로 내려갔다. 하얀 실험복을 걸치고 자신이 사랑하는 정밀한 작업을 시작했다. 조각들을 맞추면서 서서히 뼈와 몸의 모양을 드러낸다. 일주일 만에 페터는 이 두개골의 두개를 거의 모두 재구성해냈다. 목근육이 그 흔적을 남길 정도로 잘 보존된 뒷면에서 시작해 이마에 이르기까지 모두 재구성한 것이다. 거의 완벽한 하악골과 위턱의 왼편 반쪽을 가진 그 두개골은 이번 수집이 만들어낸 가장 아름다운 표본이었다. 페터는 만족스러운 미소를 지으며 두개골을 화석보관소로 가져왔다. 아름다웠다. 두개골팀은 자신들의 작업대 주변으로 몰려들어 네 개로 나뉘진 거의 완벽한 두개골을 지켜보았다. 그것들을 연결시켜줄 부분들이 없는 것을 안타까워하면서.

⚜

그달, 실험실은 레이저스캐너로 꽉 찼다. 워크숍 과학자들은 10개가 넘는 스캐너를 가져와서 자리가 남는 모든 탁자 위에 설치했다. 스캐너는 전면에 있는 카메라를 향해 빨간 레이저를 쏘아 뼈의 표면을 가로지르는 선을 느린 속도로 따라가면서 뼈의 입체적인 모습을 기록했다. 20명이 넘는 사람들이 여러 작업대에서 일을 하는데도, 레이저 회전테이블이 주기적으로 윙윙거리는 소리를 빼고는 실험실이 완전한 침묵으로 휩싸이기도 했다. 30여 분이 지나면 컴퓨터 화면에 완벽한 3차원 모델이 나타날 것이었다.

　머시허스트대학에서 온 법의인류학자 헤더 가빈은 두개골팀에서 두개골 부분과 턱뼈를 스캔하고 있었다. 헤더가 랩톱을 열더니 말했다.

제4부 호모 날레디의 이해

"어떤지 한번 봐주세요."

스크린에는 더 이상 조각들이 아닌, 완벽히 재구성된 두개골 모양이 보였다. 우리 모두 숨이 멎는 것 같았다.

"측면을 볼 수 있도록 옆으로 돌려보세요."

페터가 말했다.

"그만! 아주 좋아요, 좋아! 그런데 하악골과 상악골은 조금 더 아래쪽으로 돌려야 할 것 같은데. 여기 이것처럼 말이죠."

페터는 자기 랩톱을 켰다. 화면에 두개골이 떴다. 그는 척도를 정하고 올바른 해부학적 위치에서 각 조각의 사진을 찍은 다음 포토샵을 이용해 그 조각들을 올바른 자리로 정교하게 이동시켰다. 약간은 만화 같은 3차원 모델과는 달리 이 이미지는 놀라운 사진의 섬세함을 보여주었다. 우리는 또다시 입이 벌어졌다. 하나는 오래된 기술로, 다른 하나는 새로운 기술로 만든 이 두 가지 재구성 이미지는 거의 똑같았다.

가상공간에서의 재구성으로 헤더는 뇌의 크기와 대략 상응하는 두개골 내부의 용적을 추산할 수 있었다. 그것은 560세제곱센티미터였으며, 큰 남성 오스트랄로피츠 또는 작은 호모 하빌리스의 크기였다. 우리가 현장에서 회수한, 가는 안와를 가진 더욱 작은 두개골은 아마도 여성일 가능성이 큰 것으로 추정되었다. 뇌의 크기는 더 작아서 약 450세제곱센티미터인데, 많은 여성 오스트랄로피트의 크기로, 아름다우면서도 완벽한 세디바의 청소년 두개골 MH1보다는 조금 더 컸다.

크기 자체는 그리 놀랄 일이 아니었다. 내가 처음 그 두개골 조각, 즉 마리나와 베카가 처음으로 가져온 하악골 화석을 손에 들고 있었을 때부터 크기가 작으리라는 것은 분명했다. 하지만 그 크기는 해부학적인 구조와 들어맞지 않아 보였다. 작은 서랍처럼 앞이마에서 튀어나온 그 가늘고 작은 안와는 작은 호모 에렉투스 두개골처럼 보였다.

이 두개골은 조지아 공화국 드마니시에서 발견된 화석들과 많이 닮아 있었다. 지난 20년 동안 드마니시에서는 다섯 개의 두개골과 여러 종류의 다른 유골 부분들이 발견되었다. 모두 호모 에렉투스의 것으로 판정되었다. 180만 년 전의 것으로 추정되는 드마니시 유물은 아프리카 밖에서 발견된 가장 오래된 사람족 유물이고, 어쩌면 세계에서 가장 오래된 호모 에렉투스일 수도 있다. 다섯 개의 드마니시 두개골은 에렉투스의 두개골 치고는 작은데, 용량이 550세제곱센티미터로 101 동굴방에서 나온 가장 작은 것에 가깝고, 다른 것은 600에서 700세제곱센티미터 사이다. 다른 뼈들도 있었는데, 몇 가지 면에서 에렉투스보다 원시적인 해부학적 구조를 나타냈다. 뇌가 작고, 몸도 피그미족 정도로 작았으며, 두개골이 상당히 얇았다.

드마니시 두개골은 우리에게 매우 중요한 비교대상이었다. 두개골팀의 작업이 진행되자 팀원들은 두개골 형태의 측정치를 비교하기 시작했고, 드마니시 두개골이 우리의 라이징스타 두개골 표본과 가장 가까운 표본들이라는 사실을 발견했다. 그렇지만 다른 특성들은, 호모 하빌리스와 호모 루돌펜시스를 포함해, 우리 인간 계통도에서 더 일찍 갈라진 종들에 더 가까웠다. 예를 들면, 이빨팀은 101 동굴방 사람족의 이빨들이 호모 에렉투스, 호모 하빌리스, 호모 루돌펜시스의 이빨들과 비슷하다는 사실을 알아냈다. 그러나 라이징스타 화석은 그 어떤 종과도 특성이 모두 같지는 않았다. 게다가 각각의 종과 명확히 구별되는 많은 특징들을 갖고 있었다.

라이징스타 종의 다른 독특한 특징들도 밝혀졌다. 사람들은 101 동굴방에서 나온 모든 뼈가 정말로 단 한 종류의 사람족을 대표하는지 어떻게 아느냐고 내게 묻곤 한다. 그 답은 우리가 발견한 뼈들 사이의 경이로운 유사성에 있다. 예를 들어, 이상한 형태를 가진 엄지 손허리뼈는 그 동굴방에서 발견된 일곱 개의 다른 표본에서도 동일하다. 아래쪽 전구치 또한 우리가 다른 사람족에서 보지 못한 기이한 형태를 띠는데, 그 지역에서 발견된 모든 아래 전구치가 같은 특성을 갖고 있다. 뼈와 이빨의 크기도 서로 상당히 비슷하다. 이는 뼈들이 하나의 집단에서 나왔을 뿐 아니라 성인 남녀 사이의 차이도 매우 작았음을 의미한다.

여러 팀의 측정 결과로부터 성인의 체격을 추정할 수 있었다. 몸무게 40~55킬로그램, 키 137~152센티미터였다. 다시 말해, 그들은 아주 작은 체격을 가진 현대인과 같았다. 이빨로부터 우리는 동굴에서 최소한 열다섯 개체를 찾아낸 것을 알 수 있었다. 동굴에 여전히 남아 있을 아마도 수천 개의 뼈들을 고려하면, 훨씬 더 많은 개체들이 있을 것으로 생각된다. 이 열다섯 개체에는 유아에서 청소년에 이르는 나이대의 최소 여덟 명의 어린이가 포함되어 있다. 그리고 이빨이 뿌리까지 닳은, 아마도 30대 후반 또는 더 나이든 성인이 한 명 있었다.

우리는 서서히 서로 다른 팀의 기록들을 비교검토하기 시작했다. 다음 한 주에 걸쳐 나는 수많은 혀 소리와 꽤나 신경질적으로 낄낄거리는 소리를 들었고, 머리를 흔드는 모습을 셀 수 없이 보았다. 우리가 알고 있는

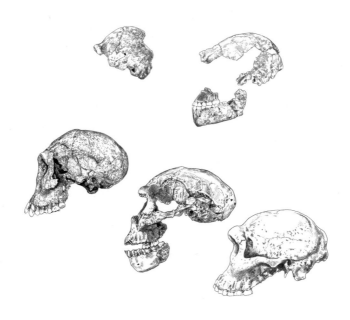

::아래쪽 두개골 3개는 드마니시 두개골, 위쪽 두개골 2개는 라이징스타 두개골이다.
크기를 비교할 수 있다.

그 어떤 종으로도 귀결되지 않았다. 발은 인간의 발을 닮았다. 어깨는 일부 원시적인 사람족의 것과 비슷했다. 하지만 유골의 거의 대부분은 모자이크 같은 특성을 가지고 있었다. 장골, 즉 엉덩뼈는 루시의 것과 닮았지만, 골반의 아래 뒤쪽 부분인 좌골, 즉 궁둥뼈는 인간의 것을 더 닮았다. 손은 인간을 닮은 손목을 가진 반면, 손가락은 휘어져 있었다. 이빨의 비율은 원시적이었지만, 크기는 현생인류와 같았다. 결국 모든 사람이 곧바로 똑같은 결론에 도달했다. 우리가 새로운 사람족 종을 발견했을 뿐 아니라 형태에서 모자이크, 즉 다른 종에서 볼 수 없었던 신체 특성들의 조합을 보여주는 종을 찾은 것이다.

세디바에서도, 우리는 비슷한 상황에 직면하여 화석의 속을 결정하는 어려운 문제에 부딪힌 적이 있었다. 우리를 닮은 사람속인가, 아니면 더욱 원시적인 화석 종들과 마찬가지로 오스트랄로피츠인가 하는 문제였다. 이제 라이징스타 화석을 앞에 두고 우리는 똑같은 질문을 마주했다. 그래도 이번에는 답을 내기가 조금 더 쉬웠다. 세디바는 인간을 닮은 얼굴과 엉덩이를 가졌지만, 그 신체 대부분의 양상에서는 오스트랄로피츠처럼 보였다. 그리고 몇 가지 특징은 심지어 유인원의 것과 비슷했다. 라이징스타 화석은 세 가지 특징을 사람속과 공유했다. 첫째, 손이 물건을 쉽게 잡을 수 있도록 되어 있어서 도구를 제작하기가 호모 하빌리스나 호모 플로레시엔시스 같은 종보다 유리했다. 둘째, 그들의 이빨은 사람속의 모든 종과 같이 고품질 식단에 적응했다. 셋째, 그들의 체격, 특히 다리와 발이 인간을 닮았다. 이 세 가지는 인간과 우리의 가까운 친척들이 환경 안에서 일하고 움직이고 살아가는 방식의 주요한 요소들이다. 이외에도, 두개골의 모양과 특징도 분명 인간을 닮았다. 작은 뇌와 두개골의 원시적인 특징들은 중요한 것이지만, 전체 그림에서 벗어날 정도까지는 아니었다.

이들은 사람속이었다.

28

"자, 그럼, 이들의 이름을 지어야겠지요?"

우리 몇 명이 아침을 먹고 있을 때, 스티브 처칠이 물었다. 세디바라는 이름을 정할 때 우리는 후보 여러 개를 올려놓고 발음을 해보면서 적당하다고 생각되는 것이 나올 때까지 하나씩 제거해나가는 방식을 택했다.

모두가 나를 쳐다보았다.

"날레디란 이름이 어떨까 싶은데. 세소토어로 '별'이라는 뜻인데, 라이징스타에서 따온 말이에요. 그리고 101 동굴방의 이름도 필요한데, '디 날레디 동굴방'이 어떨까. 복수형으로 '별들'이란 뜻이에요."

모두가 동의했다. 스티브가 말했다.

"호모 날레디, 소리가 마음에 들어요."

이제 우리는 그 뼈들을 나타내는 이름을 갖게 되었다. 이전에 발견된 적이 없는 새로운 종이었다. 우리가 새로운 종이라고 선언하자, 여러 가지 의문들이 제기되었다. 세디바 연구를 마친 우리에게는 익숙한 일이다. 불과 6년 전, 우리는 70년이 넘는 동안 사람족 조상에 대한 집중적인 탐사가 이루어진 이곳 인류의 요람에서 인간 진화의 큰 그림에 새로운 종 하나를 제안했었다. 이제 엄청난 양의 화석들이 뒷받침하는 새로운 종을 또다시 제시하게 된 것이다. (의문을 제기하는 사람들이) 하나의 종을 이해하지 못하는 것은 운이 없는 탓일 수도 있다. 하지만 두 개의 종을 계속해서 이해하지 못한다면 어떤 패턴이 존재한다고 봐야 한다. 세디바와 날레디를 있게 해준 고인류학 탐사는 아프리카의 아주 좁은 지역에서 집중적으로 이루어졌을 뿐이다. 도대체 얼마나 더 많은 것들이 발견되기를 기다리고 있을까?

우리 팀은 다른 의문을 푸느라 이 질문은 다음 기회로 넘겨야 했다. 다른 의문이란 '그 개체들이 어떻게 동굴 안에 들어왔을까?'였다.

워크숍이 끝날 무렵, 폴 더크스의 젊은 동료인 에릭 로버츠가 그 지역의 지질학 연구를 돕기 위해 도착했다. 에릭은 동굴 안에서 추가로 나온 데이터를 수집해서, 우리가 라이징스타 동굴계가 어떻게 만들어졌는지를 이해할 수 있도록 도와주었다. 동굴의 지질학적 구조와 특성에 대해 더 많은 정보들을 알아야만 동굴 안에 화석이 놓인 과정을 파악할 수 있다. 다른 과학자와 함께 연구를 시작할 때 그들을 평가하는 수단으로, 낙하 지점의 홈통으로 그들의 몸이 들어갈 수 있는지를 보는 것이 우리의 습관이 되어버렸다. 에릭은 필요한 기술들을 가지고 있었고, 결정적으로 탐사에 딱 좋은 신체조건을 갖추고 있었다. 그는 디날레디 동굴방 내부에서 일하는 우리의 지질학자가 되었다.

우리 팀은 부드러운 붉은 빛이 감도는 오렌지색 점토 덩어리가 화석과 함께 여기저기 흩어져 있는 것을 발견했다. 그 색깔은 진한 갈색의 퇴적층과 확연히 구별되었다. 에릭은, 날레디 화석이 그곳에 쌓이기 전에 오렌지색 점토가 동굴에 먼저 있었다는 사실을 밝혀냈다. 그것의 일부 부스러기들은 여전히 동굴방 벽에 붙어 있는 것도 관찰했다. 그리고 화석층이 모이면서, 오렌지색 점토 가루가 더 최근에 생긴 퇴적층으로 떨어졌다. 우리는 화석 주변의 퇴적층에서 작은 설치류의 흔적을 발견했다. 대부분 설치류 송곳니의 에나멜질 잔해였지만, 그것은 우리가 호모 날레디를 발견한 퇴적층 안에 남아 있는 유일한 동물 잔해 증거다. 에릭은 이 작은 조각들이 오렌지색 점토에서 나온 것이며 사람족 화석과는 아무 관련이 없다는 사실을 밝혀냈다.

오렌지색 점토 덩어리는 더 많은 것을 알려주었다. 만약 물이 그 퇴적층을 날랐다면, 그것들은 하나의 커다란 진흙 덩어리가 되었을 것이다. 부드러운 오렌지색 점토는 덩어리가 되지 못하고 녹아버렸을 것이다. 동굴방에서 지하수면이 완만하게 상승했을 수는 있지만, 뼈를 운반할 정도로 급하게 흐르는 물은 없었다.

우리 탐사팀 모두가 디날레디 동굴방이 조용한 장소임을 알고 있었다. 그 안에 들어가본 사람들의 말을 듣다 보면, 지상에 있는 우리는 동굴방을 마치 불행한 사람족이 내부에 갇히게 된 그 순간부터 전혀 변하지 않았던 공간, 즉 시간캡슐 같은 공간으로 상상하게 된다. 그러나 지질학은 현재의 그 조용함에는 오해의 소지가 있다고 말한다. 디날레디는 전혀 평화로운 장소가 아니었다. 극적인 역사가 숨어 있다. 먼저, 동굴방 일부분은 오렌지색 점토질로 채워져 있었다. 그리고 나중에 대부분 제거되었다. 먼 과거에 씻겨나갔거나, 아니면 동굴방 바닥의 작은 배수구를 따라 아래로 스며들어갔을 것이다. 훗날 사람족 유해가 동굴에 들어왔다. 그 유해들은 서서히 초콜릿빛 감도는 고운 갈색 퇴적층에 의해 덮여 우리가 발굴했던 화석층 대부분을 형성했다.

그런데 여기서 끝이 아니었다. 날레디 화석은 동굴방 바닥을 이루는 갈색 퇴적층에 박혀 있었다. 하지만 에릭은 그 층이 한때 벽 위쪽까지 높이 확장되어 있었다는 명백한 증거를 발견했다. 몇몇 곳에서, 똑똑 떨어지는 물방울은 갈색 퇴적층 바닥 위에 작은 탄산칼슘층, 즉 유석을 형성했다. 현재 유석의 일부는 동굴방 벽 가장자리에 붙어 있는데, 바닥에서 몇 인치쯤 위에 있다. 스스로의 무게를 지탱하기에 너무 얇게 자란 곳에서는 그 가장자리가 부서져 있었다. 결론은 명확했다. 사람족 화석을 담고 있는 바닥 표면은 한때 더 높았다는 것이다. 바닥의 물 빠짐은 여전히 일어나고 있고, 퇴적층은 동굴방 아래로 새고 있었다. 아마 약간의 호모 날레디 화석도 옮겼을 것이다.

그때까지 탐사를 하는 동안, 우리는 낙하지점의 수직 홈통 아래에 있는 동굴방 영역인 착륙지점에 그리 많은 관심을 두지 않았다. 우리 팀은 그 영역에서 이빨 한 개를 포함한 화석 몇 개를 발견했다. 그렇지만 우리는 그곳에서 발굴을 하지는 않았다. 에릭은 그 지역이 중요하다는 것을 알게 되었다. 줄을 그린 유석들이 벽에 붙은 채로, 물이 떨어지던 고대 지표면의 자취를 남기고 있었다. 유석들의 아래와 그 사이에는 약간의 뼈 화석을 가진 퇴적층의 잔재가 있었다. 동굴방에서 가장 높은 이 지역은 지금은 거의 사라져버린 하나의 지층을 보여주는 것 같았다. 그것은 한때 동굴방의 현재 바닥 위에 있었을 것이다. 이 발견은 사람족이 단 한 번에 모두 이곳에 도착했을 가능성을 희박하게 만든다.

뼈들이 한꺼번에 다수의 사람들이 죽어서가 아니라 상당 기간에 걸쳐 동굴에 들어왔다는 것을 암시하는 여러 단서들이 있었다. 예를 들어, 우리 팀이 수수께끼상자 지점 아래를 향해 조금씩 작업을 진행할 때, 그들은 퇴적층 아래로 박혀 있는 대퇴골의 밑을 파냈다. 그들은 일주일 이상 발굴을 계속했지만 그 뼈의 끝부분에 닿지 못했다. 대퇴골이 수직으로 박혀 있었고, 그 주변에는 조금 더 수평 방향으로 놓여 있는 수백 개의 다른 뼛조각들이 둘러싸고 있었기 때문이다. 우리 팀이 어떤 순서를 따라 문제를 해결했듯이, 뼈들도 한 번이 아니라 차례대로, 오랜 시간에 걸쳐 동굴에 들어온 것으로 보였다.

잰 크레이머스는 요하네스버그대학 실험실에서 화석 주변 퇴적층의 화학성분을 분석하는 작업을 하고 있었고, 에릭 로버트와 폴 더크스는 그 퇴적층의 입자와 미네랄 조각을 연구하고 있었다. 라이징스타에 들어가본 우리에게 갈색의 동굴 바닥은 특별할 게 없는 먼지가 쌓여 있는 곳이었다. 이 방과 저 방 사이에 어쩌면 색깔과 질감이 조금 다를 수도 있었고, 어떤 곳에서는 먼지가 좀 더 단단하고 다른 곳에서는 먼지가 더 고운 입자로 되어 있었지만, 여전히 죄다 먼지뿐이었다. 하지만 우리 눈은 다양한 크기를 가진 조각들이 정렬된, 여러 종류의 미네랄의 복잡한 구성을 들여다보지 못한다. 현미경 아래에서, 작은 미네랄 조각들은 디날레디 퇴적층이 어떻게 형성되었는지를 보여주었다.

잰은 디날레디 퇴적층 표본들이 칼륨과 산화알루미늄이 풍부한 작은 조각들로 구성되어 있다는 사실을 알아냈다. 그것은 동굴이 계속 만들어지는 동안에 백운석이 천천히 풍화되면서 생성된 것이다. 다각형 모양으로 끝이 날카로운 것으로 보아, 그 조각들은 멀리 이동하지는 못했을 것이었다.

하지만 우리 팀이 드래곤스백 공간의 바닥에서 나온 퇴적층을 조사했을 때는 결과가 완전히 달랐다. 그 퇴적층은 실리콘이 풍부했고, 석영 입자들이 뚜렷하게 많이 쌓여 있었다. 이 입자들은 동굴 위의 바깥 환경에서 들어온 것이 틀림없었다. 비록 현미경으로만 볼 수 있는 크기였지만, 큰 조각들은 마치 어느 정도 이동하면서 서로 간의 마찰에 의해 마모된 것처럼 테두리가 둥글었다. 석영 입자 일부는 드래곤스백 공간에 노출되어 있는 각력암에서 나온 것일 수도 있는데, 에릭과 폴은 이 지점의 지질학적 상태를 상세히 조사했다.

폴은 슈퍼맨스크롤로 이름 붙은 아주 좁은 통로를 포함한 동굴의 이부분이 오랜 시간에 걸쳐 변해왔다는 것을 알아냈다. 과거 어느 시점에서 동굴 밖에서 대량의 물질이 이곳으로 밀려들어, 커다랗던 동굴을 우리가 오늘날 마주하고 있는 비좁은 통로로 바꿔놓았던 것이다. 다시 말해, 슈퍼맨스크롤은 호모 날레디가 동굴과 마주쳤을 때는 존재하지 않았다. 매립물 중 하나는 드래곤스백의 경사를 만들었는데, 여기에는 다른 동물들의 화석이 묻혀 있었다. 이 영역은 인류의 요람 지역의 다른 동굴들과 무척이나 닮았다. 그리고 아직 확실한 것은 아니지만, 동굴의 이 부분은 지금 우리가 통과하는 것보다 당시 날레디가 통과하기에는 훨씬 쉬웠을 가능성이 크다.

우리가 곧 알게 된 사실이지만, '더 쉽다'는 것이 꼭 '매우 쉽다'는 뜻은 아니었다. 디날레디 동굴방과 드래곤스백의 퇴적층 표본은 서로 많이 달랐다. 입자들은 동굴 밖에서 상당한 거리를 굴러떨어져서 드래곤스백에 도착했다. 하지만 그 입자들은 디날레디 동굴방까지 이르지는 못했다. 당시 동굴방은 격리되어 있었고, 그 후로도 마찬가지였다. 따라서 사람족 화석 주변의 흙은 동굴방 바깥 부분의 것과는 뚜렷하게 달랐다. 동굴방의 천장은 단단한 규질암(쳐트)층이다. 사람이 들어올 만한 구멍이나 틈이 없다. 슈퍼맨스크롤은 아마 다르게 조성되었겠지만, 드래곤스백 자체는 디날레디 동굴방을 외부환경으로부터 봉쇄하면서 호모 날레디의 몸이 도착하기 전에 이미 존재했을 것이다. 결국 동굴방은 작고 간접적인 통로로만 접근할 수 있었던 것이다. 우리 팀이 이용했던 낙하지점이, 지금도 그리고 그 옛날 화석 유물이 쌓여갈 때도, 동굴방에 사람이 들어갈 수 있는 유일한 통로인 것이다.

사람들은 과거에는 디날레디 동굴방에 들어가는 다른 입구들이 있지 않았을까 질문한다. 다른 입구는 우리 팀이 사용했던 입구보다 날레디에게 더욱 쉬운 통로가 되었을 것이라고 생각하는 사람들도 있다. 우리는 다른 입구가 있었을 가능성을 부정할 수 없다. 그리고 우리 지질학팀은 계속해서 전체 동굴계를 파악하는 작업을 진행 중이다. 하지만 우리가 확실하게 말할 수 있는 것이 하나 있다. 날레디가 살았을 때, 만약 동굴방에 이르는 다른 입구가 있었다면, 그것은 지금 우리가 낙하지점의 홈통을 통과해 접근하는 것만큼이나 어려웠을 것이라는 점이다. 만약 그 입구가 들어가기 쉬웠다면, 다른 동물들의 흔적이, 그리고 동굴방에 더욱 큰 퇴적입자들이 있어야 한다. 진입하기 어려운 입구는 우리가 발견한 증거를 설명하는 데에 도움을 준다.

해부학 전문가팀이 워크숍을 떠날 준비를 하면서 연구논문을 끝내는 일에 집중하자, 뼈 하나하나에 대한 더욱 자세한 연구 과정이 드러나기 시작했다. 이 팀의 루신다 백웰은 법의고생물학 전문가라고 할 수 있다. 루신다가 연구하는 분야는 화석생성학이다. 동물이 죽은 뒤에 화석이 자연적인, 그리고 인공적인 과정에 의해 어떻게 변화하는지에 대한 연구다. 그녀와 동료들은 화석을 면밀하게 조사하는데, 대체로 우선 고해상도 현미경으로 화석 표면을 주의 깊게 살핀 다음 거기서 한 단계 더 나아가 자연요인이 만들어낸 작은 자국이나 착색 패턴을 찾아 분석한다. 다시 말해, 그녀는 과학을 이용해 눈에 거의 띄지 않는 것을 설명하는 사람이라고 할 수 있다. 루신다는 말라파 화석군에서도 식물과 곤충을 포함해 놀랄 만한 것들을 발견했다. 루신다는 이 발견을 계기로 남부 아프리카 화석 유적지의 형성과 화석 생성 과정에서 흰개미가 하는 역할에 대해 연구하게 되었다.

인류의 요람 지역의 일부 화석 유적지는 대형 고양잇과 동물, 특히 표범이 수천 년 동안 먹이를 먹고 남긴 부스러기를 보여준다. 이 고양잇과 동물들은 사자와 하이에나 눈에 띄지 않으려고 먹이를 나무가 있는 곳으로 끌어온다. 그런데 이 지역에서 나무는 주로 동굴 입구 부근에서 발견된다. 고양잇과 동물은 먹이를 씹은 흔적을 남긴다. 이빨자국과 구멍이다. 마찬가지로, 하이에나는 인상적인 파쇄흔적을 남기고, 심지어 뼛조각을 삼키고 소화시켜, 위산에 의해 부식된 화석 뼈를 남기기도 한다. 육식동물에 의해 훼손된 사람족 화석을 보는 것은 놀라운 광경이다. 프리토리아의 디트송박물관에는 스와르트크란스에서 나온 두개골 한 조각이 있는데, 약 2.5센티미터 간격으로 두 개의 구멍이 뚫려 있다. 그 뼈는 표범의 턱과 함께 진열되어 송곳니가 그 구멍과 얼마나 완벽하게 일치하는지를 보여주고 있다.

루신다는 디날레리 뼈들을 현미경으로 조사했다. 그 어느 뼈에서도 이빨자국, 구멍 또는 육식동물이나 대형 청소동물이 만든 그 어떤 흔적도 찾을 수 없었다. 달팽이가 만든 작은 흔적을 가진 뼈들이 있었는데, 그것은 달팽이가 달팽이집에 필요한 칼슘을 얻기 위해 수천 년에 걸쳐 뼈의 표면을 기어다닌 것이고, 큰 포유동물에 의한 것은 아무것도 없었다.

동시에, 법의인류학자인 패트릭 랜돌프-퀴니는 뼈의 파손 양상을 조사했다. 신선한 뼈는 조직의 결을 따라 쪼개지면서 녹색 나뭇가지처럼 부러진다. 육식동물이 사체를 먹을 때, 뼈는 바로 정확히 그런 식으로 부서진다. 뼈의 강도는 콜라겐이라는 단백질로 구성된 뼈대와 결합해 있는 미네랄(대부분 칼슘과 인) 함량에 의해 결정된다. 이 물질들이 콘크리트를 강하게 만드는 보강 철근처럼 뼈를 강화시키는 것이다. 동물이 죽으면 뼈는 그 단백질에 의해 유지되었던 강도를 서서히 잃게 된다. 그리고 마침내 뼈는 다른 방식으로 부서진다. 종종 결을 가로질러, 마치 고대 그리스 사원의 넘어진 기둥처럼, 작은 덩어리 모양으로 부서진다.

디날레디 뼈들도 부서졌다. 완벽하다고 할 수 있는 뼈는 거의 없었다. 하지만 전체 수집품을 보면, 싱싱한 녹색 나뭇가지처럼 쪼개진 뼈는 단 하나도 없었다. 즉, 그 뼈들은 개체가 죽고서 오랜 기간이 지난 후 부서진 것이다. 몸이 그곳에 누워 있으면서, 콜라겐은 서서히 변질되었다. 그 위로 퇴적층이 쌓이고 뼈 속으로 새어 들어가면서 뼈들은 약해지고 부서졌다. 육식동물에 의한 파쇄흔적은 없었다. 갑자기 동굴이 꺼진 흔적도 없다. 사람들이 자주 실수로 빠져 죽은 자취도 없었다. 개체가 죽고 한참 후에 동굴의 지질학적 환경 자체가 그 뼈들을 부순 것이다.

우리는 물이 그 뼈들을 나르고 쌓이게 했을 가능성에 대해서도 오랫동안 심각하게 고려했다. 디날레디 동굴방은 오늘날의 지하수면보다 그다지 높지 않다. 그리고 퇴적층은 우리가 뼈를 발굴한 후에 서서히 말려야만 할 정도로 습기를 많이 함유하고 있었다. 말라파에서의 상황이 떠올랐다. 사람족이 물을 찾아 동굴에 들어왔을 수도 있음을 우리는 알고 있었다. 하지만 동굴방이 과거에 물이 가득 찬 웅덩이였다면 붉은 기운이 도는 오렌지색 점토 조각들은 퇴적층에 남아 있지 못했을 것이다. 디날레디 동굴방의 퇴적층은 드래곤스백 주변의 퇴적층과는 달랐다. 이는 물이 디날레디 동굴방을 향해 아래로 흐르지 않았음을 보여준다. 우리는 몸의 수많은 부위들이 해부학적으로 올바른 위치에 놓여 있는 것을 발견했다. 완전한 손과 발, 많은 손과 발의 부분들, 그리고 어린이의 다리 일부분이 그 실례들이다. 이 사실은 몸의 그 부위들이 여전히 연조직으로 덮여 있었음을 말해준다. 그것들이 현재의 위치에 자리 잡았을 때 힘줄과 인대로 서로 연결되어 있었던 것이다. 만약 물이 동굴을 통과해 뼈를 옮겼다면, 그 영역 퇴적층의 커다란 입자들도 함께 운반해야 했을 것이다. 우리는 몸의 거의 모든 부위가 보존된 어린아이의 유골을 발견했다. 이 연약한 뼈들은 만약 물에 의해 여기까지 밀려왔다면 결코 그 상태로 남아 있지 못했을 것이다.

말라파에서, 우리는 동굴이 죽음의 함정이었을 것이라고 추정했다. 건기에 물을 찾아온 동물들이 가장자리에 더욱 가까이 다가오다가 떨어진 것이다. 세디바 개체의 부서진 뼈들은 그러한 가능성에 강력한 증거를 제공해주었다. 그 사람족들은 한 번에 한 명씩 실수로 깊은 곳에 떨어져 갇혔을 것이다. 하지만 디날레디에서는 달랐다. 퇴적층은 동굴방이 외부로 열려 있었을 가능성을 일축했다. 날레디가 사고로 동굴방으로 떨어지기 위해서는 먼저 동굴의 깊은 어둠 속을 파고 들어와야만 한다. 우리는 그들이 낙하지점을 통해 동굴방에 들어왔는지 여부에 대해서는 확실히 알지 못한다. 그러나 설사 그들에게 다른 입구가 있었다 해도, 그것은 다른 동물이 사용하지는 못해야만 했다. 우리가 보기에, 다른 동물이 없다는 사실에 대한 좀 더 쉬운 설명은 동굴방이 그들이 접근하지 못할 정도로 어둡고 미로와 같은 지역이었다는 것이다.

날레디는 의도적으로 이렇게 깊은 동굴로 들어왔을까? 2013년 11월까지만 해도 그런 생각은 할 수도 없었다. 이제 우리는 그 유적지에 동물상이 없고 사람족 화석이 풍부하다는 이상한 사실을 심각하게 고려하면, 그런 생각을 하는 것이 어쩌면 불가피하다는 결론에 이르렀다. 셜록 홈스처럼, 우리는 어떻게 사람족이 동굴방에 도착했는지에 관해 있을 법한 모든 가능성을 하나하나 짚고 제거해나갔다. 인류의 요람 지역의 다른 동굴들에서 도움이 되었던 설명 가운데 그 어느 것도 디날레디에는 들어맞지 않았다. 우리에게 남은 최상의 가설은 날레디가 사체들을 의도적으로 동굴방에 넣었다는 것이었다.

인류학자들은 이런 행위에 특별한 가치를 부여한다. 그 행위가 현생인류를 정의하는 기준 중 하나이기 때문이다. 거의 한 세기 동안, 고고학자들은 과연 네안데르탈인이 생명의 유한함을 인식하고, 죽음을 이해하거나 또는 죽은 자의 유해를 매장했는가를 놓고 논쟁을 벌여왔다. 네안데르탈인은 근본적으로 인간이다. 뇌의 크기와 복잡한 문화의 증거들은 현대의 인간에 필적한다. 그러나 호모 날레디에서, 우리는 현생인류의 3분의 1에 불과한 뇌를 가진 원시적인 생명체를 말하고 있다. 인간이 아닌 것이 분명한 이 종이 그럼에도 우리 종에서 볼 수 있는 종류의 인식과 사회적 복잡성을 가졌을 가능성이 있을까?

그런 문제를 고민하면서, 우리는 우리가 보았던 행위가 정확히 인간의 행위를 닮았다고 가정하는 것이 얼마나 오해의 소지가 많은가를 깨달았다. 침팬지와 고릴라는 무리의 개체들이 죽거나 실종되었을 때 분명한 고통의 징후를 보여준다. 코끼리와 돌고래를 포함해, 대부분의 사회적 동물에서 이것은 사실이다. 그렇지만 그들은 죽은 개체의 몸을 돌보는 문화적 관습을 공유하지는 않는 것 같다. 유인원 가운데 우리 친척들은 그러한 행위의 바탕이 되는 데에 필요한 모든 감정적 능력을 가지고 있는 것처럼 보인다. 실제로, 만약 날레디에게 그러한 관습이 있었다면, 그것은 문화적 변혁으로 가는 첫 번째 단계였을 것이다.

우리는 날레디가 의도적으로 죽은 자들을 이곳에 모았다는 아이디어를 시험할 방법을 고안하느라 애썼다. 그 어떤 가설들도 이 아이디어만큼 앞뒤가 들어맞지 않았다. 설사 날레디가 한 장소에 죽은 자의 몸을 모았다 해도, 그들의 동기가 현대 인간의 문화와 똑같아야 할 필요는 없다. 사실, 문화는 서로 놀랍도록 다를 수 있다. 어떤 문화에서는 사체를 부장품과 함께 묻는다. 그러나 다른 문화는 그렇게 하지 않는다. 어떤 문화는 죽은 자의 몸을 포식동물과 청소동물이 처리하도록 놔둔다. 다른 이들은 사체를 그런 동물들로부터 보호한다. 이처럼 수많은 가능성 때문에 하나의 시험을 생각하는 것이 어려웠던 것이다.

그럼에도 만약 날레디가 사체를 처리하기 위해 라이징스타 동굴계를 반복적으로 이용했다면, 그들은 아마 다른 목적으로도 동굴계의 다른 부분에서 시간을 보냈을 것이다. 우리가 동굴의 다른 부분들을 탐사한다면, 거주지 흔적 또는 다른 활동의 증거를 발견할지도 모른다. 그들이 어두운 영역들을 이용했다면, 불도 가졌을 것이다. 그렇다면 불의 증거를 발견할 수도 있을 것이다. 그리고 만일 이것이 정말로 호모 날레디 집단의 반복적인 행위였다면, 디날레디 동굴방만이 사체를 처리하는 독특하고 유일한 장소는 아니었을 것이다. 우리가 조사한다면 이와 유사한 장소를 발견할 수 있을지도 몰랐다. 당시 우리는 '102 동굴방'이 무엇을 숨기고 있는지 몰랐다.

그곳은 우리의 다음 탐사에서 최우선 지역이 될 것이었다.

29

워크숍이 끝나가면서 우리 팀은 화석, 새로운 종, 그리고 지질학적 맥락을 기재하는 논문들을 준비하느라 바빴다. 이 작업은 첫 번째 부분을 발표할 준비가 되기 전에 쓰고, 교정하고, 외부 전문가들이 심의하는 데에 몇 달이 걸릴 것이다. 처음에 우리는 논문 모두를 전통적으로 이러한 연구들을 발표해온 과학저널 『네이처』에 보내기로 마음먹었다. 『네이처』는 타웅 아이와 호모 하빌리스에 대한 최초의 기재를 비롯해 수많은 역사적인 연구 결과들이 발표된 저널이다. 『네이처』는 자연스러운 선택으로 보였다.

그러나 꼭 그런 것만은 아니었다. 우리는 디날레디 화석을 기재하는 일련의 논문들을 보냈다. 모두 호모 날레디를 정의하는 작업을 떠받치고 동굴의 지질학적 맥락을 기재하는 것이었다. 우리는 우리가 제안한 새로운 종이 전체 유골의 해부학에 관한 자세한 연구에 의해 지지받고 있다는 점을 보여주고 싶었다. 일반적인 접근방법과는 반대였다. 대개 과학자들은 먼저 아주 짧은 논문에 새로운 종을 기재하고 자세한 사항은 한참 뒤에야 제공한다.

분명 우리는 이 새로운 접근법을 너무 멀리 밀고 나갔다. 논문 심사자들은 화석이 중요하다는 점에는 동의했지만, 논문 수가 너무 많았다. 수개월 동안 편집자와 의견을 주고받은 끝에 우리는 우리 팀의 연구를 『네이처』에 발표할 방법이 없다는 걸 알게 되었다. 편집자들은 이 엄청난 새로운 수집품을 과학적으로 기재하는 데에 필요한 보고서의 범위와 규모에 대해 우리와 견해를 완전히 달리했던 것이다.

내 경력의 전 과정에 걸쳐서, 나는 화석에 대한 광범위한 접근을 공개적으로 지지해왔다. 그것은 내가 패거리라는 것을 발견했던 초기부터의 본능적인 반응이었다. 그들은 자신들의 연구에 오직 소수의 전문가들만 참여시키고 대체로 자기들끼리만 토론하는, 화석 발견자들의 국제적인 소집단이었다. 이 집단 바깥에 있는 과학자들은 가장 기본적인 데이터에 접근하는 데에도 곤란을 겪는다. 바로 내가 개탄했던 상황이었다.

하지만 경력을 쌓은 많은 고인류학자들은 마치 공개접근이 자신들의 연구를 진행하는 데에 필요한 자료를 위험하게 만든다는 듯이 행동했다. 15년 전 내가 처음 스테르크폰테인 화석에 대한 접근을 허용했을 때, 다른 고인류학자들은 강력하게 반대했다. 세디바 발견에서 그리고 이제 날레디의 발견에서 우리 팀은 공개접근이 우리에게 부여해준 원칙에 따라 행동했고, 수백 명의 연구자들과 그들의 능력을 전 세계에서 남아프리카로 불러들일 수 있었다. 우리가 화석에 대한 공개접근을 보장함으로써 남아공 정부는 고인류학이 남아공 특유의 과학적 강점이 되는 분야임을 깨닫고 고인류학에 투자를 할 수 있게 되었다. 화석에 대한 공개접근 허용은 유적지 주변 관광사업을 활성화시켰고, 과학에 대한 지원을 가능케 했다. 또한 과학자들이 앞으로 나아갈 길에 대하여 현명한 결정을 내릴 수 있는 수단을 제공해주었다.

이런 상황을 고려해서, 우리는 전례가 없는 일을 하기로 결심했다. 라이징스타 화석을 기재하는 첫 논문을, 공개접근 정책을 따르는 비교적 새로운 과학저널인『이라이프eLife』에 제출하기로 했던 것이다. 우리가 화석 유물과 관련해 세운 윤리강령과도 잘 맞는 일이었다. 우리 논문들은 70페이지가 넘었고, 대부분의 이전 논문들이 새로운 사람족 화석 발견을 기재할 때보다 여섯 배나 많은 보충자료들을 제공했다. 철저하면서도 협력적인 심의 과정을 마친 후, 논문들은 2015년 9월 10일 발표되었다. 스티븐과 릭이 처음 낙하지점을 내려가 동굴 바닥에 흩어져 있는 화석 뼈를 발견한 지 2년이 채 지나지 않은 시점이었다.

우리는 온라인에서 발표하기로 한 결정의 영향력을 지켜볼 수 있었다. 며칠이 지나자, 전 세계에서 10만 명 이상이 우리의 발견을 담은 과학논문을 보거나 다운로드했다. 다음 몇 달 동안에 그 수는 25만 건 이상으로 올라갔다.『이라이프』자체 통계에 따르면, 그다음해에 조회수와 다운로드수는 32만 5000건으로 정점에 달했다.

또 하나의 이례적인 행동으로, 우리는 화석 스캔 결과를 한꺼번에 공개했다. 우리는 세디바 작업에서 했던 일에서 몇 단계 더 나아갈 수 있었는데, 듀크대학이 새롭게 개발한 모포소스MorphoSource라는 프로그램 덕분이었다. 모포소스는 유골과 화석 데이터를 3D프린터로 출력할 수 있는 포맷으로 저장하는 웹사이트다. 우리가 주요 라이징스타 화석의 레이저스캔 데이터를 그 사이트에 올리자마자, 우리 과학계 동료들과 전 세계의 선생님들이 다운로드받기 시작했다. 전에 없던 일이었다. 화석이 발표되는 것과 거의 동시에 전 세계 사람들이 3D프린터를 사용해 그들만의 화석 복제품을 만들어 연구할 수 있게 된 것이다.

과학 데이터에 대한 이런 종류의 공개접근은 과학의 다른 분야에서는 흔한 일이다. 유전학자들은 그 데이터에 기반을 둔 논문을 발표하기 전

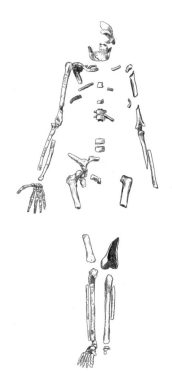

::재구성된 호모 날레디 화석. 각 화석 뼈들은 아마 여러 개체에서 비롯되었을 것이다.

에 DNA 서열을 공유하고, 천문학자들은 망원경과 다른 기계로부터 얻은 데이터를 공유한다. 그러나 인간의 진화를 연구하는 분야에서 이러한 접근법이 이 정도 규모로 시도된 적은 없었다.

날레디의 발표와 함께 이 새로운 종뿐만 아니라 과학에 대한 공개접근도 많은 칭찬과 관심을 받았다. 정치적으로 높은 곳에서까지 말이다. 논문 발표에 관한 기자회견에 우리 팀은 남아공의 시릴 라마포사 부통령과 함께 참석했는데, 그는 이 도전적인 연구 수행을 가능케 한 뛰어난 협동 작업과 기술, 그리고 공개접근을 향한 우리 팀의 신념을 높이 평가했다.

그가 말했듯이, 우리의 오랜 화석 사촌과 관련된 이 발견들은 우리의 공통된 인간성의 과학적 기반을 확립하는 일을 도와줄 것이다.

이어지는 몇 주, 몇 달 동안, 나는 호모 날레디의 주형물이 전 세계의 박물관에 진열되는 것을 뿌듯하게 지켜보았다. 마로펭의 '인류의 요람 세계유산지역' 관광안내소에서 우리 대학은 정부와 협동해서 수백 개에 달하는 날레디 원본 화석을 공개전시했다. 남아공 국민들, 가족, 학생, 그리고 전 세계에서 온 관광객들이 이 새로운 인간의 사촌을 보기 위해 몰려들었다. 그 화석을 대학의 안전한 보관소로 보낼 때가 되었을 때, 박물관은 환송음악회를 준비했다. 전 세계에서 더욱더 많은 사람들이 우리의 지하 탐험에 관한 이야기를 배우고 디날레디 동굴방의 신비에 대해 깊이 생각하게 되었다. 인류는 인간의 새로운 사촌 종을 만났고, 모두가 그를 받아들였다.

우리 팀원들에게는 여러 가지 일들이 일어났다. 워크숍 과학자들 중 여섯 명이 아기를 낳았다. 지하 우주인 중 한 명이었던 린지 이브스는 동굴탐사자 중 한 사람이었던 릭 헌터와 사랑에 빠져 결혼했다. 그리고 곧 그들도 자신들의 아기를 기다리게 되었다. 다른 사람들은 박사학위를 마치고 박사후과정을 시작하거나 대학에서 교수직을 얻었다. 마리나 엘리어트는 박사학위를 따고 탐사팀의 대장으로 남아프리카에 다시 돌아왔다. 그녀는 지금도 라이징스타 동굴계 지하에서 연구 중이다. 남아공 국립연구재단은 '팀 사이언스Team Science 상'의 두 번째 수상자로 우리 팀을 선정했다. 라이징스타는 모두에게 좋은 일이었다.

날레디는 인간의 진화 이야기에 어떤 변화를 주었을까?

세디바와 마찬가지로, 날레디를 주제로 한 우리의 첫 논문은 끝이 아니라 여러 분야에서 새로운 연구의 시작이었다. 해야 할 일이 많았다.

우리가 이미 마친 연구들을 정리하는 과정에서 가장 인상적이었던 것은, 말라파와 디날레디의 두 표본을 합치니 우리가 비교해볼 수 있는 다른 어떤 화석들보다도 전체 유골에 대해 더 훌륭한 증거를 얻을 수 있었다는 사실이다. 우리 사촌들의 해부학적 구조를 잘 알 수 있을 정도로 충분한 화석기록을 확보하는 것은 오직 네안데르탈인 같은 구인류의 경우에서만 가능했던 일이었다.

여러 면에서 날레디는 세디바에서 인간을 닮은 방향으로 한걸음 나아간 것으로 보이는 게 당연했다. 이 두 종은 오스트랄로피츠 정도의 작은 뇌를 가졌지만, 날레디의 두개골은 호모 에렉투스의 두개골을 좀 더 닮았다. 게다가 이빨은 에렉투스와 하빌리스, 심지어 구인류의 것처럼 보였다. 여기까지는 분명했다. 세디바는 원시적인 발과 다리를 갖고 있었다. 날레디의 것은 인간처럼 보였다. 세디바는 손목의 해부학적 구조가 하빌리스보다 더욱 인간과 닮았지만, 날레디의 손은 휘어진 손가락을 제외하고 거의 전부가 인간의 것처럼 보였다. 예외도 몇 가지 있었다. 세디바에서 둔부는 인간을 더 닮았다. 날레디에서, 그것은 더욱 원시적이어서 일어서서 허리를 편 채로 걸었던 초기 사람족의 것과 같았다.

말라파에서의 발견을 기재한 지 5년 후, 더욱 많은 과학적 연구들에 의해 오스트랄로피테쿠스 세디바가 사람속의 가까운 친척이라는 우리의 처음 생각이 입증되었다. 이제 디날레디 화석은 우리에게 새로운 사람족 종을 보여주었다. 우리 조상의 형태에 매우 가까운, 다른 형태의 사람속이다.

그런데 정말일까? 과학계의 동료들은 다른 무엇보다 이 한 가지를 알고 싶어했다. 그 화석들은 얼마나 오래된 것일까?

이제 우리가 그 답을 찾으려 한다.

30

2014년 2월, 우리는 '102 동굴방' 탐사를 시작했다. 릭과 스티븐이 말한, 디날레디 동굴방 근처의 동굴방이다. 두 사람이 102 동굴방이 가진 가능성에 대해 하도 흥분해 있어서, 내 눈으로 직접 보고 싶어졌다. 첫 번째 틈새는 내가 통과하기는 너무 좁았다. 수직으로 서 있는 두 개의 벽 사이에서 내리막을 향해 움직일 때마다 가슴이 심하게 눌렸다. 알리아와 릭은 나보다 앞서 갔다. 이들은 몸이 작아 자유롭게 통과할 수 있었다. 존은 내 뒤에 있었다. 바위 사이에 끼어 있는 나를 보더니 그는 어깨를 으쓱하면서 말했다.

"저는 틈이 조금 있는데, 좀 드릴까요? 이번에도 전 빠져나갈 수 있을 것 같거든요."

지하에서 두어 시간을 보낸 뒤, 나는 똑같은 통로를 거슬러 올라오고 있었다. 하지만 내려갈 때보다 더 비좁아진 것 같았다. 벽은 내 몸을 내려올 때보다 더 세게 눌러댔다. 발을 디딜 곳이 없었고 어떻게 움직여야 할지도 몰랐다. 그래도 집중하려고 노력했다. 위험에 봉착했을 때 침착하게 분석해서 대처하는 법을 배웠던 스쿠버다이빙 훈련을 생각해냈다. 괴로운 신음소리와 땀으로 가득 찬 45분이 지나서야 마침내 내 몸은 자유로워졌다.

"지금부터 이곳을 '버거 상자'라고 불러야겠어요."

릭이 말했다. 라이징스타 동굴의 그늘진 입구에 진이 빠진 채로 서 있던 우리 모두 웃음을 터뜨렸다. 얼굴, 동굴탐사 장비, 옷이 온통 흙투성이였다.

내가 102 영역에 내려간 것은 그때가 처음이자 마지막이었다. 하지만 그 한 번의 탐사에서 받은 고통은 충분한 가치가 있었다. 이 새로운 지하 탐사지로 이어지는 통로는 디날레디 동굴방으로 가는 통로에서 오른쪽에 있었다. 지도상에서 두 동굴방은 100미터 정도밖에 떨어져 있지 않았지만, 동굴계 전체로 보면 완전히 다른 구역에 있었다. 한 동굴방에서 다른 지하 동굴방으로 가는 길은 더욱 멀 것이다. 화석이 자연적인 과정을 통해 한 동굴방에서 다른 동굴방으로 옮겨지는 일은 없었을 것이다. 또한 동굴 배치를 보면 하나의 동굴 진입로에서 시작해 중력만으로 두 동굴방을 화석으로 채우는 것도 불가능했다.

그런데 102 동굴방은 화석으로 꽉 차 있었다. 그날 우리는 사람족 두 개골과 턱뼈 조각, 몇 가지 연약한 다른 뼛조각들의 위치를 지도에 표시하고, 그것들을 회수했다. 모두 퇴적층 표면에 노출되어 있었다. 작업이 다시 시작되었다. 우리는 이 새로운 영역에서 발견된 화석들을 세심하게 스캔하고, 기록하고, 수집한 후 분류했다. 이 새로운 탐사작업에서는 마리나 엘리어트가 지하 우주인 역할을 담당했다. 그 후 2년 동안 마리나는 이 동굴방에서 한 번에 하루 또는 이틀씩 발굴작업을 했다. 베카, 한나, 엘렌은 시간이 있을 때마다 탐사팀에 합류했다. 2016년까지 탐사팀은 한 성인 사람족 유골의 상당 부분, 또 다른 성인의 뼈 최소한 한 개, 세 명의 어린이 것으로 보이는 이빨과 뼈들을 찾아냈다.

102 동굴방에서 우리가 발견한 것은 무엇이었을까? 우선 우리는 그

화석들이 디날레디에서 발견된 호모 날레디와 똑같을 필요는 없다는 생각이었다. 불과 몇백 미터 떨어진 스와르트크란스 동굴에서도 오스트랄로피테쿠스 로부스투스 화석, 에렉투스일 가능성이 큰 어떤 형태의 사람속 화석이 모두 나왔기 때문이다. 라이징스타 동굴계에도 여러 종이 존재했을 수도 있다.

몇 달 동안 102 동굴방 화석을 조사하고 다른 사람족 화석과 비교해본 결과, 이 유물은 디날레디 동굴방에서 나온 화석들과 매우 닮았다는 사실이 명백해졌다. 대퇴골은 똑같은 긴 목에 타원형의 횡단면을 가졌다. 척추도 마찬가지로 작은 크기였지만, 척수가 지나는 통로는 컸다. 쇄골은 우리가 날레디에서 발견한 것과 마찬가지로 짧고 휘어져 있었다. 장기간에 걸쳐 우리 팀은 성인 두개골에 속하는 32개의 이빨 전부를 발견했는데, 그 이빨 모두 디날레디 이빨과 똑같아 보였다. 치아 비율이 원시적이고 전구치와 송곳니가 흥미를 끌 만한 형태로 생겼다는 점도 같았다. 102 동굴방에서 나온 증거 하나하나가 이 뼈들은 호모 날레디라는 것을 나타냈다. 디날레디에서 발견된 것과 측정치가 거의 똑같았다. 우연으로 보이지 않았다. 그 뼈들은 생물학적으로 같은 집단에서 나온 것처럼 보였다.

우리는 이미 화석들이 어떻게 디날레디 동굴방에 들어가게 되었는가 하는 의문에 직면한 적이 있었다. 동굴방에 이르려면 지하에서 이리저리 꺾인 경로를 통과해야 한다는 이례적인 조건 때문에, 쉽게 이 의문에 대한 답을 제시할 수는 없었다. 화석에는 이빨자국이 없었기 때문에, 우리는 그 뼈를 육식동물이 깨물거나 버렸을 가능성이 없다는 것을 알고 있다. 퇴적층의 미네랄 조성은 화석이 동굴방으로 씻겨오지 않았다고 알려준다. 또한 화석은 어린이부터 노인에 이르는 최소 수십 개의 개체에서 온 것들이었다. 따라서 우리는 디날레디 동굴방이 몇몇 불행한 날레디 동굴탐사자들의 유해를 보관하고 있었을 가능성도 배제했다. 우리가 그 화석을 세상에 공표했을 때, 몇몇 사람들은 호모 날레디 집단이 길을 잃고 동굴방에 갇혔을 가능성을 제시했다. 동굴방을 잘 알고 있는 우리는 유아와 어린이가 포함된 호모 날레디 집단이 그곳까지 올 까닭이 없다는 것을 잘 알고 있었다.

그렇다면 남은 가능성은 무엇일까? 의도적인 매장이다. 사체를 이 지하 동굴방에 안치하기 위해 사람족 집단이 의도적으로 내린 결정의 결과인 것이다. 소거법을 이용하면, 이 답이 뼈가 그곳으로 어떻게 들어왔는가 하는 질문에 대한 가장 그럴듯한 대답이다. 하지만 그 가설을 확인하기가 매우 어렵다는 점도 우리는 인정한다.

그런데 102 동굴방의 상황은 조금 달랐다. 부드럽고 미세한 퇴적층이 작은 빈 방을 채우고도 넘쳐흘러 아래쪽으로 떨어졌다. 마리나와 팀은 그곳과 동굴방의 다른 영역에서 사람족 화석을 발견했다. 하지만 부식이 너무 심해서 그것들이 언제 어떻게 그곳에 도착했는지 정확히 알 수가 없었다. 석기나 다른 인공물도 없었다. 동굴방에서 다른 동물의 뼈 몇 개를 회수했지만, 그 뼈들은 사람족 화석을 발견한 퇴적층 안에 있지는 않았다. 이 동물들은 아마 사람족보다 훨씬 뒤에 이곳에 도착했을 것이다. 우리는 다른 동굴탐사자들이 그전에 이곳에 온 적이 있고, 다른 동물들도 역시 이곳에 왔었다는 것을 알 수 있었다. 102 동굴방에 이르는 통로가 비좁기는 하지만 디날레디 동굴방 위의 낙하지점처럼 대단히 힘든 곳은 없었다.

풀리지 않는 의문들이 많았지만, 확실한 것도 하나 있었다. 말라파에서 상상할 수 있었던 사고나 동굴 붕괴 또는 죽음의 함정 같은 것이 두 동굴방에는 없었다. 하나의 동굴계에서 서로 멀리 떨어져 있지만, 똑같은 아주 오래된 사람족의 유물로 꽉 차 있었다. 물론, 아주 오래된 과거의 행위에 대해서는, 과학적 증거를 바탕으로 하더라도 최선의 추측을 해내기가 쉽지 않다. 하지만 우리는 디날레디 동굴방에 대한 가설을 세웠고, 102 동굴방은 중요한 확증적 증거를 더해주었다. 이 화석들을 설명하는 가장 훌륭한 가설은 호모 날레디가 그 동굴방들을 망자의 시체들을 모아두는 장소로 의도적으로 사용했다는 것이다.

지금도 우리 팀은 날레디가 동굴 전체를 어떻게 사용했는지 밝히기 위해 노력하고 있다. 연구는 앞으로도 오래 지속될 것이다. 이 두 동굴방의 위치로 보면 서로 접근이 거의 불가능했겠지만, 한때 두 동굴방 사이가 트인 적이 있어서 날레디가 왕복했을지는 모르는 일이다. 그렇다면 그 후에 그 통로는 퇴적층이나 각력암으로 채워졌을 수도 있다. 오늘날의 우리처럼 날레디도 동굴 안에서 인공조명(불)이 필요했는지는 아직 모른다. 어쩌면 날레디가 동굴계 안에서 살았거나 또는 주기적으로 피난처로 사용했던 증거를 찾을지도 모른다. 우리의 탐사는 계속되고 있다. 우리는 라이징스타 동굴계 내에서 가능성이 큰 다른 곳들을 발견했다. 날레디와 다른 사람족의 증거를 찾기 위해 우리의 탐사는 앞으로도 계속될 것이다.

102 동굴방 발굴로 우리는 호모 날레디에 대해 훨씬 더 잘 이해하게
되었다. 우리는 성인 두개골의 거의 모든 부분을 회수했다. 심지어 코와
눈물관을 가지고 있는 안구의 작은 부분까지도 회수할 수 있었다. 페터
슈미트는 인내심과 해부학적 전문지식을 가지고 이 얇은 조각들을 전에
없이 세심하게 작업해 두개골을 재구성했다. 두개골의 모양이 잡혀가자
마침내 날레디의 얼굴이 드러나기 시작했다. 우리가 발굴했던 다른 두개
골에 비해 이 두개골은 약간 컸고, 근육흔적은 더욱 두드러졌다. 잘 마모
된 이빨은 이 성인 남자가 오래 살았음을 말해주었다. 얼굴은 호모 에렉
투스의 얼굴만큼 넓지는 않았다. 콧대는 납작해 바닥에서 그저 조금 올
라왔을 뿐이었다. 턱은 그 작은 크기에 비해 강력했을 것이다. 얼굴을 보
면 거의 현대의 인간으로 보이지만, 이 화석은 우리가 디날레디 동굴방
에서 발견한 개체들의 작은 뇌와 원시적인 이빨을 갖고 있었다.

호모 날레디 화석이 얼마나 오래되었는지에 대한 의문은 여전히 해결되
지 않고 있었다. 의문을 풀기 위해서 우리는 지질학자들에게 의존했다.
102 동굴방을 탐사하던 몇 달 동안 우리 팀 지질학자들은 유석, 즉 디날
레디 동굴방 도처에서 발견되는 얇은 미네랄 코팅을 분석하느라 정신이
없었다. 처음에 지질학자들은 말라파에서 매우 성공적이었던 기법을 사
용해 유석 표본의 연대 측정을 시도했지만, 디날레디 유석은 미네랄 함
량이 달라 다른 방법을 써야 했다. 화석 퇴적층 위 동굴방 벽에 붙은 얇
은 유석 잔류물은 분석 결과 25만 년이 넘지 않는 것으로 드러났다. 하

지만 이 수치는 화석이 최소 25만 년 이상 되었다는 뜻일 뿐이었다. 놀랄 일은 아니었다. 우리는 더 이상 귀중한 화석 자료를 파손하지 않고 상한치, 즉 최대 나이를 계산할 방법이 필요했다.

지질학자들은 전자스핀공명 연대측정법을 사용했다. 이 기술은 어떤 물질이 장기간 빛에 노출될 때 물질 결정 안의 전자에너지가 어떻게 변화되는지를 분석해 화석의 연대를 결정하는 기술이다. 이빨 에나멜질도 이 기술로 연대측정을 할 수 있다. 당시 우리는 우리 발견물의 연대측정을 위해서라면 몇몇 날레디 화석을 희생할 준비가 되어 있었다. 우리는 디날레디 동굴방에서 가져온 이빨 세 개를 보냈다. 이빨을 레이저로 쏜 다음 구멍을 파고 표본을 얻을 것이다. 세 이빨 모두의 전자스핀공명 측정 결과, 이 사람족 유물의 연대는 45만 년을 넘지 않는다는 것이 밝혀졌다.

드디어 우리는 호모 날레디 나이의 범위를 알게 되었다. 45만~25만 년 사이임에 틀림없었다. 시간대가 긴 것처럼 보이지만, 고인류학자들에게는 날레디가 라이징스타 동굴계에 45만 년 전에 존재했건 25만 년 전에 존재했건 별 차이가 없다. 그전에 우리는 해부학적 구조를 분석한 결과에 따라 이 화석이 거의 200만 년 전의 것이라고 추측했었기 때문이다. 우리는 이 화석이 사람들이 알고 있는 것보다 엄청나게 젊다는 사실을 알게 된 것이다.

우리는 마침내 날레디 화석이 그처럼 잘 보존된 이유와 두 동굴방에서 단단한 각력암이 아닌 부드럽고 층을 이루지 않은 퇴적층 속에서 화석을 발견한 이유를 알게 되었다. 우리는 운 좋게도 부식으로 모든 화석이 파손되기 전에 그것들을 발견했다. 탐사자들은 이런 환경을 갖춘 곳에서는 화석을 찾아다니지 않는다. 동굴 바닥의 부드러운 퇴적층에서 화석뼈를 보면 나도 그냥 지나치곤 했다. 먼지 속의 그러한 뼈는 너무 최근의 것이라 전혀 흥미롭지 않다고 생각했던 것이다. 이런 동굴 속에 한때 얼마나 많은 중요하고 귀중한 화석들이 있었는지, 또는 여전히 발견을 기다리고 있을지 누가 알겠는가?

세디바에서 날레디에 이르기까지, 말라파와 라이징스타 발견물의 모든 연구와 분석 뒤에는 사람속의 기원에 대한 질문이 자리하고 있다. 궁극적으로 현생인류인 호모 사피엔스를 있게 한 사람족 종들의 계통에 관한 질문이다. 세디바와 날레디, 이 두 새로운 종은 우리와 어떻게 연결되어 있을까? 우리의 직접적인 조상일까, 아니면 인간 계통도의 곁가지로서 우리 조상이 번성하는 동안 멸종했을까? 날레디에 대한 전자스핀공명 연대측정으로 이 질문들은 대답하기 더 어려워지기도 하고 더 흥미로워지기도 했다.

사람족 화석기록은 호모 하빌리스나 호모 에렉투스의 초기 구성원처럼 날레디를 가장 닮은 종들이 150만 년 전 이전에 살았다고 알려준다. 그리고 한참 뒤에 더욱 인간을 닮은 종이 등장했다. 우리가 현생인류의 직계조상이라고 가정하는 종이다. 라이징스타 발견은 아프리카에서 사람들이 생각했던 것보다 훨씬 더 늦은 시기까지, 놀라울 정도로 원시적인 사람족 종이 생존했다는 사실을 보여주고 있다. 날레디가 호모 에렉투스의 초기 형태로부터 진화했을 수도 있다. 아니면 날레디의 초기 종류가 정말로 에렉투스 이전에 존재했고, 우리가 발견한 훨씬 후기의 날레디와 사람속의 다른 종류, 즉 어쩌면 현생인류 둘 다를 탄생시켰을지도 모른다. 이 시점에서 우리는 어떤 가정도 배제할 수 없다. 날레디 유골은 해부학적 구조가 모자이크처럼 되어 있어 인간 계통도에서 정확히 어디에 들어맞는지 확신하기 어렵다. 라이징스타 발견이 우리에게 말해주는 한 가지가 있다면, 아직 우리는 그곳에 있는 모든 것을 발견하지 못했다는 사실이다. 탐사자들이 듣고 싶어하는 말이기도 하다.

우리가 호모 사피엔스, 즉 현생인류라고 부르는 종은 오늘날 이 세계에서 살고 있는 모든 사람을 포함한다. 호모 에렉투스나 네안데르탈인과 같은 구인류는 더 이상 존재하지 않는다. 그런 일이 어떻게 발생했을까? 20만 년 전 언젠가 아프리카의 한 인간 집단이 인구를 늘려가기 시작했다. 이 집단은 현재 전 세계에 걸쳐 살고 있는 사람들의 유전적 조상의 90퍼센트 이상을 낳았다. 하지만 이 조상이 되는 사람들의 집단이 무엇인지는 명확하지 않다.

현생인류와 기본적인 두개골 형태가 같은, 아프리카에서 발견된 네 개의 화석 표본이 있다. 그중 15만 년이 넘는 3개는 에티오피아에서, 나머지 하나는 그보다 좀 더 나중 것으로 탄자니아에서 발굴되었다. 이런 연구 결과에도 불구하고, 우리는 아직 이 화석들이 우리 모두를 낳은 그 특수한 집단의 직계조상을 대표하는지는 알지 못한다. 이들 각각의 화석은 현생인류와 어느 정도 유사성을 공유하지만, 이 화석들 사이의 차이점은 현재 살고 있는 사람들 사이의 차이점보다 훨씬 더 크다. 우리는 그 시대 이후 많이 진화했고, 때문에 어떤 사람족 화석이 있다고 해도 그 사람족 화석이 우리의 직계조상인지는 알기가 어렵게 되었다. 시간을 더 거슬러 날레디의 시간대로 가면, 그 어떤 화석 유물도 현생인류와 많이 닮지 않았다.

지난 수년간, DNA 증거는 현생인류의 진화 이야기를 엄청나게 복잡하게 만들었다. 유전자 검사는 아주 작은 현생인류의 가지 하나가 처음 아프리카에서 나와 이주했을 때, 그들이 자신들의 고대 사촌들인 네안데르탈인과 데니소바인과 마주쳤다는 것을 말해준다. 이 종들은 서로 뒤섞여, 네안데르탈인과 데니소바인에 기원하는 소량의 유전정보를 많은 현생인류에게 뿌려놓았다. 반면에, 아프리카는 우리 기원의 중심이었고, 우리가 계속해서 발견하고 있듯이, 아프리카 환경의 엄청난 다양성 안에서 고대의 먼 친척들이 여럿 살고 있었다. 이들의 화석 기록은 너무 드물어서 우리는 이들이 누구인지 전혀 알지 못하고 있다. 그러나 현존하는 아프리카 집단의 유전체 안에서, 우리는 알려지지 않은 집단의 DNA가 뒤섞여 있음을 본다. 우리 인간 종의 기원은 이제 마치 수많은 지류가 한데 모여 만든 강처럼 생각된다. 지류가 만들어지고, 어느 정도까지는 따로 흘러가다가, 커져가는 강으로 다시 합쳐져서 오늘날까지 흐르고 있는 것이다.

이는 다시 우리를 호모 날레디의 신비로움으로 돌아오게 한다. 우리는 아프리카 대륙에서, 이제까지 전혀 알려지지 않은 종을 대표하는, 가장 규모가 큰 화석 표본을 발견했다. 우리는 화석이 불과 수십만 년 전에 살았다는 것을 밝혀냈고, 아마도 의도적으로 사체를 매장했을 것이라고 추측하고 있다. 이 두 가지 사실은 그 자체로 깜짝 놀랄 만한 일이지만, 더욱 많은 질문을 낳는다. 그처럼 다양성이 큰 대륙의 한 중간에서, 이 예기치 않은 종의 위치는 어디일까? 그것은 다른 집단과 이종교배를 했을까?

그 종의 DNA가 우리 조상의 DNA에 유입되었을까?

플로레스(호모 플로레시엔시스)가 비교대상이 될 수 있다. 작은 뇌와 작은 몸을 가진 종으로, 현생인류가 최대 5만 년 전에 플로레스섬에 도착했을 때도 살아 있었다. 어찌 되었건, 플로레스의 발견은 전혀 생각하지 않았던 곳에서 놀라운 일이 생길 수 있음을 보여주었다. 남아프리카에서도 같은 상황이 재현되었다. 하지만 다른 한편으로 플로레스 이야기는 호모 사피엔스에 대한 고정관념을 확인시켰다. 즉, 인간이 치열한 경쟁자라는 것이다. 수렵채취인의 작은 그룹이 위험한 포식자를 죽일 수 있고, 주변 환경을 지배하고, 먹을 수 있는 모든 자원을 소비한다. 전통적인 사고에 따르면, 플로레스 호빗처럼 다른 사람족 집단이 격리된 채 진화할 수 있지만, 일단 큰 뇌를 가진 인간이 그 지역에 등장하면, 격리된 종은 파멸의 길에 들어선다. 이러한 가정에 기반을 두고 호모 플로레시엔시스와 관련된 쓰라린 투쟁 이야기가 수없이 만들어졌다. 많은 과학자들은 더욱 큰 뇌를 가진 인간 종이 나타났을 때 어떻게 작은 뇌를 가진 종이 생존할 수 있는지 상상을 못했다.

날레디를 보면서 우리는 이 같은 고정관념을 버려야 한다. 이 종은 섬에 격리되지도 않았다. 그들은 인류의 기원이 되는 중심부에서 힘차게 살았다. 날레디는 작지 않았고 난쟁이도 아니었다. 현생인류의 수렵채취인 정도의 크기였다. 둔부, 다리 그리고 발은 명백히 현생인류와 마찬가지로 잘 걸을 수 있도록 만들어져 있었다. 날레디의 이빨은 그들이 고기와 다른 고에너지 음식에 의존했음을 보여준다. 손과 손가락은 어떤 종류의 석기도 만들 수 있는 능력을 보여준다. 또한, 작은 뇌에도 불구하고, 아주 흥미로운 행동을 개발한 것으로 보인다. 날레디는 안전하게 격리된 존재로 생존한 것이 아니다. 해부학적 구조를 보면 같은 자원을 놓고 커다란 뇌를 가진 인간 종과의 경쟁을 피했다고 생각할 어떤 이유도 찾을 수 없다. 날레디는 단지 달랐다는 이유만으로 살아남은 것은 아니었다. 최소한 어떤 측면에서, 날레디는 더 나았기 때문에 생존할 수 있었다.

이 모든 것은 무엇을 의미할까? 우리는 현생인류의 행동이 시작된 때를 새로운 방식으로 바라볼 필요가 있다. 전통적인 이론에 따르면, 지난 40만 년 동안 아프리카의 기술은 느리고 점진적으로 발전하는 양상을 보였다. 먼저 석기를 만들었던 고대 사람족 집단은 손도끼와 자르개를 만들다 더욱 치명적인 창촉과 복잡한 박편을 만드는 방법으로 나아갔다. 어떤 시점에 색소에 손을 대기 시작했고, 먼 거리를 여행해서 좋은 돌을 찾아 집으로 가져왔다. 7만 년 전이 되자 아프리카 사람들은 정보를 교환하기 위한 물건을 만들고, 무늬가 새겨진 타조알 껍데기나 조개구슬 같은 물체에 상징성과 가치를 부여했다.

고고학자들은 인간 발달사에서 이 같은 위대한 걸음을 내딛은 모든 사람이 현대 호모 사피엔스의 직계조상이라고 가정한다. 즉, 인간 진화는 일직선으로 발생했다는 것이다. 하지만 그렇다는 걸 어떻게 알 수 있을까?

날레디는 이러한 개념이 얼마나 불완전한지 알려준다. 다음과 같은 가능성을 생각해보자. 수십만 년 전 다른 종이 자신만의 사회와 사회적 행동양식을 가지고 있었다. 현생인류와는 매우 다른 종류였지만, 무엇인가를 만들 수 있는 능력을 가질 정도로 영리했다. 물론, 아직까지 그 어떤 도구도 날레디 뼈와 함께 발견된 적은 없다. 하지만 동시대의 그 어떤 도구도 사람족 뼈와 가까운 곳에서 발견된 적 역시 없다. 발견된 인공물을 누가 만들었다고 가정하는 것은 불가능한 일인 것이다.

우리는 이 놀라운 종에 관해 배우기 시작하는 단계에 있을 뿐이다. 이 발견들은 새로운 질문을 던지고 오래된 가정들을 의심하게 만들었다. 지금 우리는 단지 더 많은 증거들을 발견하고 새로운 가설을 계속 시험해 그 가설들이 더 큰 이야기를 어디에 맞는지 추측할 뿐이다. 그런 점에서 아프리카 거의 전부가 여전히 탐험되지 않은 지역이라고 할 수 있다.

더 오래된 사람족 종이 발견될 가능성도 매우 높다. 날레디만이 그동안 숨겨져 있었던 유일한 종이라고 가정한다는 것은 어리석은 일이다. 진화적 변화가 일직선으로 발생한다고 가정하면서 점을 이어가는 일을 멈추고 더 큰 가능성을 열어본다면, 우리는 현대 인류가 등장하는 여명의 시기에 아프리카가 여러 다른 전통들로 가득 차 있음을 알 수 있을 것이다. 각각의 전통은 수천 세대를 거친 학습의 축적을 반영하면서 다양해졌다. 그 같은 전통 중 하나가 최초의 현생인류의 조상의 것일 수도 있다. 하지만 우리는 그들이 언제 어디서 살았는지 모른다. 날레디 같은 종이 또 다른, 아마 여러 개일 수도 있는 전통을 만들어냈을 가능성도 매우 높다. 어쩌면 우리 조상들은 수많은 전통들에 의존했을 수도 있다. 부모와 조부모로부터만이 아니라, 날레디 같은 먼 사촌에게서도 배웠을 수도 있다.

에필로그

존 호크스

2016년 요하네스버그 인근에서

"여기 흥미를 끌 만한 것이 있는데."

리 버거와 몇 년 일을 같이 한 뒤로, 나는 쉽게 놀라지 않게 되었다. 너무나 많은 사람족 화석들이 전혀 예상치 못한 방향으로 나를 인도하면서 흐름에 몸을 맡기는 법을 배우게 되었기 때문이다.

오늘 아침의 작은 현장탐사는 여느 때와 똑같이 시작되었다. 동 트기 전에 차를 타고 요하네스버그를 출발해 인류의 요람으로 향했다. 요하네스버그 북쪽 외곽을 지나자 7월 중순의 겨울 햇살이 우리를 비추었다. 리의 친구이자 미국 캘리포니아주 패서디나 소재 제트추진연구소 과학자인 케빈 핸드가 우리와 함께했다. 케빈은 어제 초청강연을 했다. 조금 빨리 달렸더니 아침을 먹을 여유가 생겼다. 우리는 현장에 나가기 전에 지난 수년 간의 발견에 대해 이야기를 나누었다.

이런 짧은 여행은 주로 말라파에서 시작한다. 내시 재단은 이 광활한 대지를 말라파 자연보호지역이라고 이름 붙였다. 동물들이 많이 있는 초원을 운전하는 이 여행은 언제나 즐겁다. 리의 지프는 돌이 많은 길에서 흔들거렸고 계곡 바닥을 흐르는 개천을 철벅거리면서 달려갔다. 작은 유적지를 에워싸는 대형 보호 구조물이 이제 완성되어 고고학자들은 연구를 재개했고, 각력암 무더기 주변의 지표면을 치우면서 조사를 진행하고 있었다. 탐사팀은 이미 새로운 발견을 여러 건 한 상태였다. 유적지에서 폭파되어 제거되거나 광부들의 길에 채우려고 폭파시킨 각력암 덩어리 안에 박혀 있던 화석들이었다. 곧 탐사팀은 최초의 두 세디바 유골의 나머지 부분을 회수하기 위해 덩어리를 새로 발굴해낼 것이다. 그리고 우리는 몇 안 되는 새로운 뼛조각에서 사람족 개체의 조각들을 추가로 찾아낼 수 있을 거라고 기대하고 있었다. 화석을 각력암에서 빼내는 작업은 시간이 걸릴 것이다. 리는 그 작업을 위해 35킬로미터 떨어진 마로펭 관광센터에 화석 처리 실험실을 마련해 사람들이 화석 처리 담당자가 각력암 덩어리에서 새로운 화석을 잘라내는 것을 직접 볼 수 있게 했다. 그 덩어리의 CT 스캔을 통해 우리는 팀이 곧 보게 될 화석의 일부를 미리 보았고, 그중 일부는 미래의 기술이 새로운 비밀을 밝혀내기를 기다리면서 암석덩어리 안에 남겨둘 계획이었다. 그러면서도 여전히 우리는 그 유적지 주변을 걸어다닐 때마다 암석 안에서 어떤 기대하지 않았던 화석이 발견되지 않을까 생각하곤 했다.

외부에서 보면, 라이징스타 유적지는 말라파 유적지만큼 강한 인상을 주진 않는다. 풀이 다 뜯긴 말 목초지와 특이할 것이 없는 동굴 입구가 전부다. 동굴탐사 장비를 갖추고 하강하지 않는 한, 방문객은 백운석으로 된 언덕 경사면을 자른 것처럼 보이는 입구 외에는 아무것도 볼 수 없다. 리 버거의 재단은 그 토지를 구입하는 작업을 시작했고, 그곳을 영구히 보존하기 위해 공익재단에 맡기려고 했다. 하지만 그러기 전에 그 지역을 복원하고 적절한 현장사무소를 세우는 어려운 작업이 아직 남아 있다. 동굴 주변은 말라파처럼 아름답지는 않지만, 사람을 끄는 힘이 있다. 나는 이곳의 깊은 땅속에 무엇이 기다리고 있는지 다른 사람들이 추정하고 있는 정도는 알았지만, 내가 아는 모든 지식을 가지고도 여전히 가장 흥미로운 질문에는 답을 못하고 있었다.

리는 우리가 갈 것이라 생각했던 말라파나 라이징스타의 입구가 아닌 다른 지점에 지프를 세웠다.

"탐사원들이 발견한 새로운 곳인데, 잠깐 들러보고 갑시다. 자, 손전등 가져가세요."

몇 분을 걸어, 깊은 구덩이의 단단한 바위 모서리에 도달했다. 벽은 경사가 급했고, 바닥에서 나무가 자라고 있었다. 구덩이 반대편 벽에는 옛날 광부들이 만든 것 같은 어두운 구멍이 있었다.

"예전에 이게 보이지 않았다는 사실이 믿기지 않아요."

우리를 가파른 경사로 안내하면서 리가 말했다. 나는 발을 딛을 곳을 찾느라 잠시 멈추었고, 이끼로 덮인 바위를 미끄러져 내려가 잔가지를 붙잡았다. 구덩이는 고대 원형극장처럼 보였다. 바닥은 석회암과 각력암 조각으로 어질러져 있었다. 구덩이 중간에서 커다란 바위가 가로막았다. 더 밑으로 내려가는 길에는 나무뿌리가 바위 표면을 휘감고 있었다. 우리는 한쪽 면을 따라, 화석 뼈의 횡단면이 드문드문 보이는 단단한 각력암 벽 옆으로 이동했다. 케빈은 리를 바짝 따라갔지만, 나는 꾸물거렸다. 벽에 신경이 갔기 때문이었다. 이 화석 중 어느 것이라도 다음 발견이 될 수 있다고 생각했다. 그동안 얼마나 많은 전문 해부학자들이 이 경사를 내려왔을까?

그중 한 사람이, 지금 내 앞에서 빠르게 걸어가고 있는 저 사람이었다.

리는 동굴 입구에서 멈추더니, 뒷주머니에서 손전등을 빼내어 켜보았다. 리가 어둠 속으로 우리를 안내했다. 안으로 들어가자 벽은 엄청난 크기의 동굴로 열렸다. 우리는 벽을 주의 깊게 살펴보았는데, 각력암층이 벽의 일부를 덮고 있었다. 우리는 채굴작업 뒤에 남겨진 엄청난 양의 파편 무더기, 즉 동굴 천장의 폭파로 생성된 거대한 백운석 덩어리들 근처로 다가갔다. 리는 동굴 반대편 방향으로 가고 있는 것처럼 보였다. 그곳에는 한 줄기 햇살이 동굴 천장에서부터 내리비치고 있었다. 케빈과 나는 흩어져서 동굴 벽을 조사하면서 손전등을 구석구석 비추었다.

어둠 속을 자세히 살펴보면서, 나는 지난 수년 간 일어났던 일들을 돌이켜보았다. 세디바 때문에 아프리카에서 연구를 시작하게 되었고, 라이징스타 탐사는 나를 계속 붙잡았다. 내가 참여한 것은 이 발견들이 과학을 바꿀 거라고 생각했기 때문이었다. 세디바 화석은 우리의 진화에 대한 새로운 증거가 어디선가 우리의 발견을 기다리고 있다는 사실을 깨닫게 해주었다. 라이징스타는 그 약속을 지켰다. 아프리카에서 가장 규모가 컸던 사람족 발견이자, 세상에서 가장 많이 탐사된 지역 중 하나에 숨겨진 새로운 종이 거기에 있었다. 그 다음 차례가 무엇일지 누가 알겠는가?

그리고 여기, 인적미답 동굴의 광대한 어둠에 빛을 비추고 있는 내가 서 있었다.

"이것 좀 보세요."

리가 햇빛 줄기 아래에 서서 주먹 크기의 돌을 쥐고 웃고 있었다. 나는 가까이 다가가면서, 그것이 분명 특별하게 보인다는 걸 알아챘다. 그는 석기를 만든 고대인이 남긴 핵석을 발견한 것일까?

그가 내민 손에서 돌을 집어들어 이리저리 돌리면서 살펴보았다. 동전 크기의 이빨 두 개가 내 눈을 붙들었다. 이빨이 붙어 있는 밝은 우윳빛을 띤 턱은 강하고 튼튼했고, 커다란 이빨과 그 비율이 완벽하게 맞았다. 리를 쳐다보니, 리는 재미있다는 표정으로 서서 내가 고대의 사람족을 살펴보는 모습을 그저 지켜보고만 있었다.

우리 모두가 생각하고 있는 게 있었다. 내가 입을 열었다.

"또 해보는 거지, 뭐."

프로젝트에 참여한 사람들 2008~2015

◇◇◇◇◇◇◇◇◇◇◇◇◇◇

지하 우주인들

Marina Elliott	Alia Gurtov	Hannah Morris
Elen Feuerriegel	K. Lindsay (Eaves) Hunter	Becca Peixotto

야외 및 실험실 작업자들

Pedro Boshoff	Justin Makanku	Mathabela Tsikoane
Wayne Crichton	Irene Maphosa	Steven Tucker
Bonita de Klerk	Danny Mithi	Dirk van Rooyen
Nompumelelo Hlophe	Zandile Ndaba	Renier van der Merwe
Rick Hunter	Bongani Nkosi	Merill van der Walt
Meshack Kgasi	Mduduzi Nyalunga	Michael Wall
Roseberry Laguza	Wilhelmina Pretorius	Celeste Yates
Wilma Lawrence	Maropeng Ramalepa	
Boy Louw	Sonia Sequeira	

자원봉사 동굴탐사자들

Megan Berger	Jeremy Grey	Gerrie Pretorius
Matthew Berger	Allen Herweg	Colin Redmayne-Smith
Leon de Kock	Michael Herweg	Sharron Reynolds
Bruce Dickie	Dave Ingold	Christo Saayman
John Dickie	Greg Justus	Rupert Stander
Matthew Dickie	Peter Kenyon	Pieter Th eron
Selena Dickie	Irene Kruger	Veronica van der Schyff
Andre Doussy	Lindin Mazillis	

연구자들

Tamiru Abiye	George Belyanin	Juliet Brophy
Rebecca Ackermann	Jackie Berger	Noël Cameron
Lucinda Backwell	Lee Berger	Keely Carlson
Marion Bamford	Barry Bogin	Kristian Carlson
Markus Bastir	Debra Bolter	Guy Charlesworth

Steven Churchill
Zachary Cofran
Kerri Collins
Kimberly Congdon
Darryl de Ruiter
Jeremy DeSilva
Th omas DeWitt
Andrew Deane
Lucas Delezene
Mana Dembo
Paul Dirks
Michelle Drapeau
Marina Elliott
Daniel Farber
Elen Feuerriegel
Ryan Franklin
Nakita Frater
Daniel Garcia-Martínez
Heather Garvin
David Green
Debbie Guatelli-Steinberg
Alia Gurtov
William Harcourt-Smith
James Harrison
Adam Hartstone-Rose
John Hawks
John Hellstrom
Amanda Henry
Andy Herries
Trenton Holliday
Kenneth Holt
Joel Irish
Tea Jashashvili

Zubair Jinnah
Rachelle Keeling
Job Kibii
Robert Kidd
Geoff rey King
Tracy Kivell
Jan Kramers
Ashley Kruger
Brian Kuhn
Rodrigo Lacruz
Myra Laird
Julia Lee-Th orp
Scott Legge
Marisa Macias
Vincent Makhubela
Damiano Marchi
Sandra Mathews
Anne-Sophie Meriaux
Marc Meyer
Yusavia Moodley
Tshegofatso Mophatlane
Charles Musiba
Shahed Nalla
Lucia Ndlovu
Enquye Negash
Frank Neumann
Edward Odes
Caley Orr
Kelly Ostrofsky
Benjamin Passey
Lucille Pereira
Robyn Pickering
Davorka Radovčić

Patrick
Randolph-Quinney
Nichelle Reed
Mike Richards
Eric Roberts
Lloyd Rossouw
Paul Sandberg
Peter Schmid
Lauren Schroeder
Jill Scott
Louis Scott
Matthew Skinner
Tanya Smith
Tawnee Sparling
Matt Sponheimer
Christine Steininger
Dietrich Stout
Paul Taff oreau
Phillip Taru
Mirriam Tawane
Francis Th ackeray
Zach Th rockmorton
Matthew Tocheri
Peter Ungar
Aurore Val
Caroline VanSickle
Christopher Walker
Pianpian Wei
Eveline Weissen
Lars Werdelin
Scott Williams
Jon Woodhead
Bernhard Zipfel

『내셔널지오그래픽』 직원들

John Cullum
Andrew Howley

참고문헌

Antón, Susan C., Richard Potts, and Leslie C. Aiello. "Evolution of early Homo: An integrated biological perspective." *Science* 345, no. 6192 (2014): 1236828.

Balter, Michael. " 'Hobbit' bones go home to Jakarta." *Science* 307 (2005): 1386.

Berger, L. R. *Functional morphology of the hominoid shoulder, past and present* (doctoral dissertation). University of the Witwatersrand, 1994.

Berger, L. R. "The mosaic nature of Australopithecus sediba." *Science* 340, no. 6129 (2013): 163-65.

Berger, L. R., and M. Aronson. *The skull in the rock: How a scientist, a boy, and Google Earth opened a new window on human origins.* National Geographic Press, 2012.

Berger, L. R., and J. Brink. "Late Middle Pleistocene fossils, including a human patella, from the Riet River gravels, Free State, South Africa." *South African Journal of Science* 92 (1996): 277-78.

Berger, L. R., and R. J. Clarke. "Eagle involvement in accumulation of the Taung Child fauna." *Journal of Human Evolution* 29, no. 3 (1995): 275-99.

Berger, L. R., and B. Hilton-Barber. *In the footsteps of eve: The mystery of human origins.* National Geographic Society, Adventure Press, 2000.

Berger, L. R., and R. Lacruz. "Preliminary report on the first excavations at the new fossil site of Motsetse, Gauteng, South Africa." *South African Journal of Science* 99 (2003): 279-82.

Berger, L. R., and J. E. Parkington. "A new Pleistocene hominid-bearing locality at Hoedjiespunt, South Africa." *American Journal of Physical Anthropology* 98, no. 4 (1995): 601-09.

Berger, L. R., A. W. Keyser, and P. V. Tobias. "Gladysvale: First early hominid site discovered in South Africa since 1948." *American Journal of Physical Anthropology* 92, no. 1 (1993): 107-11.

Berger, L. R., W. Liu, and X. Wu. "Investigation of a credible report by a U. S. Marine on the location of the missing Peking Man fossils." *South African Journal of Science* 108, no. 3-4 (2012): 6-8.

Berger, L. R., et al. "Australopithecus sediba: A new species of Homo-like australopith from South Africa." *Science* 328, no. 5975 (2010): 195-204.

Berger, L. R., et al. "*Homo naledi*, a new species of the genus *Homo* from the Dinaledi Chamber, South Africa." *eLife* 4 (2015): e09560.

Berger, L. R., et al. "A Mid-Pleistocene in situ fossil brown hyaena (*Parahyaena brunnea*) latrine from Gladysvale Cave, South Africa." *Palaeogeography, Palaeoclimatology, Palaeoecology* 279, no. 3 (2009): 131-36.

Berger, L. R., et al. "Small-bodied humans from Palau, Micronesia." *PLOS ONE* 3, no. 3 (2008): e1780.

Brophy, J. K., et al. "Preliminary investigation of the new Middle Stone Age site of Plovers Lake, South Africa." *Current Research in the Pleistocene* 23 (2006): 41-43.

Brown, P., et al. "A new small-bodied hominin from the late Pleistocene of Flores, Indonesia." *Nature* 431, no. 7012 (2004): 1055-61.

Carlson, K. J., et al. "The endocast of MH1, *Australopithecus sediba*." *Science* 333, no. 6048 (2011): 1402-07.

Churchill, S., L. R. Berger, and J. P. Parkington. "A *Homo* cf. *heidelbergensis* tibia from the Hoedjiespunt site, Western Cape, South Africa." *South African Journal of Science* 96 (2000): 367-68.

Churchill, S. E., et al. "The upper limb of *Australopithecus sediba*." *Science* 340, no. 6129 (2013): 1233477.

Dalton, R. "Pacific 'dwarf' bones cause controversy." *Nature* 452 (2008): 133. Available online at www.nature.com/news/2008/080310/full/452133a.html.

de Ruiter, D. J., and L. R. Berger. "Leopard (*Panthera pardus* Linneaus) cave caching related to anti-theft behaviour in the John Nash Nature Reserve, South Africa." *African Journal of Ecology* 39, no. 4 (2001): 396-98.

de Ruiter, D. J., and L. R. Berger. "Leopards as taphonomic agents in dolomitic caves: Implications for bone accumulations in the hominid-bearing deposits of South Africa." *Journal of Archaeological Science* 27, no. 8 (2000): 665-84.

de Ruiter, D. J., et al. "Mandibular remains support taxonomic validity of *Australopithecus sediba*." *Science* 340, no. 6129 (2013): 1232997.

DeSilva, J. M., et al. "The lower limb and mechanics of walking in *Australopithecus sediba*." *Science* 340, no. 6129 (2013): 1232999.

Dirks, P. H., et al. "Geological setting and age of *Australopithecus sediba* from southern Africa." *Science* 328, no. 5975 (2010): 205-08.

Dirks P., et al. "Geological and taphonomic context for the new hominin species *Homo naledi* from the Dinaledi Chamber, South Africa." *eLife* 4 (2015): e09561.

Gabunia, L., and A. A. Vekua. "Plio-Pleistocene hominid from Dmanisi, East Georgia, Caucasus." *Nature* 373, no. 6514 (1995): 509-12.

Gibbons, A. "Anthropological Casting Call." *Science* (2012). Available online at sciencemag.org/news/2012/04/anthropological-casting-call.

Hartstone-Rose, A., et al. "The Plio-Pleistocene ancestor of wild dogs, *Lycaon sekowei* n. sp." *Journal of Paleontology* 84, no. 2 (2010): 299-308.

Henry, A. G., et al. "The diet of *Australopithecus sediba*." *Nature* 487, no. 7405 (2012): 90-93.

Hughes, A. R., and P. V. Tobias. "A fossil skull probably of the genus Homo from Sterkfontein, Transvaal." *Nature* 265, no. 5592 (1977): 310-12.

Irish, J. D., et al. "Dental morphology and the phylogenetic 'place' of *Australopithecus sediba*." *Science* 340, no. 6129 (2013): 1233062.

Johanson, D., and M. A. Edey. *Lucy: The beginnings of humankind.* Simon and Schuster, 1981.

Keyser, A. W., et al. "Drimolen: A new hominid-bearing site in Gauteng, South Africa." *South African Journal of Science* 96, no. 4 (2000): 193-97.

Kibii, J. M., et al. "A partial pelvis of *Australopithecus sediba*." *Science* 333, no. 6048 (2011): 1407-11.

Kimbel, W. H. "Palaeoanthropology: Hesitation on hominin history." *Nature* 497, no. 7451 (2013): 573-74.

Kivell, T. L., et al. "*Australopithecus sediba* hand demonstrates mosaic evolution of locomotor and manipulative abilities." *Science* 333, no. 6048 (2011): 1411-17.

Leakey, L. S., P. V. Tobias, and J. R. Napier. "A new species of the genus

Homo from Olduvai Gorge." *Nature* 202 (1964): 7-9.

McGraw, W. S., and L. R. Berger. "Raptors and primate evolution." *Evolutionary Anthropology: Issues, News, and Reviews* 22, no. 6 (2013): 280-93.

McHenry, H. M., and L. R. Berger. "Body proportions in *Australopithecus afarensis* and *A. africanus* and the origin of the genus *Homo.*" *Journal of Human Evolution* 35, no. 1 (1998): 1-22.

McHenry, H. M., and L. R. Berger. "Limb lengths in *Australopithecus* and the origin of the genus *Homo.*" *South African Journal of Science* 94, no. 9 (1998): 447-50.

Morell, V. *Ancestral passions: The Leakey family and the quest for humankind's beginnings.* Simon and Schuster, 2011.

Mutter, R. J., L. R. Berger, and P. Schmid. "New evidence of the giant hyaena, *Pachycrocuta brevirostris* (Carnivora, Hyaenidae), from the Gladysvale Cave Deposit (Plio-Pleistocene, John Nash Nature Reserve, Gauteng, South Africa)." *Palaeontologia Africana* 37 (2001): 103-13.

Pickering, R., et al. "*Australopithecus sediba* at 1.977 Ma and implications for the origins of the genus *Homo.*" *Science* 333, no. 6048 (2011): 1421-23.

Roberts, D., and L. R. Berger. "Last interglacial (c. 117 Kyr) human footprints from South Africa." *South African Journal of Science* 93 (1997): 349-50.

Schmid, P., and L. R. Berger. "Middle Pleistocene hominid carpal proximal phalanx from the Gladysvale site, South Africa." *South African Journal of Science* 93, no. 10 (1997): 430-31.

Schmid, P., et al. "Mosaic morphology in the thorax of *Australopithecus sediba.*" *Science* 340, no. 6129 (2013): 1234598.

Spoor, Fred. "Palaeoanthropology: Malapa and the genus *Homo*." *Nature* 478, no. 7367 (2011): 44-45.

Stynder, D. D., et al. "Human mandibular incisors from the late Middle Pleistocene locality of Hoedjiespunt 1, South Africa." *Journal of Human Evolution* 41, no. 5 (2001): 369-83.

Tobias, P. V. *Into the Past: A Memoir.* Picador Africa, 2005.

Tobias, P. V. "When and by whom was the Taung skull discovered?" In *Para conocer al hombre: homenaje a Santiago Genovése.* Mexico City: Universidad Nacional Autonoma da Mexico (1990): 207-13.

Tobias, P. V. *Olduvai Gorge. Vol. 2. The cranium and maxillary dentition of* Australopithecus (Zinjanthropus) boisei. Cambridge University Press, 1967.

Weber, G. W. "Virtual anthropology (VA): A call for glasnost in paleoanthropology." *Anatomical Record* 265, no. 4 (2001): 193-201.

White T. D. "A view on the science: Physical anthropology at the millennium." *American Journal of Physical Anthropology* 113 (2000): 287-92.

White, T. D., et al. "*Ardipithecus ramidus* and the paleobiology of early hominids." *Science* 326, no. 5949 (2009): 64-86.

Williams, S. A., et al. "The vertebral column of *Australopithecus sediba.*" *Science* 340, no. 6129 (2013): 1232996.

Zipfel, B., and L. R. Berger. "New Cenozoic fossil-bearing site abbreviations for the collections of the University of the Witwatersrand." *Palaeontologia africana* 44 (2009): 77-81.

Zipfel, B., et al. "The foot and ankle of *Australopithecus sediba.*" *Science* 333, no. 6048 (2011): 1417-20.

찾아보기

◇◇◇◇◇◇◇◇◇◇◇◇◇◇◇

가

가르시아, 테리Garcia, Terry 142

가빈, 헤더Garvin, Heather 225-26

개코원숭이 화석Baboon fossils 35, 37-38, 138

거토프, 알리아Gurtov, Alia 153-54, 182, 196, 251

검치호랑이 화석Saber-toothed cat fossils 57, 212

공기파쇄기Air scribes 79-80

공룡Dinosaurs 21, 24, 29-30

구글 어스Google Earth 10-12, 127

구인류Archaic humans 48, 51, 249, 259

국립연구재단(남아프리카)National Research Foundation(South Africa) 93, 203, 248

규질암Chert 236

그로브스, 콜린Groves, Colin 154

글래디스베일 동굴, 남아프리카 Gladysvale Cave, South Africa 10-11, 14, 56-57, 129, 157-58, 219

나

나이로비 국립박물관Nairobi National Museums, Nairobi, Kenya 108-10

남아프리카유산자원협회South African Heritage Resources Agency (SAHRA) 77, 147

내셔널지오그래픽National Geographic Society: 라이징스타 탐사 재정 지원 142; 블로그 156, 170; '최전선: 인간의 기원' 온라인 컬럼 57-58; 팔라우 탐사 70

내시 재단Nash trust 264

네안데르탈인Neanderthals: 계통도 51; 뇌 크기 241; 두개골 42; 복잡한 문화의 증거 241; 유전적 조상 260; 이종교배 51, 260; 척추뼈 특징 224; 화석 36, 249

네이처(저널)*Nature*(journal) 34-35, 73, 244

네이피어, 존Napier, John 97, 113

노바(TV 연속물)Nova(TV series) 156

녹나무White stinkwood trees 9, 13, 81-82

농경의 시작Agriculture, development of 51-52

다

다윈, 찰스Darwin, Charles 36, 112

다큐멘터리 영화 제작Documentary filmmaking 72-74

다트, 레이먼드Dart, Raymond 34-40, 43, 50, 64, 88, 211, 219

더크스, 폴Dirks, Paul 90, 95, 107, 211, 235

도구 제작Toolmaking 36, 44, 51-52, 230, 262; see also Stone tools

동아프리카East Africa 41-47, 59, 98, 106, 111; Ethiopia; Kenya; Tanzania

동아프리카지구대East Africa, Rift Valley 87, 192

동위원소Isotopes 107

두브, 찰턴Dube, Charlton 80, 86-87

드 루터, 대릴De Ruiter, Darryl 90, 96-97, 100, 143, 196

드 클레르크, 보니타De Klerk, Bonita 129

드리몰렌, 남아프리카Drimolen, South Africa 128

드마니시, 조지아 공화국, 두개골Dmanisi, Republic of Georgia, skulls 227, 229

'디어 보이', 데니소바인"Dear Boy", Denisovans 42-43, 260

디엔에이DNA 49, 51, 247, 260-61

디키, 존Dickie, John 134, 158, 160-61

디트송박물관, 프리토리아, 남아프리카 Ditsong Museum, Pretoria, South Africa 238

땅거북Gopher tortoises 23

라

라마포사, 시릴Ramaphosa, Cyril 247

라에톨리, 탄자니아Laetoli, Tanzania 59

라이징스타 동굴계, 남아프리카Rising Star cave system, South Africa; 새뼈 184, 190, 201, 212; 동굴 입구 136-37, 157, 265; '102 동굴방' 199-200, 243, 251-56; 낙하지점the Chute 141, 158-59, 161, 165, 173, 194, 234, 237, 241, 246, 255; 디날 레디 동굴방Dinaledi Chamber 132-33, 231-43, 253-56; 드래곤스백(용의등뼈)Dragon's Back 132, 139-40, 158, 164, 171, 195, 199, 235-37, 240; 발굴(2013) 143-45, 147-204; 착륙지점the Landing Zone 159, 165-66, 169, 172-74, 195, 234; 우체통the Postbox 139, 161; 설치류 이빨 201, 212, 233 호모 날레디를 참조,

랑게반 석호, 남아프리카Langebaan Lagoon, South Africa 56

랜돌프-퀴니, 패트릭Randolph-Quinney, Patrick 239

레이저 데오돌라이트Theodolites 144

레이저스캐너Laser scanners 225

로렌스, 윌마Lawrence, Wilma 149

로버츠, 에릭Roberts, Eric 212, 232-36

루시(오스트랄로피테쿠스 골격)

Lucy(*Australopithecus* skeleton) 31,
46-47, 86-88, 98, 112, 197, 224

리앙부아, 플로레스, 인도네시아Liang
Bua, Flores, Indonesia 65

리키, 루이스Leakey, Louis S. B. 42-46,
97, 108-09, 112

리키, 리처드Leakey, Richard 32, 45, 88,
98, 108, 110

리키, 매리Leakey, Mary 42-46, 49, 51,
108, 112

리키, 미브Leakey, Meave 45, 98, 108

린네Linnaeus 112

랄로피테쿠스 세디바를 참조,

모가에, 페스투스Mogae, Festus 57

모포소스MorphoSource(website) 246

모리스, 한나Morris, Hannah 153-54,
184, 252

모어우드, 마이클Morwood, Michael 65

모체체(유적지)Motsetse(site), South
Africa 57

모추미, 스티븐Motsumi, Stephen 62

몰레페, 은크와네 Molefe, Nkwane 62

무기Weapons 21, 36

무어, 수Moore, Sue 31

마

마로펭, 남아프리카Maropeng, South
Africa 248, 265

마카넬라, 펩슨Makanela, Pepson 101-
02

마카판스가트, 남아프리카Makapansgat,
South Africa 40, 219

만델라, 넬슨Mandela, Nelson 33

말라파(유적지), 남아프리카 Malapa
(site), South Africa: 고대 죽음의 함
정으로서 117, 240, 255; 광부들이 다
녔던 길 81, 265; 구덩이 14-17, 81-
85, 95-96; 다시 지은 이름 264; 레이
저 데오돌라이트 144; 발견(2008) 13-
18, 81-84, 95-96; 발굴 85-86, 265;
보호 구조물 127, 265; 연구자금 93,
203; 유석 분석 107, 212, 256; 이름의
뜻 85; 화석생성학적 발견 238 오스트

바

발라드, 밥Ballard, Bob 144-45

발자국, 화석Footprints, fossil 46, 56

방해석Calcite 14, 107, 120, 179

백웰, 루신다Backwell, Lucinda 237

버거, 리Berger, Lee: 공개접근 정책 55,
64-65, 67-68, 88-89, 245-248; 글
래디스베일 발굴 10-14, 129; 라이징
스타 동굴 탐사 143-45, 147-204; 말
라파에서의 발견 13-18, 81-84, 95-
96; 수상 56, 248; 아틀라스 프로젝트
56-57, 60, 64, 127, 136; 어린 시절
21-24; 연구 경력 45, 54-58, 61-64;
팔라우 탐사 68-74, 90; 학력 24-27,
28-32, 46

버거, 매슈Berger, Matthew 9, 15-18,
77-85, 135-47, 169-73

버거, 메건Berger, Megan 17, 133, 170

버거, 재키Berger, Jackie 68-70, 102-03, 133, 170

버드, 개릿Bird, Garrreth 156

벅스턴 석회석광산, 타웅, 남아프리카 Buxton Limeworks, Taung, South Africa: 화석 발견 35

법의고생물학Paleoforensics 237

보츠와나 탐사Botswana: survey 57

부장품Grave goods 242

분기군Clades 112-13

불의 사용Fire, use of 40, 66, 242

브라운, 피터Brown, Peter 65

브룸, 로버트Broom, Robert 38-40, 50, 99

비숍, 게일Bishop, Gale 31

비트바테르스란트대학, 요하네스버그, 남아프리카University of the Witwatersrand, Johannesburg, South Africa 33-34: 수집 화석에 대한 접근권 54-55, 67-68, 245; 영장류 및 사람과 화석 실험실 218-19; 워크숍 94, 203-04, 207, 211-44; 화석 기록 체계 81, 199-200

사

사람속Homo(genus) 83, 88-96, 100, 184

사람족(사람과)Hominins: 계통도 11, 44, 46, 48, 50

사이언스(저널)Science(journal) 68, 118, 120

사체 처리(의도적인)Body disposal, deliberate 191-92, 240-43, 253-55, 260

사회적 행동Social behaviors 241-42, 262

산화알루미늄Aluminum oxide 235

살단하만, 남아프리카Saldanha Bay, South Africa 56

3차원프린터3-D Printers 246

새먼스, 조지핀Salmons, Josephine 34

생석회Quicklime 14

서배너, 미국 조지아주Savannah, Ga. 28, 31

서아프리카West Africa 128

석기 도구Stone tools 42-43, 51-53, 66, 98, 222, 261-62

석영Quartz 235

석회광산Lime mines 13-16, 81-83, 137, 157-58, 266-67

석회암, 백운석질Limestone, dolomitic 12, 57

섬 왜소화Island dwarfing 69

세소토어Sethoso(language) 85, 117, 231

소능형골Trapezoid bones 223

소셜미디어Social media 149, 156, 167, 196, 201

속의 정의Genus: defining 110-11, 115

손목 해부구조Wrist anatomy 182-83, 206, 221-24, 249

수렵-채취인Hunter-gatherers 261

슈미트, 페터Schmid, Peter 56, 91-93, 143, 155, 162, 179, 224, 256

스와르트크란스, 남아프리카 Swartkrans(site), South Africa 39, 57, 136, 158, 219, 238, 253

스타이츠, 론Stites, Ron 25-26

스테르크폰테인, 남아프리카 Sterkfontein(site), South Africa 38-40: 각력암breccia 38-39, 62, 158; 공개접근open access 245; 동굴 입구 38; 두개골의 발견(1976) 98; 발굴 39, 61-62; 관광안내소 136, 196; 오스트랄로피테쿠스 아프리카누스 39-40, 48, 78, 98-99; 연구그룹 64; '작은 발' 62-63, 89, 94; 화석의 다양성 99; 화석의 수 184, 219

실베르베르크 그로토, 스테르크폰테인, 남아프리카Silberberg Grotto, Sterkfontein, South Africa 61

실베이니아, 미국 조지아주 Sylvania, Ga. 21-24, 30, 134

아

아르디피테쿠스 라미두스*Ardipithecus ramidus* 48-49, 88, 224

아와시 중부, 에티오피아Middle Awash, Ethiopia 49

아틀라스 프로젝트Atlas Project 56, 60, 64, 127, 136

아파르, 에티오피아Afar region, Ethiopia 30

아파르트헤이트Apartheid 33

아프리카Africa: 인류의 이주 51, 260; 현생인류의 기원 36, 50-53 호모 에렉투스의 등장 51 보츠와나, 에티오피아, 남아프리카, 탄자니아도 참조

엄지, 다른 손가락을 마주보는Opposable thumbs 183, 222

에디, 메이틀랜드Edey, Maitland 30

에티오피아 Ethiopia: 화석 표본 53, 215, 259 정부 51 아파르, 하다르, 아와쉬 중부, 오모 계곡도 참조

엔도캐스트Endocasts 35, 37

엘리어트, 마리나Elliott, Marina 153, 167-70, 182, 190, 194-95, 199-200, 205-06, 226, 252, 254

연대 측정법Dating methods 44, 106-07, 211-13

영양 화석Antelope fossils 11, 15, 82, 212

예이츠, 셀레스트Yates, Celeste 93

오모 계곡, 에티오피아Omo Valley, Ethiopia 44

오스트랄로피테쿠스 로부스투스 *Australopithecus robustus* 48, 253

오스트랄로피테쿠스 세디바 *Australopithecus Sediba* : 계통도 114-15, 216; 골반 86, 112, 121; 뇌의 크기 106, 109, 114, 249; 다리 111, 249; 대퇴골 84, 111, 197; 두개골 104-06; 둔부 230, 249; 명명 117; 모자이크 특성 118-20, 214-16; 발 221, 249; 발견(2008) 13-18, 81-85; 발꿈치뼈

111, 121, 221; 상완골 86, 121-22; 손 222; 손목 249; 쇄골 17, 78-79: 얼굴 101-04, 109, 229-30; 연대 추정 106-07, 119-20, 214-16; 이빨 86-87, 97, 100, 102; 제1중수골(엄지 손허리뼈) 183; 하악골(아래턱뼈) 78, 80, 86-87, 97, 100, 104

오스트랄로피테쿠스 아파렌시스 *Australopithecus afarensis* 46, 48, 87, 98, 182, 221, 224 루시도 참조

오스트랄로피테쿠스 아프리카누스 *Australopithecus africanus* 35, 40, 48, 50, 78, 98-99, 106, 182 타웅 아이도 참조

오스트레일리아Australia: 인류의 이주 51; 현생인류의 정착 65; 화석에 대한 과학적 접근 67-68

올도완 도구Oldowan tools 42

올두바이 협곡, 탄자니아Olduvai Gorge, Tanzania 31, 42-44, 108: 동물뼈 154; 석기 도구 42-43, 98; 연대 측정법 44, 211; 진잔트로푸스 보이세이 42-43, 45; 호모 하빌리스 43, 45, 109, 112-13, 221; 화산재 44; 화석의 연대 44, 53

올리브(야생)Wild olive trees 9, 13, 81

요하네스버그, 남아프리카 Johannesburg, South Africa 9, 57, 204, 211 비트바테르스란트대학도 참조

우라늄-납 연대측정Uranium-lead dating 107

위성사진Satellite images 10-11, 56

윌리엄스, 스콧Williams, Scott 196

유럽Europe: 네안데르탈인 34, 36; 크로마뇽인 34; 화석에 대한 과학적 접근 59

유석(흐름돌) 분석Flowstone analysis 95, 107, 212, 256

유전자 검사Genetic testing 260

유전학적 발견Genetic discoveries 51

음부아, 엠마Mbua, Emma 108

이끼Moss 83, 226

이라이프*eLife* (journal) 246

이산화탄소Carbon dioxide 143, 178, 181

인도네시아Indonesia 플로레스섬을 참조

인류의 요람 세계유산 지역, 남아프리카 Cradle of Humankind World Heritage site, South Africa 9-16, 90, 179, 188, 214, 231, 236-38; 관리국 148; 관광안내소 248, 265 쿠퍼스케이브 동굴, 글래디스베일 동굴, 말라파, 모체체, 라이징스타 동굴, 스테르크폰테인, 스와르트크란스도 참조

인류의 이동 Migrations, human 51, 260

인터넷Internet 54, 55, 56, 58, 72

잉골드, 데이브Ingold, Dave 134, 137, 139, 142, 158

자

자쿱, 테우쿠Jacob, Teuku 67

'작은 발'(오스트랄로피테쿠스 골격)Little Foot(*Australopithecus* skeleton) 62-

63, 89, 94

적응 등급Adaptive grade 112-13, 115

전자스핀공명Electron spin resonance (ESR) 213, 257-58

조지아 공화국Georgia, Republic of 드마니시를 참조

조지아주, 미국Georgia, America: 화석 29-31; 지질학 29-30; 공식 파충류 state reptile 23 서배너, 실베이니아도 참조

조핸슨, 도널드Johanson, Donald 30-32, 46, 59, 88, 98

지의류Lichen 83

지자극Magnetic poles 120

지질연대학자Geochronologists 106, 120

지질학적 연대Geological age 37, 119, 211

지피에스Global positioning system (GPS) 10-12, 56

직립보행Walking, upright 37, 39, 50, 111, 249

진잔트로푸스 보이세이Zinjanthropus boisei 43-45

차

처칠, 스티브Churchill, Steve 56, 71, 90, 143, 157, 179, 184, 196, 231

침팬지Chimpanzees: 감정 242; 발꿈치 뼈 111; 소능형골 223; 제1중수골 183; 조상 49

카

칼륨Potassium 235

칼슘Calcium 83, 239

칼슨, 크리스Carlson, Kristian 96

캐머런, 제임스Cameron, James 144-45

컬럼, 존Cullum, John 156

컴퓨터단층촬영기CT scanners 103-04

케냐Kenya: 고인류학 42-47 쿠비포라, 나이로비 국립박물관, 투르카나호도 참조

케냔트로푸스 플라티오프스 Kenyanthropus platyops 98

쿠비포라, 케냐Koobi Fora, Kenya 32, 110

쿠퍼 동굴, 남아프리카Cooper's Cave 11

크레이머, 베벌리Kramer, Beverley 63

크레이머스, 잰Kramers, Jan 107, 235

크로마뇽인Cro-Magnons 34

크루거, 애슐리Kruger, Ashley 155, 162, 171, 181, 188

클라크, 론Clarke, Ron 61-64

키메우, 카모야Kimeu, Kamoya 45

키비, 좁Kibii, Job 9, 13-17, 81, 95-96, 100, 117

키벨, 트레이시Kivell, Tracy 222

키스, 아서Keith, Arthur 215

타

타웅 아이(오스트랄로피테쿠스 아프리카누스 두개골) Taung Child(Australopithecus africanus skull) 36-39, 88,

102, 118, 211, 215, 219, 244
타이에브, 모리스Taieb, Maurice 88
탄산칼슘Calcium carbonate 234
터커, 스티븐Tucker, Steven 129-46,
　169-78, 185, 199, 246, 251
토비어스, 필립Tobias, Phillip 34, 40,
　43, 54, 62-64, 97-100, 109, 113,
　218
투르카나 소년(호모 에렉투스 골격)
　Turkana Boy(Homo erectus skeleton)
　46, 88
투르카나호, 케냐Turkana, Lake, Kenya
　32, 45, 53, 108

파

파란트로푸스 보이세이Paranthropus
　boisei 48
파란트로푸스 로부스투스Paranthropus
　robustus 39, 43, 48, 50, 97
판 야스펠트, 알베르트Van Jaarsveld,
　Albert 93, 203
팔라우Palau 58-74, 90, 157
퍼시코, 리처드Persico, Richard 31
페드로, 보쇼프Boshoff, Pedro 128-32,
　134, 137, 139, 142, 145, 162
페이스북Facebook 148-49, 151, 156,
　203
페익소토, 베카Peixotto, Becca 153-54,
　167-79, 182, 194-95, 199, 205-06,
　221, 226, 252
페케위치, 리처드Petkewich, Richard 31

포이어리겔, 엘렌Feuerriegel, Elen 153-
　52, 182, 189, 252
폭포선Fall line 29
폴라롤로, 루카Pollarolo, Luca 84
폴리네시아인, 배를 타는Polynesians,
　seafaring 71
표범Leopards 10, 56, 238
프리토리아, 남아프리카Pretoria, South
　Africa: 백운석질의 석회암dolomitic
　limestone 57 디트송박물관도 참조
플로레스섬, 인도네시아Flores(island),
　Indonesia 65-69, 71-73, 261 호모
　플로레시엔시스를 참조
플로스 원(저널)PLOS ONE(journal) 72
피커링, 로빈Pickering, Robyn 107
필레이, 맥스Pillay, Mags 148
필립 토비어스 영장류 및 사람과 화석 실
　험실, 요하네스버그, 남아프리카 Phillip
　Tobias Primate and Hominid Fossil
　Laboratory, Johannesburg, South
　Africa 218

하

하다르, 에티오피아Hadar, Ethiopia 46,
　59, 87
하울리, 앤드루Howley, Andrew 156,
　170
하이에나Hyenas 10, 56, 128, 212, 238
해먹, 베스Hammock, Beth 28-29
핸드, 케빈Hand, Kevin 264
헌터, 릭Hunter, Rick 129-47, 166-75,

185, 199, 246, 248, 251-52

헌터, 린지(이브스)Hunter, K. Lindsay (Eaves) 153, 184, 248

현생인류Modern humans 호모 사피엔스를 참조

호모 날레디*Homo naledi*: 계통도 48, 258-60; 골격 228, 259; 골반 224, 229; 뇌 크기 197-98, 221, 226, 241, 249, 256, 261-62; 다리 224, 230, 249, 261; 대퇴골 182, 197, 224, 253; 두개골 197-98, 224-27, 249, 256; 둔부 224, 249, 261; 명명 231; 모자이크 특성 228-30, 259; 몸 크기 226, 228, 261; 발 206, 220-21, 224, 229, 261; 발견(2013) 130-46; 사회적 행동 260, 262; 손 206, 221, 223, 229, 249, 261; 손가락 222-24, 229, 249; 손목 222-24, 229; 쇄골 253; 얼굴 197-98, 205, 256; 연대 측정 211-14, 256-57, 260; 이빨 227-29, 249, 253, 257, 261; 제1중수골 182-83, 197, 222-23, 228; 척추뼈의 특징 224, 253; 하악골 179-80, 205, 206

호모 루돌펜시스*Homo rudolfensis* 45, 48, 98, 106, 110, 119, 227

호모 사피엔스*Homo sapiens* 52, 113, 258-59, 261-62

호모 에렉투스*Homo erectus*: 가장 오래된 표본 227; 계통도 48, 50-51, 118; 골격 45-47; 대퇴골의 목 182; 두개골 48, 227, 229, 249; 몸과 뇌의 크기 51; 사람속 97, 105-16, 118-19, 216; 석기 도구 51-52; 얼굴 256; 이빨 65, 227, 249; 장거리 걷기 113; 진화 51-53, 69, 258-59

호모 플로레시엔시스*Homo floresiensis* 48, 65-74, 106, 110, 223, 230, 261

호모 하빌리스*Homo habilis*: 계통도 48, 52, 112-13, 118, 227; 뇌 크기 44, 106, 109-10, 113; 도구제작자로서 43-44, 52; 두개골 43-44, 48, 98, 109-10, 119, 226; 몸 크기 113; 발 221; 발견(1960) 112; 손 43, 113, 223, 230, 249; 연대 측정 44, 258: 이름의 뜻 43; 이빨 110, 113, 230, 249; 진화 52-53; 최초의 기재 244; 하악골 110; 환경과의 상호작용 113

'호빗' 화석 "Hobbit" fossils 65, 73, 261

호크스, 존Hawks, John 72, 143, 168, 180, 188, 190, 194, 202, 220

화산암Volcanic rock 44

화석생성학Taphonomy 238

화이트, 팀White, Tim 46, 49, 59-60, 88

휴스, 앨런Hughes, Alun 98

도판 출처

◇◇◇◇◇◇◇◇◇◇◇◇◇◇◇

본문 삽화: John Hawks

표지: 두개골, Photo by Brett Eloff, courtesy of Lee Berger and the University of the Witwatersrand

뒤표지: 손뼈, Image by Peter Schmid, courtesy of Lee Berger and the University of the Witwatersrand

중간화보(1):

1, Brent Stirton/Getty Images Reportage; 2(위), Courtesy of Lee Berger; 2 (아래), Courtesy of Lee Berger; 3, Brent Stirton/ Getty Images Reportage; 4, Courtesy of the University of the Witwatersrand; 5, Courtesy of the University of the Witwatersrand; 6, Brent Stirton, Courtesy of the University of the Witwatersrand; 7, Brent Eloff , Courtesy of the University of the Witwatersrand; 8, Courtesy of the University of the Witwatersrand; 9, Ismael MonteroVerdu, Courtesy of the ESRF and the University of the Witwatersrand; 10, Ismael MonteroVerdu, Courtesy of the ESRF and the University of the Witwatersrand; 11, Brett Eloff , Courtesy of the University of the Witwatersrand; 12, John Gurche/National Geographic Creative; 13, Brett Eloff , Courtesy of the University of the Witwatersrand; 14, Brett Eloff , Courtesy of the University of the Witwatersrand; 15, John Gurche/National Geographic Creative; 16, John Gurche

중간화보(2)

1, Courtesy of John Hawks; 2, Ashley Kruger; 3(위), HermanVerwey/Foto24/ Gallo Images/Getty Images; 3(아래), Robert Clark; 4, Robert Clark; 5(위), Robert Clark; 5(아래), Elliot Ross; 6, Garrreth Bird; 7, Rachelle Keeling; 8, Courtesy of John Hawks; 9, Robert Clark; 10, Peter Schmid; 11, Courtesy of John Hawks; 12, Courtesy of John Hawks; 13, Robert Clark; 14, John Gurche; 15, Courtesy of John Hawks; 16, Jon Foster/National Geographic Creative.

올모스트 휴먼

2019년 7월 16일 초판 1쇄 찍음
2019년 7월 26일 초판 1쇄 펴냄

지은이 리 버거·존 호크스
옮긴이 주명진·이병권

펴낸이 정종주
편집주간 박윤선
편집 강민우 두동원
마케팅 김창덕

펴낸곳 도서출판 뿌리와이파리
등록번호 제10-2201호 (2001년 8월 21일)
주소 서울시 마포구 월드컵로 128-4 (월드빌딩 2층)
전화 02)324-2142~3
전송 02)324-2150
전자우편 puripari@hanmail.net

디자인 공중정원
종이 화인페이퍼
인쇄 및 제본 영신사
라미네이팅 금성산업

값 18,000원
ISBN 978-89-6462-120-2 (03470)

이 도서의 국립중앙도서관 출판예정도서목록(CIP)은 서지정보유통지원시스템 홈페이지(http://seoji.nl.go.
kr)와 국가자료공동목록시스템(http://www.nl.go.kr/kolisnet)에서 이용하실 수 있습니다. (CIP제어번호:
CIP2019028213)